Hamdi MLIKA

AF750163

QUINE ET L'ANTIPLATONISME MATHÉMATIQUE MODERNE

L'Harmattan

Fidèle à sa volonté de maintenir vivant l'ensemble du catalogue et de continuer à rendre accessible à tous la richesse de son contenu, Les marques du groupe L'Harmattan proposent les ouvrages, même s'ils sont épuisés dans leur premier tirage, et les impriment à la demande.
Au vu de l'ancienneté de ce titre, un exemplaire original a été numérisé pour être réimprimé, ce qui pourrait altérer légèrement la qualité de certains passages.

Collection « Épistémologie et Philosophie des Sciences » dirigée par Angèle Kremer Marietti

Angèle KREMER-MARIETTI, Nietzsche : L'homme et ses labyrinthes, 1999.
Angèle KREMER-MARIETTI, L'anthropologie positiviste d'Auguste Comte, 1999.
Angèle KREMER-MARIETTI, Le projet anthropologique d'Auguste Comte, 1999.
S. LATOUCHE, F. NOHRA, H. ZAOUAL, Critique de la raison économique, 1999.
Jean-Charles SACCHI, Sur le développement des théories scientifiques, 1999.
Yvette CONRY, L' Évolution créatrice d'Henri Bergson. Investigations critiques, 2000.
Angèle KREMER-MARIETTI, La Symbolicité, 2000.
Angèle KREMER-MARIETTI (dir.), Éthique et épistémologie autour du livre Impostures intellectuelles de Sokal et Bricmont, 2001.
Abdelkader BACHTA, L'épistémologie scientifique des Lumières, 2001.
Jean CAZENOBE, Technogenèse de la télévision, 2001.
Jean-Paul JOUARY, L'art paléolithique, 2001.
Angèle KREMER-MARIETTI, La philosophie cognitive, 2002.
Angèle KREMER-MARIETTI, Ethique et méta-éthique, 2002.
Michel BOURDEAU (dir.), Auguste Comte et l'idée de science de l'homme, 2002.
Jan SEBESTIK, Antonia SOULEZ (dir.), Le Cercle de Vienne, 2002.
Jan SEBESTIK, Antonia SOULEZ (dir.), Wittgenstein et la philosophie aujourd'hui, 2002.
Ignace HAAZ, Le concept de corps chez Ribot et Nietzsche, 2002.
Pierre-André HUGLO, Approche nominaliste de Saussure, 2002.
Jean-Gérard ROSSI, La philosophie analytique, 2002.
Jacques MICHEL, La nécessité de Claude Bernard, 2002.
Abdelkader BACHTA, L'espace et le temps chez Newton et chez Kant, 2002.
Lucien-Samir OULAHBIB, Éthique et épistémologie du nihilisme, 2002.
Anna MANCINI, La sagesse de l'ancienne Égypte pour l'Internet, 2002.
Lucien-Samir OULAHBIB, Le nihilisme français contemporain, 2003.
Annie PETIT (dir.), Auguste Comte. Trajectoires du positivisme, 2003.
Bernadette BENSAUDE-VINCENT, Bruno BERNARDI (dir.), Rousseau et les sciences, 2003.
Angèle KREMER-MARIETTI, Cours sur la première Recherche Logique de Husserl, 2003.
Abdelkader BACHTA, L'esprit scientifique et la civilisation arabo-musulmane, 2004.
Rafika BEN MRAD, Principes et causes dans les Analytiques Seconds d'Aristote, 2004.
Monique CHARLES, La Psychanalyse ? Témoignage et Commentaires d'un psychanalyste et d'une analysante, 2004.
Fouad NOHRA, L'éducation morale au-delà de la citoyenneté, 2004.
Edmundo MORIM DE CARVALHO, Le statut du paradoxe chez Paul Valéry, 2005.
Angèle KREMER -MARIETTI, Épistémologiques, philosophiques, anthropologiques, 2005.
Taoufik CHERIF, Éléments d'Esthétique arabo-islamique, 2005.
Pierre-André HUGLO, Sartre : *Questions de méthode*, 2005.
Michèle PICHON, Esthétique et épistémologie du naturalisme abstrait. Avec Bachelard : rêver et peindre les éléments, 2005.
Adrian BEJAN, Sylvie LORENTE, La loi constructale, 2005.
Zeïneb BEN SAÏD CHERNI, Auguste Comte, postérité épistémologique, et ralliement des nations, 2005.
Pierre JORAY (dir.), La quantification dans la logique moderne, 2005.
Saïd CHEBILI, Foucault et la psychologie, 2005.
Christian MAGNAN, La nature sans foi ni loi. Les grands thèmes de la physique au XXè siècle, 2005.
Christian MAGNAN, La science pervertie, 2005.
Lucien-Samir OULAHBIB, Méthode d'évaluation du développement humain. De l'émancipa-tion à l'affinement. Esquisse, 2005.
Ignace HAAZ, Nietzsche et la métaphore cognitive, 2006.
Hamadi BEN JABALLAH, Grâce du rationnel, Pesanteur des choses, 2006.
Hamadi BEN JABALLAH, Criticisme cartésien, Synthèse newtonienne, 2006.
Robert-Michel PALEM, Organodynamisme et neurocognitivisme, 2006.
Léna SOLER, Philosophie de la physique, Dialogue à plusieurs voix autour de controverses contemporaines et classiques, 2006.
Francis BACON, De la justice universelle, 2006.
Joseph-François KREMER, Les formes symboliques de la musique, 2006.

© L'Harmattan, 2007
5-7, rue de l'Ecole polytechnique ; 75005 Paris

http://www.librairieharmattan.com
diffusion.harmattan@wanadoo.fr
harmattan1@wanadoo.fr

ISBN : 978-2-296-03033-6
EAN : 9782296030336

Présentation et remerciements

Ce travail a pour base une Thèse de Doctorat soutenue le 28 juin 2000 devant l'Université de Paris-Sorbonne (Paris IV). Je tiens à remercier M. Pascal ENGEL qui a bien voulu accepter de diriger cette Thèse.
Je voudrais tout particulièrement remercier Mme Angèle KREMER-MARIETTI qui a accueilli ce travail dans la collection « Epistémologie et Philosophie des sciences » qu'elle dirige aux Éditions L'Harmattan.
Je ne peux terminer cette présentation sans une pensée pour mon Professeur M. Jean-Gérard ROSSI : C'est à lui et à Mme KREMER-MARIETTI que je voudrais dédier ce livre.

SOMMAIRE

DEUXIÈME PARTIE

LA QUESTION DU PLATONISME DANS LA PHILOSOPHIE DES MATHÉMATIQUES DE QUINE

CHAPITRE 6
LE RÉALISME EN ONTOLOGIE

TROISIÈME PARTIE

ANTIPLATONISME ET CRITIQUE DE QUINE DANS LA PHILOSOPHIE CONTEMPORAINE DES MATHEMATIQUES

CHAPITRE 7

CHAPITRE 8
LE DÉBAT QUINE/FIELD-HELLMAN-CHIHARA, ET SA PLACE DANS LA PHILOSOPHIE CONTEMPORAINE DES MATHÉMATIQUES

INTRODUCTION

Il s'agit dans ce travail d'étudier le platonisme de Willard Van Orman Quine [1908-2000], en cherchant tout particulièrement à comprendre ses fondements épistémologiques et philosophiques.

L'une des thèses que je vais défendre consiste à critiquer le point de vue selon lequel le platonisme mathématique de Quine est exclusivement « indispensabiliste » ou motivé uniquement par les arguments dits d'indispensabilité.

Par arguments d'indispensablité, j'entends les arguments qui plaident en faveur du platonisme à partir de l'état des relations d'indispensabilité qui existent entre les sciences physique et les mathématiques.

J'utiliserai le terme « platonisme mathématique »[1], non pas pour désigner la conception philosophique qui, à l'inverse du nominalisme, dit qu'il y a des êtres mathématiques abstraits ou des universaux, mais pour pointer vers toute théorie philosophique sur les mathématiques qui tolère le réalisme dans ses trois extensions suivantes : (1) le réalisme logique dans la valeur de vérité, (2) le réalisme ontologique de l'existence des objets assumés, et enfin (3) le réalisme en épistémologie qui concerne les aspects liés à l'objectivité des théories scientifiques. Tous ces réalismes sont indissociablement constitutifs du platonisme[2].

La raison qui explique ce choix de définir le platonisme mathématique comme étant l'unité de ces trois extensions du réalisme est la suivante :

---

[1] J'essaie ici de développer une réponse philosophico-mathématique et non strictement fondationnelle à la question : Qu'est-ce qu'être « platonicien » en mathématiques ? Pour approfondir l'étude des réponses données par les mathématiciens eux-mêmes à la question de l'existence en mathématiques au sein du débat sur les fondements, voir Bernays (1934), la conférence du Professeur Jacques Bouveresse du 19 Novembre 1998 à l'Université de Genève, intitulée : Sur le sens du mot « platonisme » dans l'expresion « platonisme mathématique », et l'article du Professeur Alain Michel : « Thèses d'existence et travail mathématique » .

[2] Toutes ces formes de réalisme sont étroitement liées dans le platonisme mathématique. Field, en un bon disciple de Benacerraf, va chercher à briser ce lien structurel qui existe entre « objectivité », « vérité » et « objets ». En cherchant à développer une objectivité mathématique sans vérité et sans objets abstraits (Voir Field (2001), p. 315-331), Field aboutit à la thèse selon laquelle il n'y a pas d'objectivité mathématique au-delà de l'objectivité logique. Cette thèse rend fausse la tentative platoniste qui consiste à déduire l'existence des objets mathématiques à partir de l'objectivité des assertions qui portent sur eux.

Je ne vois pas comment le fait d'accepter ou de rejeter les entités mathématiques soit envisageable sans que ceci ou cela n'entraîne des conséquences dans les domaines de la vérité, de la connaissance et de l'objectivité mathématiques[3]. Partant d'une simple analyse philosophique qui porte sur des types d'énoncés tels que ceux des mathématiques standard, nous constatons que ces domaines sont, en vérité, totalement imbriqués. D'un point de vue strictement historique, cette situation a toujours favorisé le platonisme comme philosophie des mathématiques, et lui a donné une certaine primauté (chronologique aussi bien que logique) par rapport aux autres conceptions fondationnelles, telles que le constructivisme ou le formalisme.

Nous pouvons sans doute dire que la plupart des problèmes qui tournent autour de l'interprétation des mathématiques du point de vue de la signification logique et épistémologique qu'elles déploient ou bien autour de la question de la ré-écriture de leur langage et de l'inter-traduction de leurs énoncés dans la notation canonique des énoncés de la science naturelle, se rattachent à la thèse de l'indispensabilité des mathématiques, mais aussi aux thèses réalistes de Quine sur le plan de la théorie logique (la conception véríconditionnelle de la vérité), de l'ontologie (le critère d'engagement ontologique pour les théories) et de la théorie de la science (la thèse de l'objectivité scientifique).

Le réalisme[4] signifie (1) la réalité et l'indépendance de la nature (ou tout autre domaine d'étude) par rapport à l'esprit et par rapport au langage, et

---

[3] Je m'oppose ici au point de vue exprimé par R.Vergauwen (2000) selon lequel (1) le platonisme est une version du réalisme ontologique, et (2) si le réalisme de Quine n'est pas une forme de fictionnalisme du type que nous propose Field (et M. Vergauwen démontre qu'il ne l'est pas), il serait alors proche de certaines idées de Gödel. (M. Vergauwen propose en quelque sorte de « gôdeliser » Quine). Voir son article : Realism, Reference and Logic, in François Beets & Eric Gillet Eds (2000), p. 367. Malgré le fait qu'ils partagent (en apparence) quelques thèses au sujet de la nature des objets mathématiques et leur place dans le fonctionnement de la science, Quine et Gödel développent deux platonismes diamétralement opposés. Quant à la question de savoir si Quine est ou non un anti-réaliste vis-à-vis des mathématiques dans un sens fictionnaliste ou instrumentaliste, (beaucoup de commentateurs l'abordent dans le cadre de leur examen de la place et du statut des considérations pragmatiques (exemple : Leyla Raid 2006) et des arguments sceptiques d'indetérmination dans la philosophie de Quine), elle me semble être une question qui n'a rien à voir avec l'esprit de la philosophie de Quine.

[4] Voir ce que Alexander George et Daniel J.Velleman ont écrit au sujet du sens du réalisme en relation avec le principe logique du tiers exclu dans leur livre : Philosophies of Mathematics (2002), p. 91.

(2) la possibilité d'en avoir une connaissance vraie et objective. Même s'il a une racine métaphysique évidente, le réalisme peut être impliqué dans un débat de nature épistémologique[5].
Dans le cas de la théorie logique, le réalisme signifie l'indépendance de la vérité des phrases du discours et sa transcendance par rapport au langage humain, deux traits qui sont à la base de la logique standard elle-même.
Nous pouvons dire que le platonisme de Quine découle des arguments d'indispensabilité, mais aussi du réalisme logique de la vérité, de celui de l'existence, et de celui de la connaissance. Après l'étape nominaliste de 1947[6], ces différentes formes de réalisme, y compris dans le domaine des mathématiques, sont clairement exprimées, tolérées et défendues par Quine dans plusieurs endroits de ses écrits philosophiques et logiques, tels que : *1/ From a logical point of view*[7], particulièrement dans trois articles : « On What There is », « Two dogmas of Empiricism »[8], et « Logic and the reification of universals », 2/ *Ontological Relativity and Other Essays*, surtout dans l'article : « Existence and Quantification »[9], 3/ *Theories and Things*[10], surtout dans l'article 19 intitulé « Success and limits and of mathematization. », 4/ *Word and Object*[11] particulièrement dans le chapitre VII intitulé : Décision Ontique, 5/ « Ontological Reduction and the world of Numbers »[12] : Dans tous ces articles et dans bien d'autres encore, Quine défend expressément des positions réalistes sur les mathématiques, et nous pouvons aisément comprendre comment

---

[5] Le point de vue de Quine concernant le réalisme en général se démarque nettement de celui défendu par M. Dummett pour qui le réalisme est une doctrine à la fois sémantique et métaphysique. Voir surtout à ce sujet le chapitre 20 de : *The Interpretation of Frege's Philosophy*, Harvard University Press, Camb. Mass., 1981, p. 428.
[6] Il s'agit de son article co-écrit avec Nelson Goodman en 1947 intitulé : Steps towards a constructive Nominalism, Journal of Symbolic Logic 12, pp 105-122.
[7] From a logical Point of View : 9 Logico-Philosophical Essays. Cambridge : Harvard University Press, 1953.
[8] Le premier article est publié pour la première fois en 1948 dans : Review of Metaphysics, vol. 2, alors que le second ne l'est qu'en 1951, dans Philosophical Review, Vol. 60.
[9] New York, Columbia University Press, 1968, pp. 151-164.
[10] The Belknap Press of Harvard University Press, 1981.
[11] The M.I.T Press, 1960. Traduction française par Joseph Dopp et Paul Gochet, Flammarion 1977.
[12] Dans Quine (1966a) : The Ways of Paradox and Other Essays, New York : Random House. p. 212-220.

elles concourent toutes à la formation d'un type spécial de platonisme qui semble donner aux idéalités mathématiques, en tant qu'elles sont utilisées et pratiquées dans une science physique réussie et confirmée, un contenu ontologique indépendant de l'esprit.
Nous pouvons qualifier ce platonisme mathématique toléré par Quine de platonisme quasi-empirique, holistique, antimodal, extensionnaliste et pragmatique, pour mieux l'opposer à d'autres formes fortes et strictes de platonisme dans lesquelles les théories et théorèmes mathématiques sont comprises littéralement sans aucune mise en place d'un programme qui a pour objectif leur réinterprétation.

"Here, écrit G. Hellman, one should distinguish traditional platonist interpretations, which take mathematical knowledge as absolute and a priori, from the more recent holistic, quasi-empirical Platonism of Quine, according to which pure mathematics receives its justification through its empirical, scientific applications."[13]

Parmi ces platonismes forts, nous trouvons ceux défendus par quelques philosophes classiques des mathématiques, qui expliquent l'origine de notre connaissance des objets mathématiques à travers une théorie selon laquelle les références des termes mathématiques qui désignent de tels objets abstraits se donnent à nous à travers l'intuition (qui peut être une faculté spéciale réservée aux mathématiciens et distincte de l'intuition ordinaire leur permettant de percevoir les objets) ou à travers le sens des phrases logiques.
Quine[14] rejette la solution de Gödel basée sur une perception intuitive des objets abstraits, et dit explicitement que l'argument logique de Frege (repris par Crispin Wright et par bien d'autres néo-logicistes) en faveur du platonisme, ne suffit pas pour justifier l'existence mathématique : pour soutenir le platonisme, nous avons besoin de défendre le réalisme dans d'autres domaines que celui des conditions de vérité des phrases logiques.[15] Mais que veut-on dire par cet argument ? Et en quel sens est-

---

[13] Hellman (1989), p. 3.

[14] Quine est connu pour avoir dit une phrase qui renvoie dos à dos le platonisme de Gödel et l'antiplatonisme des constructivistes : « J'ai des intuitions, mais mes intuitions ne sont pas intuitionnistes. »

[15] On voit bien comment la définition dummettienne du réalisme comme une thèse sémantique et logique s'applique avant tout au cas du platonisme frégeen, car l'argument logique joue un rôle capital dans la formation de ce type de platonisme, ce

il un argument en faveur du platonisme ? Au chapitre 5 nous chercherons à répondre à cette double question. Disons pour l'instant, que cet argument dit logique, signifie les deux thèses suivantes :

(1) Tous les énoncés des théories mathématiques sont des énoncés au sens ordinaire, c'est-à-dire, susceptibles d'être traités dans les termes du vrai et du faux comme les phrases de n'importe quel autre langage. Appelons ce caractère que les énoncés mathématiques partagent d'ailleurs avec tous les énoncés sans exception : *la détermination dans les conditions de vérité et de fausseté.*

(2) Ces énoncés doivent être compris au premier degré (at face value), c'est-à-dire, comme impliquant des références à des objets ou à des domaines d'objets comme leurs éléments. Appelons ce trait que les énoncés mathématiques partagent avec tous les énoncés sans exception : *la référentialité.*

Bien que Quine soit l'imminent défenseur d'une position en sémantique, devenue très connue aujourd'hui grâce surtout à quelques-uns de ses adversaires et de ses critiques les plus acharnés, excluant toute détermination dans la signification et la dénotation des énoncés, et ne les définissant que d'une manière « inter-théorique », c'est-à-dire, par référence à « l'immanence » de la vérité au schème conceptuel général[16], nous pouvons dire, qu'il accepte l'argument logique tel qu'il est employé par Frege, et en tant qu'il exprime la structure même de la logique

---

qui n'est pas le cas du platonisme indispensabiliste de Quine, où l'argument dit logique n'assume qu'une tâche limitée.

[16] Pour Field, cette relativité est un manquement à la règle d'objectivité scientifique. Voir : « Theory change and the Indeterminacy of reference », Journal of philosophy 70/1973, pp. 480. La notion quinéenne d'indétermination, crée, selon lui, d'énormes problèmes pour la sémantique référentielle. Aujourd'hui, il ne défend pas ce réalisme fort, et soutient plutôt le déflationnisme qui n'a aucun rôle à jouer dans les mathématiques, car il juge que sur des bases nominalistes, le domaine sur lequel devraient se ranger les variables d'individus propres à de tels énoncés, n'existe pas, donc, ils sont tous faux.

canonique, sans pour autant accepter les conclusions logicistes de ce dernier.
Le logicisme (qui dit que les objets mathématiques existent en tant qu'objets logiques) est certes une forme de platonisme, mais nous devons le distinguer très nettement du platonisme « extensionnaliste » que Quine finit par accepter, car il invoque des arguments aussi bien ontologiques, épistémologiques, que logiques pour justifier les solutions platonistes qu'il donne aux divers problèmes liés à la connaissance et aux croyances mathématiques. Je vais essayer d'analyser ces solutions, surtout par rapport à tous leurs arrière-plans philosophiques réalistes, en les situant plus particulièrement, entre les solutions données par les platonistes classiques, tels que Gottlob Frege et Kurt Gödel, et celles élaborées de nos jours par quelques philosophes antiplatonistes critiques de Quine, tels que Hartry Field, Geoffrey Hellman, et Charles S. Chihara.
Les théories de ces trois antiplatonistes, se présentent comme des théories modalo-nominalistes, qui développent, avec des méthodes différentes, des critiques systématiques du platonisme, surtout de ce qu'il implique dans le domaine de l'ontologie de la science. En ce qui concerne ces trois derniers, je vais étudier leurs programmes antiplatonistes, en tant qu'ils comportent des critiques explicites de la forme de platonisme acceptée par Quine, tout en me référant aux écrits philosophiques suivants, ce qui n'exclut pas évidemment la possibilité de me référer à leurs autres articles, qu'ils soient publiés dans des revues spécialisées ou dans d'autres ouvrages collectifs : dans le cas de Hartry Field, je vais me référer surtout aux trois ouvrages suivants : *Science without Numbers*[17], publié en 1980, *Realism, Mathematics & Modality*[18], publié neuf ans plus tard, et *Truth and the Absence of Fact*, publié en 2001[19] (particulièrement le chapitre 11 qui porte sur la question des relations entre objectivité mathématique et objets mathématiques). Pour ce qui concerne Geoffrey Hellman, mon analyse de son projet modalo-structuraliste sera tributaire d'une lecture philosophique de son *Mathematics Without Numbers*[20], publié en 1989. Dans le cas de Charles S. Chihara, je vais essayer de comprendre sa philosophie « constructibiliste », telle qu'elle s'exprime

[17] Princeton, 1980.
[18] Basil Blackwell, 1989.
[19] Clarendon Press, Oxford.
[20] Clarendon Press, Oxford, 1989.

dans *Constructibility and mathematical existence*[21], publié dix-sept ans après son premier livre : *Ontology and the Vicious Circle principle*[22].
Je me référerai aussi à ses deux derniers ouvrages, c'est-à-dire, *The Worlds of Possibility : Modal realism and the semantics of modal* logic[23], et A *Structural Account of Mathematics*[24] .
Le trait commun à ces différents programmes consiste dans le fait de rejeter le platonisme, particulièrement la version que lui en donne Quine au moyen de sa théorie sur l'ontologie de la science et de ses arguments d'indispensabilité, à travers une réhabilitation des constructions logiques modales dans les recherches philosophiques sur les mathématiques. Bien que de tels programmes philosophiques soient de nature profondément antiplatoniste, leurs tenants ne se donnent pas pour tâche principale l'élimination du réalisme dans toues ses acceptions. A l'instar du programme platoniste de Quine lui-même, leurs théories comportent incontestablement des éléments et des aspects philosophiques réalistes aussi bien qu'antiréalistes. Quel que soit le degré de leur implication dans le débat réalisme/antiréalisme, il est évident que ces théories s'inscrivent dans une perspective nominaliste et « éliminativiste » vis-à-vis des entités mathématiques abstraites.
Les programmes que nous allons étudier sont donc des programmes nominalistes et éliminativistes. Leur objectif commun consiste à éliminer toutes les entités mathématiques abstraites, et à proposer des versions nominalisées de la physique et de la science en général.
Ces versions sont des réponses au défi formulé par Quine selon lequel le nominaliste « doit insérer les sciences naturelles dans sa théorie sans pouvoir s'aider des mathématiques, parce que les mathématiques (...) sont irrémédiablement condamnées à quantifier sur des objets abstraits. »[25]
En ce sens, le débat entre Quine et ses critiques nominalistes va tourner principalement autour de cette double question fondamentale :
Peut-on faire de la science sans les entités abstraites, particulièrement celles des théorèmes et des théories mathématiques ?

---

[21] Clarendon Press, Oxford, 1990.
[22] Ithaca, 1973.
[23] Oxford University Press, 1998.
[24] Oxford University Press, 2004.
[25] Quine (1960), Traduction française, p. 369-370.

Quel est le degré de réalité que nous pouvons donner aux idéalités mathématiques en tant qu'elles sont contenues dans une physique vraie, réussie, et surtout confirmée par l'expérience ?
Nous savons tous quelle était la réponse de Quine à cette question, à savoir : l'admissibilité ontologique des entités mathématiques abstraites sur la base de leur utilité dans l'activité de la science. L'argument principal en faveur de cette admissibilité est donné donc dans la thèse d'indispensabilité, appelée depuis la thèse Putnam-Quine[26].

« Les entités mathématiques, écrit Putnam, sont indispensables pour la science (...). Nous devons, par conséquent, accepter un tel discours; mais il nous engage à accepter l'existence des entités mathématiques en question. Ce type d'arguments remonte, bien sûr, à Quine, qui pendant des années, a insisté en même temps sur l'indispensabilité de notre discours sur les entités mathématiques et sur la malhonnêteté intellectuelle de dénier l'existence de ce qui est présupposé tous les jours. »[27]

Outre les arguments d'indispensabilité, Quine utilise d'autres arguments pour justifier son platonisme pragmatique, même si dans certains cas, la justification du platonisme reste indirecte, et parfois, implicite. Or, bien que nous utilisions parfois le mot « indispensabiliste », pour qualifier ce platonisme et le distinguer des autres, le platonisme pragmatique de Quine n'est pas seulement motivé par eux. En ce sens, les critiques les plus sérieuses qui lui sont adressées peuvent porter directement sur les arguments d'indispensabilité, mais aussi sur les autres types d'arguments qui relèvent, en général, des thèses essentielles de sa philosophie de la logique et des sciences.
En effet, Hartry Field, Geoffrey Hellman, et Charles S. Chihara, cherchent respectivement à défendre le nominalisme par le biais d'une réfutation systématique de la thèse quinéenne d'indispensabilité, et d'un discours critique sur les thèses principales de Quine dans le domaine de la logique, de l'ontologie et de l'épistémologie[28].
L'accès à une telle analyse du platonisme pragmatique et holistique de Quine et des théories antiplatonistes de ses critiques contemporains,

[26] Cette thèse est quinéenne, mais c'est à Putnam que revient le mérite de l'avoir bien formulée. En effet, c'est Putnam qui donne la meilleure définition des arguments d'indispensabilité de Quine.
[27] Putnam (1979) p. 347.
[28] Voir Burgess (1983), p. 95, où il fait un exposé très intéressant de la stratégie nominaliste de Field et Chihara.

s'effectue à travers une étude de la structure logique et du sens philosophique du dilemme dit de Benacerraf[29]. Selon ce dernier, le platonisme en mathématiques (qu'il appelle « la théorie standard ») nous met irrémédiablement face à un problème fondamental :
Si nous acceptons les vérités mathématiques, nous serons incapables d'expliquer notre connaissance des entités qu'elles présupposent, car elles sont en dehors de l'espace et du temps, et il n'y a aucun lien de causalité entre nous et ces entités inertes, et donc nous tenons les énoncés mathématiques pour vrais sans être pour autant capables d'expliquer comment nous connaissons qu'ils sont vrais.
Nous pouvons affirmer que les trois critiques de Quine sont antiplatonistes dans le style du dilemme de Benacerraf, car le défi qu'ils cherchent tous à surmonter consiste à donner une solution satisfaisante au problème posé par ce dilemme à travers une mise en cause de l'image platoniste classique[30].
Ainsi, le fictionnelle, le modalo-structuralisme, et le constructibilisme, sont des solutions philosophiques antiplatonistes au dilemme selon-le-style-de-Benacerraf.
Cet antiplatonisme selon-le-style-de-Benacerraf est, certes, une forme d'antiplatonisme parmi d'autres. Il existe d'autres styles de réaction philosophique au platonisme mathématique, et sont aussi importants, tel

[29] « It is my contention, écrit Paul Benacerraf, that two quite distinct kinds of concerns have separately motivated accounts of the nature of mathematical truth : (1) the concern for having a homogenous semantical theory in which semantics for the propositions of mathematics parallel the semantics for the rest of langage, and (2) the concern that the account of mathematical truth mesh with a reasonable epistemology. It will be my general thesis that almost all accounts of the concept of mathematical truth can be identified with serving one or the other of these masters at the expense of the other. Since I believe further that both concerns must be met by any adequate account, I find myself deeply dissatisfied with any package of semantics and epistemology that purports to account for truth and knowledge both within and outside mathematics. For, as I will suggest, accounts of truth that treat mathematical and nonmathematical discourse in relevantly similar ways do so at the cost of leaving it unintelligible how we can have any mathematical knowledge whatsoever; whereas those which attribute to mathematical propositions the kinds of truth conditions we can clearly know to obtain, do so at the expense of failing to connect these conditions with any analysis of the sentences which the assigned conditions are conditions of their truth." (Benacerraf, 1973, pp. 403-4)
[30] Il y a aussi des platonistes dans le style de Benacerraf, tels que Maddy, par exemple.

que l'antiplatonisme « subtitutionnaliste » de Dale Gottlieb (1980) ou celui de Daniel A. Bonevac (1982) pour ne citer que deux exemples.[31]
Il existe donc aujourd'hui à l'égard des théories mathématiques, un débat philosophique qui porte sur le type d'ontologie qu'il faut adopter pour les mathématiques. Ce débat porte plus particulièrement sur la double question suivante concernant les mathématiques :
Sont-elles ou non ontologiquement vides et « libres », ou faut-il admettre qu'elles possèdent, à l'instar des théories scientifiques en général, un certain domaine référentiel constitué d'objets par rapport auquel elles sont dites vraies ou fausses ?
Comme nous pouvons le constater, cette double question déborde le cadre restreint de la pratique mathématique, et semble donner au débat une extension philosophique plus large.
Le débat sur les mathématiques, du point de vue de la question de l'admissibilité de leurs objets abstraits, est un débat méta-théorique mais aussi épistémologique. Un tel débat sur la nature de l'ontologie des mathématiques est certes inclus dans celui qui concerne la nature de l'ontologie de la science et de la théorie du monde. Il serait cependant faux de prétendre que les solutions données au sein du débat que j'appellerai restreint (c'est-à-dire, qui porte exclusivement sur les théories mathématiques) dépendaient directement et presque uniquement du débat que j'appellerai général (c'est-à-dire, qui concerne les aspects réalistes ou antiréalistes des théories scientifiques) au sujet de la question du réalisme et de l'antiréalisme en philosophie.
Dans ce contexte, je pense que les rapports entre philosophie des mathématiques et philosophie tout court, et ceux entre épistémologie des

[31] Je ne suis pas tout à fait d'accord avec le point de vue de John P. Burgess (1990), p. 1-2, selon lequel l'argument de Benacerraf sur l'absence de toute relation causale entre nous et les objets mathématiques représente une motivation pour toute la littérature post-benacerrafienne du nominalimse. Il inscrit les travaux de Gottlieb et de Bonevac dans cette littérature dans ces termes : « In this literature Benacerraf's argument is often cited as motivation, and is often paraphrased. Thus Daniel Bonevac, proposing to summarize and generalize the argument, writes...And thus Dale Gottlieb, reporting an « intuition », writes...." . Je pense que même s'ils parlent de l'absurdité de l'existence de toute action causale des entités mathématiques abstraites sur notre esprit, Gottlieb et Bonevac mettent en place, contrairement à Field, Hellman, et Chihara, (parfois ces trois sont plus proches de Quine que de n'importe quel autre, même s'ils acceptent à la lettre le dilemme de Benacerraf) deux alternatives réeellement hostile au platonisme mathématique de Quine qui se construisent autrement que selon le style de Benacerraf.

mathématiques et épistémologie tout court doivent être systématiquement intégrés dans la structure interne de tout programme qui propose des solutions philosophiques cohérentes aux divers problèmes liés aux théories mathématiques modernes. En d'autres termes, une philosophie des mathématiques, pour être acceptable aujourd'hui, doit offrir une réponse, conceptuellement et méthodologiquement bien élaborée, aux diverses questions qui ont trait à tous ces rapports. Toute philosophie des mathématiques a pour champ d'investigation les points d'intersection de la thèse du platonisme ou de son contraire, et le débat sur le réalisme qui reste un débat ouvert.

Il existe donc un lien étroit entre l'élaboration d'une philosophie des mathématiques, c'est-à-dire, d'un discours qui concerne spécifiquement les divers aspects de la connaissance mathématique et le débat sur le réalisme. Le philosophe des mathématiques ne peut construire son propre système s'il n'a pas, au préalable, élaboré des réponses claires aux questions qui relèvent du débat réalisme/antiréalisme. Notre examen des théories antiplatonistes de Field, Hellman et Chihara, présuppose donc celui de leurs arrières-plans réalistes et antiréalistes.

De ce point de vue, le débat qui porte sur les aspects logiques, sémantiques et épistémologiques des théories mathématiques présuppose donc (et peut aussi enrichir) des prises de position au niveau du débat philosophique général. Or, quelles sont les questions qui peuvent relever de tous ces aspects ?

Il y a d'abord, les questions d'ordre sémantique et logique :

Les énoncés mathématiques ont-ils une signification ? Peuvent-ils être évalués dans les termes de la vérité et de la fausseté ? Peut-on déterminer la signification de tels énoncés dans les termes de leurs conditions de vérité ? Existe-t-il une autre notion dans laquelle on peut comprendre leurs significations ?

Il y a ensuite, les questions qui relèvent des aspects épistémologiques : Comment arrivons-nous à connaître la vérité des énoncés mathématique ? Sont-ils vides de toute connaissance substantielle ? A quel point les vérités mathématiques peuvent-elles participer à l'acheminement des informations physiques sur le monde extérieur ? Dans quels termes peut-on saisir les liens intrinsèques entre les différents modèles et structures mathématiques abstraites et la réalité physique ?

Il y a en dernier lieu, les questions qui se rattachent aux aspects ontologiques et existentiels des mathématiques : existe-t-il des objets mathématiques ? Comment procède-t-on pour admettre ou éliminer idéologiquement et théoriquement de tels objets abstraits ? L'activité mathématique peut-elle être possible sans l'admission d'un domaine référentiel qui lui est propre, et sans une compréhension littérale des théorèmes d'existence ?

Le platonisme ne se réduit donc pas à la seule affirmation de l'existence des objets mathématiques abstraits (ou du réalisme ontologique), pour se trouver impliqué dans un programme plus large qui inclut, à côté de ces aspects existentiels, des procédures de vérité, de connaissance et de preuve qui ne sont rien d'autre que celles qui sont utilisées dans les axiomes et les théorèmes mathématiques canoniques. Le platonisme n'est rien d'autre que les mathématiques classiquement interprétées. Il ne suffit donc pas au philosophe antiplatoniste de rejeter le réalisme au sujet des objets abstraits pour réussir jusqu'au bout son pari. Il doit, en outre, substituer aux procédures de vérité, de démonstration, et de connaissance « platonistiquement » interprétées, d'autres procédures non classiques qui doivent allier des mathématiques sans objets, c'est-à-dire, sans nombres, sans classes, sans matrices, etc. Ces nouvelles procédures non classiques, que nous pouvons aussi appeler des procédures « nominalistiques », doivent disposer d'un certain degré de consistance et de cohérence avec les théories mathématiques elles-mêmes, pour être admises comme substituts aux procédures dites classiques et platonistes. La question de savoir à quel point l'interprétation « nominaliste » pouvait réussir sa tâche sur ce niveau supérieur de la construction logique et métalogique, reste une question cruciale pour tous les antiplatonistes en général, et pour Field, Hellman et Chihara, en particulier.

Il devient donc clair que la tâche qui attend le philosophe antiplatoniste ne se situe pas seulement sur le niveau de l'ontologie, mais surtout sur le niveau des fondements logiques et épistémologiques du système qu'il propose comme alternative au platonisme des objets.

L'affirmation par le platoniste de la réalité et de la nature des objets sur lesquels travaille le mathématicien définit simplement un des aspects du platonisme, à savoir, le réalisme en ontologie, et non pas le platonisme dans la totalité de sa signification. Il est vrai qu'à la base de cette théorie, nous trouvons la fameuse thèse de l'admissibilité ontologique des objets mathématiques, mais le platonisme ne retrouve sa pleine signification philosophique que si, autour de cette thèse, se forment des procédures de vérité, de démonstration et de connaissance mathématiques qui mettent au point une objectivité scientifique qui soit indépendante des habilités linguistiques et cognitives des sujets humains.

En effet, le platoniste affirme, non seulement que les mathématiques sont à propos d'une réalité indépendante du langage et de l'esprit, mais surtout que leurs énoncés sont dits être vrais ou faux indépendamment de notre manière de les connaître, de les vérifier ou même de les exprimer.

Michael Dummett[32] est connu et reconnu pour avoir défendu (avec acharnement) la thèse selon laquelle le réalisme et le platonisme trouvent leurs fondements dans une certaine compréhension véricondititionnelle de la signification des énoncés en général[33]. Pour lui, la question ne consiste pas dans le fait de savoir si les objets mathématiques existent ou non, mais doit concerner plutôt le type de compréhension que nous faisons de la signification des énoncés mathématiques. La compréhension classique de cette signification avec sa logique bivalente et ses fonctions de vérité, ne convient plus au mode de raisonnement et à la forme profonde du langage des mathématiques modernes.

Cette thèse de Dummett ne sera intéressante pour nous que dans le sens où elle peut nous aider à mieux spécifier et comprendre la place des aspects sémantiques et logiques dans le débat sur le réalisme, et, par-là, les différents systèmes qui acceptent ou rejettent le platonisme. Car, quelle que soit la place importante de ces aspects au sein des systèmes en question, le platonisme est une thèse qui relève aussi de l'ontologie des mathématiques et qui se traduit épistémologiquement et logiquement dans le réalisme des procédures classiques de preuve[34] et de vérité.

Or, la difficulté de dissocier les aspects ontologiques du platonisme de ses aspects logiques et épistémologiques, ne doit pas nous cacher le fait que cette thèse concerne en premier lieu l'admission ou l'élimination d'une certaine compréhension littérale (at face value) des théorèmes d'existence en mathématiques, et sur la possibilité ou l'impossibilité de

---

[32] Dummett (1982).

[33] « From a classical or platonistic standpoint, the understanding of a mathematical statement consists in a grasp of what it is for that statement to be true, where truth may attach to it even when we have no means of recognizing the fact; such an understanding therefore transcends anything which we actually learn to do when we learn the use of mathematical statements. Hence the platonistic picture is of a realm of mathematical reality, existing objectively and independently of our knowledge, which renders our statements true or false. » . M. Dummett, *Elements of Intuitionism*, Oxford, 1977. p. 6-7.

[34] J'utilise ici le concept de preuve non pas au sens intuitionniste de Dummett et des constructivistes en général, mais au sens d'une preuve dans un système formel.

les réinterpréter. Le débat en question, porte sur les moyens que nous pouvons nous donner sur le plan conceptuel afin d'éliminer ou d'affirmer les objets mathématiques, et de renoncer ou de continuer à prendre au sens strict la signification et la vérité des énoncés mathématiques.

La dimension ontologique du platonisme devient une partie intégrante de la signification, de la vérité et de la connaissance des axiomes et des théorèmes mathématiques. Il ne s'ensuit pas de là que les références des termes mathématiques deviennent de simples constructions mentales ou linguistiques, n'ayant qu'une existence dans l'esprit ou dans le langage. Le trait caractéristique de la théorie platoniste au sein de la philosophie contemporaine des mathématiques, c'est l'insistance sur les liens de structure entre les notions d'existence, de vérité, et d'objectivité (ou plutôt de désubjectivité).

Dans le type de platonisme post-gödelien de Quine, ces liens sont expliqués dans les termes des critères méta-théoriques d'identité et d'engagement ontologique, et surtout dans l'emploi des règles logiques telles qu'elles sont formulées dans la théorie classique de la quantification. L'antiplatoniste doit, dans toutes ces conditions, non seulement éviter d'admettre l'existence des propriétés, des fonctions, des prédicats, et des objets mathématiques, mais surtout il doit renoncer à utiliser les mêmes procédures formalisées de preuve, de connaissance et de vérité qui sont toujours à la disposition du platoniste, ce qui n'est pas toujours simple pour lui[35].

D'un côté, le succès de toutes les alternatives antiplatonistes dépend de leur capacité à se donner d'autres ressources logiques et conceptuelles aussi fortes (idéologiquement et conceptuellement) que celles qui sont propres à la version platoniste classique. D'un autre côté, la plausibilité du platonisme de Quine dépend de sa capacité à montrer comment les thèses de l'indétermination de la traduction, de la relativité ontologique,

[35] Dans certains cas, l'antiplatoniste ne peut échapper à la circularité : la critique du platonisme est effectuée parfois par des procédures formelles qui sont platonistes. C'est le cas certes avec Field lorsqu'il est question de sa version nominaliste de la physique. Field va plus loin, et dit explicitement que le nominaliste est libre d'utiliser les théories physiques platonistes dans l'élaboration des conclusions nominalistes, puisque, selon lui, ces conclusions peuvent être dérivées, dans sa version nominaliste, avec l'aide des mathématiques conservatives, ce qui, sans doute, va à l'encontre de sa critique des arguments platonistes d'indispensabilité.

et de la conception holiste s'appliquent, sans inconsistance, au langage des mathématiques.

Comme nous allons pouvoir sans doute le constater, les ressources logiques utilisées par les trois philosophes antiplatonistes critiques de Quine, sont de nature modale, et s'expriment (peut-être à l'exception de Field[36], car il a changé sur la question) dans le cadre d'une logique du second ordre. Ce recours a pour tâche principale d'occuper tout l'espace logique qui existe entre une sorte d'ontologie des seuls objets physiques concrets, et des mathématiques ontologiquement libres et vides[37].

Par opposition à ces critiques qui défendent ce que nous pouvons appeler un certain « nominalisme modal », et en finissant par admettre les objets mathématiques tels que les classes ou les ensembles, Quine accepte de gonfler l'ontologie de la science, et propose un type de platonisme « extensionnaliste » qui trouve dans le naturalisme, le pragmatisme et le holisme (épistémologique aussi bien que sémantique) ses traits les plus caractéristiques. Mais, ce type de platonisme bien spécial comporte néanmoins certains aspects problématiques, qui rendent les solutions fournies par Quine, insuffisantes, faibles, et souvent ouvertes à des critiques très sérieuses. En effet, les arguments antiplatonistes de Field, Hellman, et Chihara, en tant qu'ils sont, variablement, des arguments nominalistes et modaux, tirent leurs significations philosophiques et leurs intérêts croissants dans ces solutions fournies par Quine. Sans les réduire à de simples réactions au système platoniste de Quine, ces philosophes antiplatonistes adressent de sérieuses objections à l'image d'un domaine fixe d'objets mathématiques, et suggère, positivement, de remédier à ses imperfections. Cependant, il est évident que ces objections qui sont fondées sur des prémisses « nominalistes », posent, à leur tour, de nouvelles difficultés sur le plan épistémologique aussi bien que logique. En effet, il existe, au sein de ces différents programmes, des tensions qui rendent leurs conceptions ouvertes sur des objections et des critiques aussi sérieuses que celles adressées au système platoniste de Quine.

---

[36] Field trouve que dans son approche initiale (Field, 1980), l'usage de la logique du second-ordre peut l'obliger à mettre en doute sa thèse sur la conservativité déductive des mathématiques.

[37] Chez Chihara et Hellman, il n'est pas question de supprimer complètement les théorèmes d'existence, mais de les réinterpréter modalement en ajoutant des axiomes modaux, par exemple.

Ce travail est donc une tentative pour comprendre les fondements logiques et philosophiques du système platoniste des mathématiques de Quine, et pour analyser quelques-unes des critiques antiplatonistes que trois philosophes nominalistes contemporains (Hartry Field, Geoffrey Hellman, et Charles S. Chihara) lui ont adressé de façon systématique.

Il se divise en trois grandes parties :

Dans la première partie, intitulée : Quine, Benacerraf, et la philosophie contemporaine des mathématiques, la voie d'accès au système platoniste quinéen est l'analyse du dilemme dit de Benacerraf du point de vue de sa structure logique et ses implications épistémologiques et philosophiques.

Au chapitre (1), je présente le dilemme qui dit que, dans le cas du platonisme, nous avons à choisir entre deux choses : soit la vérité, soit la connaissance, car nous ne pouvons pas les accepter toutes les deux. Même si son objectif initial n'est pas de réfuter le platonisme (mais probablement de le réformer), le dilemme de Benacerraf finit par poser un problème réel à la conception classique des mathématiques, et donne lieu à des arguments de nature antiplatoniste (au moins deux arguments : l'argument réductionniste, et celui structuraliste) que je me forcerai d'analyser et de les soumettre, en même temps, à quelques-unes des critiques actuelles, telles que nous pouvons les trouver, par exemple, dans les écrits de Linda Wetzel et Crispin Wright.

Dans le chapitre (2), je procède à une sorte de comparaison entre les deux programmes de Quine et Benacerraf, autour de quelques questions fondamentales qui relèvent toutes du domaine de la philosophie des mathématiques et du débat réalisme/antiréalisme.

La deuxième partie, intitulée : la question du platonisme dans la philosophie des mathématiques de Quine, est entièrement consacrée à l'étude des aspects et des traits réalistes du platonisme pragmatique de Quine. J'étudie les différents arguments qu'il donne directement ou que nous pouvons extraire nous-mêmes en faveur du platonisme.

Il y a d'abord, les arguments dits d'indispensabilité (chapitre3). Selon ces arguments, les objets mathématiques existent, car ils sont indispensables à toute théorie physique confirmée. Il y a ensuite, les arguments que j'appelle métascientifiques (chapitre 4), qui relèvent plutôt d'une forme de réalisme en épistémologie dans laquelle une théorie des objets scientifiques est édifiée : les objets physiques aussi bien que les objets mathématiques abstraits sont des « posits». Il est nécessaire, bien sûr, de distinguer ces arguments de ceux d'indispensabilité. Il y a aussi les arguments qui sont tirés du réalisme quinéen dans la valeur de vérité logique (chapitre 5) : J'essaie, contre Michael Dummett, de dévoiler le sens du réalisme logique chez Quine, et son rôle dans la formation et le fonctionnement du système platoniste des mathématiques. Il y a enfin, les arguments que nous pouvons rattacher à la conception quinéenne de la quantification logique, du critère d'assomption ontologique, et à tout le discours sur l'ontologie de la science (chapitre 6).

Dans la troisième et dernière partie, intitulée : Antiplatonisme et critique de Quine dans la philosophie contemporaine des mathématiques, je discute les théories de trois philosophes antiplatonistes contemporains : Hartry Field, Geoffrey Hellman, Charles S. Chihara (chapitre 7). Toutes ces théories se présentent, de nos jours, comme des alternatives au système platoniste de Quine. Field (7.1) soutient une conception modalo-fictionnaliste selon laquelle tous les énoncés mathématiques sont faux. Les mathématiques ne sont rien d'autre qu'une sorte d'instrument pour extraire ce qui est impliqué dans les théories scientifiques; un instrument utile pour faire des déductions à partir d'un système nominaliste. Cette propriété, Field l'appelle : la conservativité.

Hellman (7.2) est certes nominaliste, mais refuse l'instrumentalisme de Field et son antiréalisme logique vis-à-vis des énoncés mathématiques. Il développe une conception des mathématiques qui tend à interpréter modalo- structurellement la théorie des nombres et la théorie des classes, de manière à éviter d'assumer ontologiquement les objets mathématiques de la version platoniste canonique.

Chihara (7.3) va plutôt utiliser la structure formalisée de la théorie des types simples de Russell pour supprimer toute référence à des objets abstraits. Pour parvenir à une telle fin, il s'appuie sur la sémantique des mondes possibles et propose de remodeler la théorie canonique de la quantification de manière à supprimer toutes les assertions d'existence en mathématiques : là où Frege fait appel aux propriétés ou aux concepts dans son analyse des énoncés de cardinalité, Chihara leur substitut des phrases ouvertes, et là où Frege asserte l'existence d'un concept, il n'asserte que la constructibilité de ces phrases ouvertes grâce à des quantificateurs de constructibilité qui sont des quantificateurs nouveaux non classiques. Chihara utilise la notion modale de monde possible pour expliquer ces quantificateurs non standard (Chihara 1990), et utilse ces mêmes quantificateurs pour rendre compte de son projet anti-réaliste concernant l'emploi de la sémantique des mondes possibles (Chihara

1998), ce qui va placer son systéme antiplatoniste lui-même dans une circularité évidente.

Dans le dernier chapitre (chapitre 8), j'essaie d'organiser les différentes questions sur lesquelles, tour à tour, la théorie de Quine, et les théories antplatonistes de Field, Hellman, et Chihara, se montrent intéressantes et, en même temps, ouvertes à certaines objections réelles : ces questions rendent compte des problèmes fondamentaux que toute philosophie des mathématiques doit aborder aujourd'hui, et doit résoudre d'une façon systématique et cohérente. L'utilité philosophique croissante du débat entre Quine d'une part, et Field, Hellman, et Chihara de l'autre, pointe, en effet, vers une telle direction. En nous éclairant sur les forces et les insuffisances théoriques de ce système ou des autres, ce débat nous ouvre sur une analyse des conditions que tout discours philosophique sur les mathématiques doit, de nos jours, satisfaire.

Quelles que soient les conséquences de ce débat et son impact sur les recherches dans le domaine de la philosophie des mathématiques, il reste sûr que le platonisme de Quine, en raison de son réalisme ontologique vis-à-vis des entités mathématiques abstraites et son rejet de la logique modale avec son langage de second ordre, se heurte irrémédiablement à des difficultés sérieuses, surtout concernant l'emploi des arguments d'indispensabilité et des constructions modales et sur la question de leur contribution à rendre compte de la nature des mathématiques (car ces dernières sont désormais un champ ouvert où tout est possible), et à éliminer un certain nombre de problèmes qui font défi au platoniste, ainsi que tout ce qui touche l'inférence de l'existence des objets mathématiques abstraits à partir des arguments d'indispensabilité interconnectés au holisme du sens et de la connaissance. Mais, ce système élaboré par Quine a, avant tout, le mérite de nous aider à mieux comprendre les différents rapports des théories mathématiques (anciennes et à venir) au monde physique (et à l'espace publique) dans lequel nous vivons, et leur statut épistémologique (quasi équivalent à celui des autres) dans le système général des sciences.

Ce type de compréhension qui consiste à regarder les architectures et les inventions (ou découvertes) mathématiques par rapport à un schème conceptuel fondamental de la science que nous ne pouvons étudier et réviser que de l'intérieur, a aussi le mérite de nous faire douter des tentatives empiristes (Wittgenstein[38]), et analytiques (Frege[39]) strictes, et laisse le champ libre pour de nouvelles approches ontologiques sur les mathématiques modernes.

« Même les mathématiques pures, écrit Quine, fournissent une réponse de nature descriptive à la question « Qu'est-ce qui existe ? » car les choses auxquelles cette question se rapporte n'excluent pas les nombres, les classes, les fonctions, etc., si tant est qu'ils existent, dont traitent précisément les mathématiques pures. (...). Etant donné des classes, ou quelque autre domaine plus large d'objets dont traite le mathématicien, c'est au mathématicien à dire en particulier s'il y a des nombres premiers pairs, ou des nombres cubiques qui sont la somme de deux nombres cubiques. D'autre part, l'examen de l'acceptation non critique de ce royaume de...classes, etc., est dévolu à l'ontologie. Ici la tâche est de rendre explicite ce qui a été laissé tacite, et de rendre précis ce qui a été laissé vague ; la tâche d'exposer et de résoudre les paradoxes, de raboter les aspérités, de faire disparaître les vestiges des périodes transitoires de croissance, de nettoyer les bidonvilles ontologiques. »[40]

---

[38] « Wittgenstein est obsédé par une philosophie empirique des mathématiques. Pour lui, ce qui se trouve derrière une loi mathématique, est une régularité empirique. Ce n'est que grâce à ce que la régularité empirique nous permet d'obtenir que cette loi trouve une application pratique. », M. Dummett : « La philosophie des mathématiques de Wittgenstein », Philsophical Review, NLXVIII.

[39] Pour Frege, qui élabore une conception analytique de la vérité mathématique, les nombres, les classes, etc., sont des objets, non pas dans le sens de Gödel, c'est-à-dire, qu'ils se donnent à nous dans l'intuition, mais au sens où ils sont des objets logiques. Dans les termes de cette conception, le nombre 1, par exemple, est un objet particulier défini, et a des propriétés qui peuvent être spécifiées et qui ne sont pas forcément structurelles. En ce sens, chaque nombre individuel de la série des nombres, est un objet auto-subsistant.

[40] Quine (1960), p. 377-378.

PREMIÈRE PARTIE

QUINE, BENACERRAF ET LA PHILOSOPHIE CONTEMPORAINE DES MATHÉMATIQUES

Unbridled ockhamism in a holist setting, which is Quine's position – Why demand more than sets, if sets is all you need (sung to the tune of the Beatles' "All you Need Is Sets")?

Paul Benacerraf, What Mathematical Truth Could Not Be – I (Benacerraf and his critics, Adam Morton & Stephen p. Stich, p. 28)

CHAPITRE 1
LE DILEMME DE BENACERRAF

1.1. Présentation du dilemme dit de Benacerraf

Bien que nous puissions cerner aujourd'hui une certaine évolution dans les positions de Benacerraf au sujet du débat platonisme/antiplatonisme dans la philosophie des mathématiques[41], nous pouvons dire que son programme (fin 1960 et début 1970) repose sur la thèse selon laquelle il existe un conflit fondamental et structurel entre la théorie de la vérité logique des énoncés mathématiques et leur épistémologie.

« Dès l'instant, écrit Benacerraf, où notre connaissance est une connaissance des vérités, une approche de la vérité mathématique pour qu'elle soit acceptable, elle doit être consistante avec la possibilité d'avoir une connaissance mathématique. »[42]

Le dilemme trouve son origine dans l'absence de cette consistance au sein du platonisme. Pour Benacerraf, il semble mystérieux et étrange, à première vue, de pouvoir obtenir une quelconque forme de connaissance mathématique, puisque nous n'avons en réalité, aucune relation causale et aucune interaction avec les objets mathématiques qui constituent le domaine référentiel de leurs assertions vraies. Si, ces objets sont en dehors de l'espace et du temps[43], comment pourrions-nous dès lors les

---

[41] Dans « Skepticism about Numbers and Inderterminacy Arguments », publié dans Adam Morton and Stephen P. Stich Eds (1996), p. 136, Jerrold J. Katz écrit : "As I understand it, "What Numbers Could Not Be" does not represent Benacerraf 's present thinking on the issue (...) Nontheless, that paper has become the classic statement of scepticism about numbers, and, as such, it has long ago taken on a philosophical life of its own and has been remarkably influential in helping to run philosophers against mathematical realism."

[42] Benacerraf (1983), p. 409.

[43] Dans un commentaire critique du livre de (Field, 1989), Burgess écrit : « Benacerraf avait suggéré à quelques nominalistes qu'ils pouvaient soutenir leurs thèses à partir d'une théorie causale de la connaissance. Cet argument consiste dans une comparaison moqueuse entre le mathématicien et le medium (...) La comparaison ne convient pas, car les concepts qui concernent l'espace et le temps ne s'appliquent pas aux mathématiques. Il est surprenant que les nominalistes ont oublié cela, puisque c'est justement dans ces traits que l'aspect abstrait des mathématiques consiste. », Philosophia Mathematica, Vol 1/1993 pp. 180-188.

connaître ? Autrement dit, pour Benacerraf, si nous voulons parler d'une vérité mathématique qui soit consistante avec la possibilité d'obtenir une connaissance mathématique, nous devons impérativement procéder à une élimination systématique de tous les objets mathématiques abstraits sans distinction. Son dilemme est donc l'expression logique et philosophique d'un conflit qui existe entre l'épistémologie et les conditions de vérité des phrases mathématiques. Or, pour que nous puissions préserver notre concept de vérité tel qu'il est applicable à la totalité des énoncés de la science, et traiter le mode de connaissance en mathématiques selon le modèle « naturaliste » propre à la théorie causale, la meilleure stratégie consiste à rejeter le platonisme, c'est-à-dire, la thèse selon laquelle les nombres (et les objets mathématiques en général) existent et sont des objets ontologiquement indépendants. Le dilemme affirme sans doute l'inconsistance dont souffre la philosophie platoniste des mathématiques au niveau de ses composantes épistémologique et ontologique. Il est l'aboutissement d'une réflexion logique sur les grandes tendances de la philosophie moderne des mathématiques. Il met l'accent sur l'incapacité théorique considérable de ces différentes tendances à rendre compte de la nature profonde des théories mathématiques. De ce point de vue, le dilemme nous invite à tracer de nouveau les frontières classiquement élaborées entre les diverses tendances du platonisme, formalisme, intuitionnisme et logicisme de manière à s'orienter vers une combinaison structurée de leurs différents aspects positifs.

Le dilemme apparaît non seulement lorsque nous cherchons à fixer une sémantique mathématique du même type que celle qui s'applique au langage ordinaire, mais surtout lorsque nous cherchons à expliquer cette sémantique dans les termes de la théorie épistémologique. Le dilemme est donc sémantique et épistémologique : il porte avant tout sur la valeur des notions sémantiques de vérité et de référence mathématiques par rapport au cadre actuel de la théorie de la connaissance. Les assertions mathématiques possèdent, à l'instar de toutes les assertions scientifiques, des conditions de signification et de vérité qui sont celles admises généralement pour l'ensemble du langage de la science. Le dilemme cherche à mettre à nu le caractère problématique de l'admission, par les platonistes, des objets mathématiques, et à montrer comment ces objets doivent être entièrement éliminés. Benacerraf veut prouver que les questions de sémantique et de logique trouvent dans l'épistémologie leur meilleure explication, si ce n'est leur horizon initial. En d'autres termes,

il veut esquisser sa réforme de la logique des mathématiques de manière à ce qu'elle soit en adéquation avec la théorie épistémologique généralement acceptée. Ainsi, le seul concept de vérité que Benacerraf est prêt à tolérer pour les assertions mathématiques, est un concept qui s'adapte avec la théorie causale de la connaissance. Par rapport au modèle épistémologique qu'il présuppose, le dilemme de Benacerraf nous pousse vers une sortie de secours « structuraliste ». Sans exclure entièrement les notions sémantiques de vérité et de référence, le structuralisme est la négation pure et simple de la position des objets mathématiques comme des objets singuliers dotés d'existence. Les énoncés mathématiques peuvent être traités dans les termes du vrai et du faux de la logique bivalente classique, et dans les termes de la théorie référentielle de la vérité, mais les références des termes numériques ne doivent pas être considérées comme étant des objets individuels.
Le structuralisme fait d'une pierre deux coups : il élimine le statut d'objets pour les nombres, et sauvegarde la référentialité des termes qui les désignent, puisque les structures mathématiques sont indépendantes de l'esprit et sont posées de manière objective selon le type d'objectivité que requiert la science. Les nombres, et tous les autres objets, ne font finalement qu'obéir à des règles structurelles inscrites dans le type de raisonnement propre au travail mathématique lui-même, et ne sont dotés d'aucune forme de réalité et d'existence. L'erreur du platoniste consiste à partir d'une analyse sémantique canonique des propositions de la science pour mettre sur le même plan ontologique nombres et objets concrets. Le structuralisme permet, parmi ses objectifs, de rectifier cette erreur.
Or, la question à laquelle je chercherai à répondre est double : Comment la version structuraliste donnée par Benacerraf peut-elle éliminer le recours aux concepts platonistes de classe et de nombre naturel ? Le structuralisme est-il vraiment incompatible avec ces notions ?
Selon un platoniste pragmatique comme Quine, nous n'avons pas besoin d'éliminer les nombres et de ne pas recourir à la notion réaliste de classe, même si nous avons accepté au départ la notion structuraliste de « progression » comme fondement pour tout le travail arithmétique. Alors que la position défendue par Quine stipule la compatibilité du structuralisme et du platonisme, celle de Benacerraf possède un arrière-plan antiplatoniste clair dans le sens où elle cherche à éliminer les nombres et les classes et refuse toute notion de réduction mathématique.

Chez Quine, nous assistons plutôt à une sorte d'interdépendance entre la notion de réduction mathématique et le structuralisme. Sa théorie des fonctions de délégation (proxy fonctions) exprime parfaitement cette interdépendance, et peut justifier les conclusions platonistes qu'il tire à partir de l'emploi des ressources structuralistes. Mais, il y a un autre point sur lequel nous pouvons nous interroger afin de mieux comprendre les relations du platonisme et de l'antiplatonisme au structuralisme, à savoir le rôle que joue la théorie naturaliste chez l'un et l'autre.
Chez Benacerraf, la compatibilité du structuralisme et du naturalisme milite pour une destruction possible du platonisme classique avec son univers fixe d'objets mathématiques. Les ressources structuralistes sont utilisées pour rattacher les affirmations mathématiques aux fondements naturalistes de la connaissance scientifique et du savoir humain.
Contrairement à Benacerraf, Quine dit que le naturalisme ne justifie pas plus l'existence des objets physiques que celle des objets mathématiques, et requiert que les classes et les ensembles soient traités comme des objets scientifiques à part entière, et non pas comme des fictions ou des manières de parler.

1. 2. Platonismes et réalismes

Je vais essayer ici de donner une définition du platonisme. Je n'évoquerai cependant le terme de platonisme que dans le cas précis des théories mathématiques. Ce choix vient comme résultat d'une analyse de la nature des relations entre la question du platonisme en mathématiques et celle du réalisme philosophique en général.
Par réalisme philosophique en général, je veux dire ce qui suit : le principe philosophique de l'indépendance du monde extérieur par rapport à la connaissance que nous en faisons. Autrement dit, le platonisme n'est pas un simple cas particulier du réalisme philosophique général, mais l'unité même de ses extensions les plus fondamentales. Cela nous oblige, incontestablement à distinguer entre deux types de platonisme : (1) le platonisme philosophique, et (2) celui mathématique. C'est le platonisme sous sa forme mathématique qui incarne tout ce qui est essentiel dans le réalisme philosophique. Le Platonisme philosophique postule le réalisme des idées comme essences du monde, et ce n'est nullement dans ces termes que Quine est dit être un platoniste. Je chercherai plutôt à étudier le platonisme de Quine non pas dans le sens de la doctrine historique de

Platon, mais dans un sens moderne bien différent, c'est-à-dire, j'étudierai les aspects réalistes de la conception quinéenne de l'objectivité et de la vérité mathématiques, et je montrerai les raisons profondes qui poussent le philosophe de Harvard à inclure les objets mathématiques abstraits dans l'ontologie des mathématiques et de la science en général.

Le platoniste est celui qui admet une forme d'existence pour les objets mathématiques, qui considère que les énoncés mathématiques possèdent des conditions transcendantes de vérité, et qui croit que la connaissance mathématique n'est pas réductible à la logique et a le même fondement scientifique que la physique. De ce point de vue, le platoniste est celui qui défend systématiquement trois formes de réalisme : celui logique propre à la vérité, celui ontologique propre à la notion d'existence, et enfin celui épistémologique propre au concept de « scienticité » de la connaissance mathématique.

Cette définition du platonisme comme l'union dans une seule et même théorie de ces trois sens du réalisme philosophique général, exprime un choix méthodologique qui va incontestablement faciliter mon accès aux particularités du platonisme mathématique de Quine.

En effet, cette définition du platonisme va nous permettre de distinguer chez un même philosophe ou théoricien de la science son platonisme (ou antiplatonisme) des aspects réalistes (ou antiréalistes) de son système des mathématiques et de la science. Quine est, par exemple, platoniste lorsqu'il appelle à quantifier sur les objets mathématiques, mais il est antiréaliste lorsqu'il rejette l'analyse des significations des phrases logiques comme des entités déterminées et indépendantes. Nombreux sont les exemples de la sorte où une même théorie philosophique pouvait contenir, tour à tour, des éléments réalistes et antiréaliste. Il n'est pas faux donc de penser que le principe du platonisme c'est cette unité insécable du réalisme au niveau de ses extensions les plus essentielles : le niveau logique, le niveau de la théorie de la science, et enfin, le niveau de l'ontologie. Ainsi, une théorie cesse d'être considérée comme une théorie « platoniste » si cette unité est brisée. C'est le cas de Chihara et de Hellman, puisqu'ils acceptent tous les deux le réalisme logique et le réalisme épistémologique, mais rejettent la thèse de l'existence des objets mathématiques. Dans ce sens, leur antiplatonisme est moins radical que celui de Hartry Field, car ce dernier rejette non seulement le réalisme ontologique, mais surtout le réalisme logique et celui épistémologique, pour adopter le fictionnalisme (= tous les énoncés mathématiques sont

faux) combiné avec une nouvelle version du logicisme (= la connaissance mathématique est une forme de connaissance logique).
Nous pouvons donc dire que, chez Quine, nous trouvons un type de platonisme pragmatique et holistique coupé de ses racines philosophiques platoniciennes[44]. Il représente une sorte de titre général sous lequel est subsumée une variété de théories philosophiques sur les mathématiques. Le platonisme est loin d'exprimer une doctrine philosophique homogène sur les mathématiques. Les platonistes ne sont probablement d'accord entre eux que sur le principe de l'unité du platonisme. Ils sont en revanche en désaccord (parfois quasi total) sur la façon d'exprimer conceptuellement, logiquement, et méthodiquement ce principe. C'est le cas de Quine, Frege, Gödel, Maddy, et bien d'autres. Tous sont d'accord sur certains aspects réalistes fondamentaux relatifs à la connaissance mathématique, mais utilisent en vérité des méthodes et des concepts philosophiques complètement irréductibles. Il existe entre les divers tenants du platonisme des tensions aussi réelles que celles qui existent entre eux et leurs critiques antiplatonistes, et entre ces derniers eux-mêmes : un de mes objectifs serait de mieux mettre au clair ces tensions.
Dans une première démarche, l'antiplatoniste rejette la thèse du platonisme comme étant une thèse inacceptable du point de vue de la science ne pouvant être qu'une thèse qui élabore tout simplement une position métaphysique.
Mais, en critiquant de manière aussi radicale le platonisme, il va ensuite se heurter sur deux problèmes philosophiques : (i) le premier consiste à expliquer la nature de la connaissance mathématique elle-même : si les objets mathématiques n'existent pas, comment, dès lors, rendre compte

[44] On ne trouve pas mieux, pour décrire la philosophie platonicienne, que ces mots de Maurice Caveing dans « Platon et les mathématiques », publié dans : Evelyne Barbin et Maurice Caveing Eds (1996), p. 7-25 : « Platon voit dans les objets mathématiques le type même des entités qui peuplent un monde idéal, le Monde des Idées, êtres parfaits et purement intelligibles, séparés du monde sensible et extérieurs au psychisme humain…
Le platonisme apparaît ainsi comme la première en date des philosophies qui résorbent les mathématiques dans un monde d'essences intemporelles dont la fonction est de garantir métaphysiquement leur applicabilité au monde sensible…
Ayant conçu clairement l'idéalité des objets des mathématiques, en lesquels il voit des essences fixes, immuables, individualisables et parfaites, Platon a cru ne pouvoir sauver cette idéalité qu'en proclamant sa réalisation dans un Univers d'existence en-soi, au-delà du sensible. La tâche de penser les mathématiques se trouvait ainsi engagée dans la voie d'une ontologie ne pouvant guère conduire qu'à une mystique ou à une théologie. »

de la source de nos vérités et croyances mathématiques ? , (ii) le second problème que l'antiplatoniste doit résoudre est celui d'expliquer d'où vient ce caractère propre aux théories mathématiques qui fait qu'elles soient applicables au monde physique ?
L'antiplatoniste doit se rendre compte que le platonisme mathématique possède, quelque part, une certaine justification dans notre culture scientifique (ou dans notre culture tout court), et le fait de le réduire à une simple position pseudo-scientifique ou métaphysique relève d'un certain non-sens, car les nombres et les classes sont bien là, et ont bien une place, avec toutes les fonctions qui vont avec, dans nos pratiques les plus courantes.
L'importance du rôle que jouent les structures mathématiques dans notre rapport au monde, et le fait que le platonisme indispensabiliste retrouve ses racines mêmes et son déploiement propre là où les théories mathématiques semblent être, non seulement nécessaires et utiles à la mise en marche des sciences de la nature, mais aussi indispensables à la genèse et à la formation de nos croyances scientifiques et physiques sur les phénomènes du monde autour de nous, mettent un coup d'arrêt à la tendance qui dénigre les vertus de la réflexion ontologique sur les mathématiques. Le platonisme peut trouver une justification à partir de la science elle-même, et c'est là où il est, philosophiquement, pris au sérieux.
Or, parmi les antiplatonistes, il y a ceux qui s'obstinent à ne donner au platonisme aucun type de rationalité scientifique, et c'est Chihara, entre autres, qui, comme nous allons le voir au Chapitre (7.3), représente une telle tendance lorsqu'il s'acharne sur la thèse quinéenne selon laquelle nous pouvons justifier l'existence des objets mathématiques à partir de la science[45].
Malgré cette position de Chihara, la majorité des antiplatonistes en mathématiques (y compris Chihara lui-même), s'entendent sur l'utilité de débattre avec la version « indispensabiliste » du platonisme comme étant une approche qui répond aux mêmes conditions générales de rationalité que sa thèse opposée, je veux dire le nominalisme (avec ou sans modalité).

---

[45] "Quine, écrit Chihara, is evidently arguing that, contrary to what the logical positivists thought, contemporary science provide genuine scientific evidence for the existence of mathematical objects. (....). As I noted earlier, Quine has won over few adherents to this view of evidence." Chihara (2004), p.116-119.

Selon cette version pragmatique du platonisme, nous sommes dans la situation suivante : pour que nos théories physiques puissent être vraies, il faut que nous acceptions de quantifier sur les objets mathématiques et admettre, par conséquent, que de tels objets abstraits existent au même titre que les objets physiques.

Comme nous allons essayer de le voir en étudiant les programmes de Field et de Hellman, cette thèse quinéenne de l'indispensabilité des théories mathématiques dans la physique peut être interprétée de manière à ne pas justifier sous aucune condition la thèse du réalisme existentiel en mathématiques, puisqu'il nous est possible de traiter ces dernières selon des critères instrumentalistes (Field) et nominalistes (Hellman), en cherchant surtout à démontrer comment cette « indispensabilité » en question peut faire partie de nos méthodes représentatives des théories scientifiques sans avoir aucune conséquence particulière sur l'ontologie de la science.

Il est certain que le débat entre les platonistes et leurs adversaires nominalistes trouve en grande partie ses racines dans l'épistémologie. Il s'agit d'un débat épistémologique qui porte sur la nature de l'activité de la science et sur la place des théories mathématiques à l'intérieur d'une telle activité.

Or, bien qu'il soit de ce type, le débat entre platonistes et antiplatonistes doit être tenu pour philosophique au sens général même s'il est restreint à des questions qui relèvent spécifiquement des mathématiques. La philosophie des mathématiques constitue un domaine dans lequel la pensée philosophique au sens général du terme trouve une occurrence remarquable pour se développer au contact des questions qui sont proprement mathématiques.

Nous pouvons donc affirmer qu'avec Benacerraf, l'antiplatoniste arrive à distinguer le platoniste du simple réaliste naïf qui croit que les nombres entiers ou complexes fleurissent au printemps, et que les racines cube ou carré montent les marches de l'Opéra. Derrière le platonisme, il y a tout un programme épistémologique sérieux dans lequel il est question de réfléchir sur le mode de fonctionnement de la science et sur la sémantique de son langage. Le platonisme et l'antiplatonisme sont deux positions épistémologiques qui relèvent de la philosophie des sciences en général et de la philosophie des mathématiques en particulier. Ils mettent en perspective deux images différentes du mode selon lequel la science semble fonctionner et deux analyses opposées de la logique et du langage des théories scientifiques.

C'est sur ces bases là que nous allons chercher à élucider le sens philosophique du programme antiplatoniste de Benacerraf, c'est-à-dire, en référence aux conditions suivantes : (1) les liens de structure entre la philosophie des mathématiques et le programme épistémologique (= la théorie causale de la connaissance) à partir de la place qu'occupent les théories mathématiques dans la connaissance physique du monde environnant, (2) le débat platonisme/antiplatonisme en tant que débat qui porte spécifiquement sur les mathématiques mais qui engage une réflexion philosophique plus large, et enfin (3) la nature des liens entre la thèse du platonisme et des autres extensions possibles du réalisme philosophique. Ces conditions vont nous aider à mieux comprendre le type de platonisme que Quine accepte.

Benacerraf est sans doute un antiplatoniste, mais un antiplatoniste bien spécial. Nous ne savons pas si sa théorie est initialement motivée par le rejet ou la réforme du platonisme. Quelles que soient les ambiguïtés qui peuvent accompagner sa théorie, il est antiplatoniste dans le sens où il remet en cause la partie ontologique du platonisme classique, à savoir la thèse de l'existence des objets mathématiques abstraits. Pour lui, l'image platoniste d'un seul univers peuplé d'entités mathématiques déterminées doit être changée au profit d'une image structuraliste plus fidèle à l'esprit et à la nature de notre épistémologie scientifique. Nous pouvons dire qu'il est antiplatoniste par la voie ontologique. Benacerraf refuse d'établir la vérité et la signification des affirmations mathématiques sur la base d'une conception ontologique de nature réaliste telle qu'elle est adoptée par Quine. Le défi qu'il cherche à surmonter c'est de réussir à supprimer le réalisme des objets inhérent au platonisme classique tout en conservant le réalisme logique et le réalisme épistémologique. En effet, même si sa visée principale consistait à nier que le sujet d'étude des mathématiques soit aussi réel que celui de la physique, il reste accroché à deux fondements du platonisme : les mathématiques peuvent être évaluées dans les termes du vrai et du faux, et elles restent encore la reine des sciences et non pas une simple servante de ces dernières. Or, ce que nous chercherons à montrer c'est à quel point Benacerraf va-t-il réussir à surmonter ce défi. Dans le contexte de cette question, j'examinerai deux points de vue qui essaient de mettre au clair l'échec de cette entreprise, à savoir, ceux de Linda Wetzel et de Crispin Wright.

Le platonisme est donc une théorie sur la nature des mathématiques dans laquelle trois formes de réalisme sont postulées de manière à former un système formel cohérent. Le dilemme cherche principalement à mettre en cause cette unité du réalisme philosophique dans la théorie platoniste à travers la mise en cause de l'exigence ontologique que requiert pour le système, par-delà sa consistance, le fait de posséder des séries d'objets individuels qui satisfont les énoncés que nous formons à partir de lui. Le dilemme introduit donc au sein de la philosophie des mathématiques une fracture importante qui affecte jusqu'à nos jours toutes les recherches dans ce domaine.

L'unité du platonisme et du réalisme ayant été déchu, il devient possible aujourd'hui d'esquisser de simples programmes fragmentaires sur les mathématiques dans lesquels s'entrecroisent des éléments réalistes aussi bien qu'antiréalistes. C'est le cas de tous les philosophes contemporains des mathématiques qui revendiquent, par la voie de la mise en doute de la demande ontologique, l'antiplatonisme comme horizon philosophique général pour leurs approches.

Hartry Field, Geoffrey Hellman, et Charles S. Chihara font sans doute partie de ces philosophes qui rejettent toute revendication ontologique pour leurs systèmes sur les mathématiques. Le platonisme mathématique est donc le réalisme philosophique en tant qu'il est appliqué au cas des théories mathématiques. D'un côté, un système des mathématiques ne peut être qualifié de système platoniste que s'il adopte le réalisme philosophique dans ses extensions les plus fondamentales. D'un autre côté, un système des mathématiques est dit de nature antiplatoniste lorsqu'il cherche à éliminer une ou plusieurs extensions parmi celles qui forment les extensions fondamentales du réalisme philosophique.

Cela dit, le platonisme possède deux caractéristiques qui le distinguent d'autres formes de réalisme en tant qu'elles relèvent d'autres domaines que celui des affirmations mathématiques : (1) d'abord, le platonisme s'impose souvent comme un système adéquat pour les mathématiques, car il nous est difficile de défendre l'unité du réalisme philosophique dans un autre secteur sans engendrer des contradictions, tel que celui de la morale ou du droit pour ne citer que deux exemples. Ce n'est pas un hasard si les mathématiciens les plus reconnus dans le passé ou dans le présent sont des platonistes notoires ; (2) ensuite, le travail mathématique donne lieu à un modèle de clarté et de simplicité dans le raisonnement ayant des vertus extra-mathématiques inépuisables.

Le platonisme traduit très bien la nature de ce travail, et permet de construire « réalistiquement » les rapports de structure entre le mode de fonctionnement en mathématiques et le mode de fonctionnement en science. Le platonisme est holistique par définition : il constitue le fondement théorétique qui explique comment la science est par essence mathématique et comment les inventions mathématiques sont par origine scientifiques (= physique). En vérité, les mathématiques sont une partie intégrante des sciences de la nature. Le platonisme est naturaliste par définition : il nous aide (beaucoup mieux probablement que les solutions proposées par les philosophes nominalistes, y compris ceux qui prennent une position que Quine appelle don-quichottesque car ils renoncent en bloc à quantifier sur tous les universaux)[46] à comprendre comment les mathématiques sont immanentes à notre savoir total sur le monde naturel et à notre schème conceptuel et culturel général.

Il est sûr que chez Quine, le platonisme signifie surtout cette connexion « immanentiste », dans le cas précis des affirmations mathématiques, entre les trois extensions fondamentales du réalisme philosophique.

Nous pouvons donc dire qu'une théorie philosophique donnée est dite une théorie platoniste si elle affirme le réalisme sur les niveaux basiques du réalisme philosophique, et ces niveaux sont trois : le niveau logique (la vérité), celui épistémologique (la connaissance) et enfin celui ontologique (l'Être).

Le platonisme est l'unité indivisible de ces trois types de réalisme en tant qu'ils concernent exclusivement les mathématiques. Inversement, la mise en cause du réalisme sur l'un ou plusieurs de ces trois niveaux mène irrémédiablement à l'antiplatonisme. Le platonisme n'exclu pas que des éléments réalistes et antiréalistes cohabitent au sein d'une même théorie philosophique dite platoniste, à condition que le réalisme soit sauvegardé dans les domaines indiqués. C'est précisément le cas de Quine, lorsqu'il critique le réalisme des propositions, des propriétés, des attributs, des

[46] Lorsque Quine parle de cette position nominaliste (qui veut renoncer à tous les objets abstraits y compris ceux dont ont besoin les mathématiques), dans les termes d'une position héroïque et don-quichottesque (Pataut (1993, p. 104), dirait visionnaire), il n'insinue en aucun cas, comme semble le penser Pataut, le type de nominalisme fictionnaliste développé par Field ou son équivalent. Je pense que nous trouvons dans cette affirmation de Quine une sorte d'auto-critique : En 1947, Quine a essayé, sans succés, de renoncer à toutes les entités abstraites y compris celles mathématiques. Cet échec a transformé Quine et a fait de lui un réaliste convaincu sur le plan de l'ontologie des mathématiques.

états mentaux ou des significations, et lorsqu'il élabore un discours réaliste au sujet des mathématiques du point de vue de leur langage, de leur mode de connaissance, et de l'existence des objets abstraits qu'elles présupposent.
Le platoniste n'est pas celui qui adopte le réalisme par rapport à tel ou tel domaine d'énoncés, mais plutôt celui qui propose, à partir du cas précis des théories mathématiques, une solution réaliste systématiquement établie à ces trois classes de problèmes philosophiques concernant les mathématiques : la vérité, la connaissance, et l'existence. Le débat platonistes/antiplatonistes porte sur ces trois classes de problèmes. C'est un débat philosophique, même s'il semble se limiter exclusivement au cas des assertions mathématiques. Le platonisme pragmatique de Quine s'élabore à partir des réponses réalistes qu'il donne à ces problèmes.
En réaction à ces réponses, j'ai choisi trois formes d'antiplatonisme qui acceptent les conclusions que Benacerraf tire de son dilemme, et mettent en doute la validité du critère d'assomption ontologique de Quine. Ces trois théories antiplatonistes ne sont pas une simple variante de la théorie de Benacerraf. Elles sont dites posséder des liens avec cette dernière dans le sens où elles se construisent dans le cadre structurel du dilemme de Benacerraf, où l'unité indivisible, principielle et originelle du platonisme est pour la première fois méthodologiquement et conceptuellement brisée.

1.3. Linda Wetzel et la critique de Benacerraf

Linda Wetzel [47] pense que les arguments donnés par Benacerraf contre la thèse de l'existence des nombres, à savoir l'argument réductionniste et l'argument structuraliste, échouent dans leur tâche qui consiste à réfuter le platonisme. Dans un article intitulé : « That Numbers Could be objects », elle examine les deux arguments donnés par Benacerraf, tout en reprochant aux philosophes contemporains des mathématiques de se contenter soit de les rejeter soit de les accepter sans les étudier de près. Je vais tenter de m'arrêter, dans ce paragraphe, sur son point de vue concernant Benacerraf, pour le confronter ensuite à celui de Crispin Wright.

[47] Wetzel, Linda : « That Numbers Could Be Objects », Philosophical Studies, 58/1989, p. 273-292.

En guise de présentation générale, je peux dire que la stratégie de Wetzel consiste à étudier, tour à tour, les deux arguments de Benacerraf, et à montrer comment ils échouent à contrer la thèse platoniste sur l'existence des nombres à travers leur statut d'objets.

1.3.1. L'argument réductionniste

Selon Wetzel, la thèse de Benacerraf sur l'inexistence des nombres est une généralisation d'un argument plus particulier qui consiste à dire que les nombres ne sont pas des ensembles. Elle appelle un tel argument, l'argument réductionniste. Nous pouvons énoncer cet argument comme suit : si les nombres sont irréductibles aux ensembles, alors ils n'existent pas en tant qu'objets singuliers, et donc le platonisme est faux.
Wetzel esquisse plusieurs versions de cet argument, et son objectif est de démontrer comment il reste intenable quelle que soit l'interprétation qu'on lui donne. Ce qu'elle conteste dans cet argument, ce n'est pas sa défaillance par rapport à une certaine rigueur logique, mais plutôt sa défaillance par rapport au but pour lequel il est utilisé explicitement par Benacerraf, c'est-à-dire la réfutation du platonisme. Benacerraf a tort lorsqu'il pense que cet argument permet de rejeter le fait que les nombres soient des objets, et par-là, de rejeter le fait qu'ils existent. La première version (version A) que donne Wetzel de l'argument réductionniste, peut s'exprimer selon le schéma suivant :

(1) L'arithmétique de Peano possède, infiniment, plusieurs modèles dans la théorie des ensembles. Si nous prenons comme exemples les deux théories de Zermelo et de Von Newman, nous pouvons dire que tous les théorèmes de l'arithmétique de Peano sont vrais dans ces théories. Chacune de ces deux théories peut être donc une sorte de définition ensembliste correcte et vraie des nombres.

(2) Or, dans cette situation, nous allons nous trouver devant les trois alternatives suivantes : (2a) soit aucune de ces deux définitions n'est correcte ; (2b) soit qu'il y a exactement une qui est correcte ; (2c) soit, enfin, que plus d'une, peut être toutes, qui sont correctes.

(3) Si on suppose que les deux définitions des nombres sont correctes, il s'ensuit alors que la notation dans laquelle on définit un nombre est identique à celle qu'on utilise pour définir un autre. Cette possibilité étant incontestablement fausse, Benacerraf rejette la troisième alternative (2c).
(4) Benacerraf rejette (2c), et examine la plausibilité qu'une seule parmi ces deux écritures notationnelles puisse être correcte. Or, étant donné l'absence d'une raison solide qui explique pourquoi nous préférons telle ou telle théorie des ensembles au détriment d'une autre, Benacerraf s'incline à rejeter cette dernière possibilité (2b).
(5) Il s'ensuit donc que (2a) est vraie. En d'autres termes, aucune des traductions relatives à la théorie des ensembles n'est la traduction correcte, et donc les nombres ne sont pas réductibles ou identifiables aux ensembles.

A travers cette présentation de l'argument réductionniste, Wetzel cherche à mettre en doute la conclusion antiplatoniste à laquelle Benacerraf veut aboutir.

« Je ne cherche pas, écrit-elle, à interroger la solidité de l'argument (1-5). Je cherche plutôt, à contester l'usage qu'en fait Benacerraf. Il essaye de le généraliser, en prétendant que l'extension de (1-5) montre que les nombres ne sont pas des objets, et que par là, il n'y a pas de nombres. »[48]

La présentation de l'argument selon le modèle (1-5) n'est pas acceptable. Wetzel doute de la validité de la démarche (4), où Benacerraf rejette la possibilité qu'une seule des théories concurrentes soit correcte. Cette version de l'argument ne permet pas donc de mettre en doute le platonisme.
Pour parvenir à ses fins strictement antiplatonistes, l'argument a besoin d'être présenté dans les termes d'une autre version selon le modèle (6-10) qui suit :

[48] Ibid, p. 274.

La version (B) de l'argument :

(6) L'arithmétique de Peano possède plusieurs modèles, y compris en dehors de la théorie des ensembles.
(7) Il y a plus d'un modèle qui est correct ou bien il y a exactement un seul qui est correct, ou bien aucun modèle n'est correct.
(8) Il est faux de dire que plus d'un seul modèle qui est correct, car ils sont tous incompatibles.
(9) Si un seul des modèles est correct, alors il est possible de spécifier les raisons selon lesquelles ce modèle est vrai alors que les autres ne le sont pas. Or, ceci n'est pas possible, car chaque modèle peut faire le même travail que n'importe quel autre.
(10) Il s'ensuit donc que les nombres ne sont pas des objets.

Pour Wetzel, même sous cette version, l'argument ne peut pas réfuter le platonisme. L'affirmation exprimée dans l'étape (6) est, selon son avis, inintelligible, car nous ne pouvons pas savoir ce que peut signifier le fait de dire qu'il existe des modèles de l'arithmétique de Peano en dehors de la théorie des ensembles.
Elle suggère donc de mettre la thèse (6.1) à la place de (6) comme suit :

(6.1) L'arithmétique de Peano possède plusieurs modèles à l'intérieur du système des nombres naturels.

Wetzel propose donc de substituer (6.1) à (6), et pour illustrer la nouvelle version de l'argument, elle fait appel à deux modèles : le modèle des nombres pairs et celui des nombres impairs. Grâce à une telle substitution, la thèse (8) se trouve parfaitement vérifiée, alors que (10) cesse d'être solide et (9) d'être vraie.
Les deux modèles qui illustrent le schéma (6.1-10) sont, en vérité, inclus dans le modèle standard des nombres dont le domaine propre contient les nombres pairs aussi bien que les nombres impairs, et donc, contient tous les nombres naturels.
Contrairement à ce qui est affirmé dans la thèse (4) de la version A de l'argument, et dans les deux thèses (6) et (6.1) de la version B, nous

avons en notre possession des raisons pour préférer un modèle de l'arithmétique de Peano à un autre, c'est-à-dire, de préférer le modèle standard (ce qui n'est pas du tout au goût de Quine, puisque une telle raison n'existe pas chez lui, et que tous les modèles, sans exception, sont valables et rendent compte tous de la structure des nombres naturels.)
Il est évident que si nous voulons que la thèse (6.1) soit vraie, nous sommes obligés de présupposer ce modèle standard. A partir de là, il est possible d'améliorer d'avantage la thèse (6), et de lui donner le sens (6.2) suivant :

> (6 .2) Il y a, infiniment, plusieurs sous-ensembles propres aux nombres naturels qui peuvent fournir des modèles à l'arithmétique de Peano.

Or, si (6.2) valide (9) contrairement à (6), nous ne pouvons pas pour autant déduire (10). Par conséquent, si le schéma (1-5) autorise Benacerraf à conclure que les nombres ne sont pas réductibles aux ensembles, le schéma (6.2-10) ne lui autorise que la conclusion qui nie toute identification possible de la série des nombres naturels à un quelconque sous-ensemble propre de cette même série. Le schéma (1-5) exige donc des modèles dont les domaines ne contiennent ni des nombres, ni des ensembles.
Nous sommes tentés de trouver un modèle pour l'arithmétique de Peano, ayant pour extension des objets non abstraits, c'est-à-dire, des objets physiques. Or, outre les assomptions empiriques fortes qu'un tel modèle peut entraîner, nous ne pouvons pas affirmer qu'il y a un seul modèle d'objets physiques non abstraits pour le système des nombres naturels. En ce sens, si nous mettions la thèse (6.3) suivante : il y a plusieurs modèles « physicalistes » pour l'arithmétique de Peano, à la place de (6.2), nous n'obtiendrons que la thèse (10.2) qui s'énonce comme suit :

> (10.2) Les nombres ne sont pas du tout des objets physiques.

Or, une telle conclusion ne prouve en aucun cas que les nombres n'existent pas.
Le but de Benacerraf était de démontrer la non existence des nombres en démontrant les tentatives qui les identifiaient soit aux ensembles soit aux objets physiques. Il finit par suggérer le modèle représenté par les expressions arithmétiques telles que « un », « deux » « trois »,..., comme

modèle pour l'arithmétique de Peano. Si nous acceptons ce choix, nous devons dès lors mettre la thèse (6-4) à la place de (6-3). La thèse (6-4) peut être énoncée comme suit :

> (6-4) Il y a des modèles de l'arithmétique de Peano qui sont composés d'expressions.

Le choix des expressions de nombre au détriment des nombres eux-mêmes ou de leurs équivalents ensemblistes mène à la conclusion (10-3) selon laquelle les nombres ne sont pas des expressions, ce qui met Benacerraf dans une contradiction flagrante.

1. 3. 2. L'argument structuraliste

Wetzel a essayé de démontrer comment l'argument « réductionniste » de Benacerraf échoue dans sa tâche initiale qui est de réfuter le platonisme. Nous avons vu quelle était exactement la stratégie de Wetzel : définir l'argument en question comme une extension d'un autre argument (= celui qui atteste que les nombres ne sont pas des ensembles), et chercher ensuite les failles d'une telle extension. L'argument réductionniste échoue donc, car il aboutit à éliminer aussi bien les expressions (que Benacerraf lui-même suggère de donner le statut de candidats alternatives aux objets abstraits admis à tort par les platonistes) que n'importe quelle autre catégorie d'objets. Or, il y a chez Paul Benacerraf un deuxième argument contre la thèse platoniste distinct du premier. Il s'agit de ce que nous pouvons désormais appeler l'argument structuraliste.

> « C'est un argument, écrit Wetzel, qui invoque le fait que toutes les progressions partagent certains traits structuraux. »

A l'instar de l'argument précédent, l'argument structuraliste peut être interprété de différentes manières. Sous quelle interprétation l'argument peut-il réfuter le platonisme ? C'est à cette question que je vais essayer de répondre maintenant.

Comme nous l'avons constaté, Benacerraf ne traite pas les nombres naturels comme des objets. Les termes ou expressions de nombre ne correspondent pas, pour lui, à des objets particuliers, déterminés, et identiques qui forment une sorte de réalité (realm) supra-empirique. Pour appuyer cette thèse, il invoque le structuralisme qui veut dire que les nombres ne peuvent être individualisés que par le truchement de leurs seules propriétés structurelles, c'est-à-dire, par les relations qu'ils entretiennent entre eux en tant qu'ils sont des éléments dans une structure mathématique abstraite. Si propriétés arithmétiques il y a, elles seront dépendantes de la structure en question. Il serait donc absurde de dire qu'il existe des propriétés pour individualiser les nombres naturels autres que par leurs propriétés structurelles. L'objectité (= le statut d'être un objet) n'est pas une propriété des nombres, puisqu'ils ne peuvent être identifiés que par les relations qu'ils ont, en tant qu'éléments d'une structure (= la structure des nombres naturels), avec les autres éléments de la même structure. Ils ne sont individualisables qu'en vertu de ces propriétés structurelles, et ne sont donc pas des objets doués d'une quelconque forme d'identité singulière ou d'indépendance ontologique. Ainsi, le nombre « 8 » par exemple, ne peut pas être traité comme un objet déterminé, identifiable par des propriétés individuelles qui lui sont essentielles. Le nombre « 8 » n'est qu'un simple élément dans une structure abstraite, un élément qui ne peut être individualisé en tant que « 8 » et non pas « 9 » ou « 10 », que par ses seules propriétés structurelles, à savoir de précéder « 7 », « 6 », etc., et d'être suivi par « 9 », « 10 », etc.

« Etre le nombre « 4 », écrit Benacerraf, c'est être ni plus ni moins précédé par « 3 », « 2 », « 1 », et c'est possible « 0 », et d'être suivi par « 5 », »6 », etc. »[49]

Cette conception structuraliste de la nature des nombres naturels, est utilisée par Benacerraf comme un argument pour réfuter le platonisme : Les nombres ne sont pas des objets existants, et le platoniste a tort lorsqu'il les traite comme s'ils étaient des individus abstraits. Wetzel se montre sceptique par rapport aux résultats antiplatonistes que Benacerraf prétend tirer de l'argument dit structuraliste.

Quelle que soit l'interprétation qu'on peut donner à cet argument, non seulement il échoue à réfuter le platonisme, mais présente aussi des énormes préjudices pour les approches structuralistes et formalistes en philosophie des mathématiques. Nous pouvons limiter le nombre de ces

---

[49] Benacerraf (1965).

interprétations à trois. Selon la première, il est possible de formuler l'argument structuraliste dans les termes du raisonnement logique suivant :

(1) Dans tout système d'objets qui exhibe la structure arithmétique, les objets doivent avoir des propriétés structurelles.
(2) Les nombres ont seulement des propriétés structurelles.
(3) Les nombres ne contiennent pas un système d'objets qui exhibe la structure arithmétique.
(4) Les nombres ne sont donc pas des objets.

Ce qui pose problème dans cette version, et qui fait, par là, que l'argument tombe, c'est l'étape (2), qui attribue aux nombres uniquement des propriétés structurelles.
Cette thèse est simplement fausse, car il est possible de montrer que les nombres possèdent des propriétés non structurelles aussi bien que structurelles. Par « propriétés non structurelles », Wetzel insinue des exemplifications des nombres dans des énoncés qui portent sur la réalité empirique, tels que des énoncés du genre : « le nombres des doigts des deux mains », « le nombre des planètes », etc.

« Etre le nombre de mes doigts, écrit-elle, est une propriété non structurelle de 10, car elle ne sert pas seulement à relier 10 à d'autres éléments de la même structure. »[50]

Dans les termes de la version I, l'argument est donc faux, puisqu'il est possible de prouver, contre l'avis de Benacerraf, que les nombres ont bel et bien des propriétés non structurelles.

Version II de l'argument :

(1.2) Si les nombres étaient des objets, il est possible de les individualiser sans leurs propriétés structurelles.
(2.2) Il n'est pas possible d'individualiser les nombres sans leurs propriétés structurelles.

---

[50] Wetzel (1989), p. 279-280.

(3.2) Les nombres ne sont donc pas des objets.

Même interprété de cette manière, l'argument reste inacceptable. La thèse (2.2) est, à l'instar de (2) simplement fausse, car les nombres possèdent, outre leurs propriétés structurelles, des propriétés non structurelles.

« Le nombre de mes doigts, écrit-elle, peut être utilisé pour choisir un nombre comme étant tel ou tel objet – comme étant le nombre 10, et non pas 9 ou 11, le terme 'dix', le chiffre 10, etc., de la même manière que l'usage de l'expression ' le nombre des planètes' peut fixer 9 ... »[51]

Les nombres peuvent, contrairement à ce que soutient Benacerraf, être individualisés par une sorte de système d'expressions ou de phrases ayant pour fonction d'exhiber des propriétés non structurelles, comme les expressions du genre : 'Le nombre de mes doigts ', ou 'le nombre des livres dans la bibliothèque de kira', etc.
L'identification des nombres demande le recours au concept sortal ou terme général de 'nombre'. Pour appuyer sans point de vue, Wetzel cite la théorie de Quine des termes généraux, et son rôle dans la définition de l'identification des objets. L'individualisation des nombres est du même ordre que celle des lapins dans la théorie quinéenne de la référence et de l'identité.
Contre Benacerraf, Wetzel pense que les nombres ont des propriétés non structurelles et que nous pouvons les identifier uniquement par ces propriétés. Sans être structurelle, « Etre le nombre des doigts des deux mains » est une propriété essentielle dans le nombre '10', et donc l'argument antiplatoniste de Benacerraf ne tient pas. Ce dernier dit que si les nombres existaient, il serait possible de les individualiser par leurs propriétés non structurelles en tant qu'objets, ce qui est absurde. Son argument est faux, car il a été démontré qu'une telle « individualisation » est tout à fait possible, et donc les nombres existent en tant qu'objets. Comme nous avons pu le constater, l'argument de Benacerraf part de l'affirmation suivante : si un élément (ou une entité) quelconque est identifiable par des propriétés non structurelles, alors il doit être traité comme un objet existant. Benacerraf accepte cette affirmation, et ce qu'il

---

[51] Ibid, p. 280.

va chercher à prouver c'est l'absurdité de cette possibilité dans le cas des nombres : il nous est complètement impossible d'identifier les nombres autrement que par leurs propriétés structurelles, et donc ils n'existent pas. Benacerraf admet donc, implicitement, que si nous arrivions à démontrer que les nombres possèdent des propriétés non structurelles, alors il serait légitime de les tenir pour des objets existants. Or, pourquoi conclut-il donc à la thèse antiplatoniste qui s'oppose nettement à l'admissibilité ontologique des nombres et à leur statut d'être des objets ! En d'autres termes, si Benacerraf admet, en effet, qu'il est possible d'individualiser les nombres par leurs propriétés non structurelles, pourquoi rejette-t-il donc le fait qu'ils existent ? L'erreur de Benacerraf serait de négliger, dans sa tentative de déterminer la nature des nombres, la propriété d'applicabilité des théories mathématiques au monde physique, qui est une propriété aussi essentielle que leurs propriétés structurelles. Les raisons de finalité arithmétique qu'invoque Benacerraf pour justifier sa position antiplatoniste, ne suffisent pas pour rendre compte de ce que sont les nombres et de l'origine de notre accès à leur connaissance.

« Pour des raisons de finalité arithmétiques, écrit Benacerraf, les propriétés des nombres qui ne sont pas issues des relations qu'ils entretiennent les uns avec les autres en vertu de leurs places dans une progression, ne sont d'aucune conséquence. »[52]

En fonction de cet éclaircissement de la position de Benacerraf, elle suggère de reformuler l'argument dit structuraliste à la lumière d'une troisième version, et voir s'il peut ou non impliquer l'antiplatonisme.

La version III de l'argument :

(1.3) Tout objet authentique a des propriétés essentielles qui suffisent à l'individualiser.
(2.3) Toutes les propriétés essentielles des nombres sont structurelles.
(3.3) Les propriétés essentielles des nombres ne suffisent pas à les individualiser ; il s'ensuit que :
(4.3) Les propriétés structurelles des nombres ne suffisent pas à les individualiser.
(5.3) Les nombres ne sont donc pas des objets.

[52] Benacerraf (1965), p. 69.

Cette version (qui postule le fait que toutes les propriétés des nomres ne sont que structurelles) ne peut réellement valider l'argument en tant qu'il est un argument contre le platonisme, que si nous nous placions dans la perspective du théoricien des nombres qui néglige les réalisations extra-mathématiques de leurs structures numériques abstraites.
En effet, si nous nous focalisons uniquement sur la caractérisation de la structure abstraite de la théorie des nombres, la question de l'existence de ces derniers a peu de chance d'être traitée.

« Ce sont les propriétés essentielles des nombres, conclut-elle, et qui sont toutes des propriétés structurelles qui intéressent le théoricien des nombres. »[53]

La thèse antiplatoniste de Benacerraf, selon laquelle les nombres ne sont pas des objets, et donc n'existent pas, est fausse, car, aux yeux de Wetzel, le structuralisme n'épuise pas toutes les propriétés des nombres qui sont structurelles aussi bien que non structurelles.
Le recours au concept de progression pour mettre à nu la nature profonde des nombres, n'exclut pas que ces derniers soient saisis comme des objets dotés d'une forme d'existence, et donc le structuralisme peut se montrer compatible avec une forme de platonisme qui tire ses meilleurs arguments de la thèse de l'indispensabilité des mathématiques dans les sciences, et de leurs applicabilités à la réalité physique.

« Si les nombres n'existent pas, continue-t-elle, c'est parce qu'on considère que tout le travail du théoricien des nombres porte sur une structure abstraite et ses éléments, et non pas sur ses applications concrètes. »[54]

1.4. L'antiplatonisme de Benacerraf selon Linda Wetzel

Linda Wetzel pense que l'antiplatonisme de Benacerraf s'affirme à travers deux arguments distincts qui, en fin de compte et quelles que soient les interprétations que nous leur donnons, ne tiennent pas.
Son objectif principal consiste à montrer comment ces deux arguments sont complètement faux et incohérents, et comment ils ne peuvent pas, en

---

[53] Wetzel (1989), p. 281.
[54] Wetzel (1989), p. 281.

aucune façon, justifier l'antiplatonisme. Or, sa critique reste cependant, sans une réelle portée épistémologique, puisqu'elle ne fait aucune allusion au dilemme, pour se concentrer uniquement sur la réfutation de la position antiplatoniste de Benacerraf.
Selon Wetzel, cette position se résume principalement comme suit :
Si nous arrivions à prouver que les nombres ne sont pas réductibles à des ensembles, et si nous arrivions à prouver en même temps, qu'ils sont identifiables uniquement en vertu de leurs propriétés structurelles, alors nous pourrons procéder à leur élimination systématique du domaine de l'ontologie des mathématiques.
Or, comme nous avons pu le remarquer, le point de départ de tout le programme de Benacerraf n'est pas de chercher, à tout prix, à réfuter le platonisme, mais plutôt à donner une solution satisfaisante au dilemme qui apparaît dans la cas des vérités et des croyances mathématiques, et qui met sur la surface un conflit de fond entre leur théorie logique et leur théorie épistémologique. En effet, nous nous trouvons dans une situation embarrassante avec ce type bien spécial de vérités et de croyances, car si nous comprenions les assertions mathématiques d'une façon simplement littérale, nous serons conduits, par conséquent, à mettre en doute une épistémologie qui a fait ses preuves dans tous les autres domaines de la science. En ce sens, le structuralisme permet, dans le cas des assertions mathématiques, d'éliminer avant tout, une forme littérale et première de réalisme ontologique. Ainsi, en déniant que les nombres naturels soient des objets individuels existants, (le sens littéral du réalisme ontologique appliqué sur le cas des entités arithmétiques), il s'attaque, en premier lieu, à cette forme de platonisme dans laquelle on pointe dans la direction d'une réalité abstraite dont les constituants seraient, d'une manière objective, des objets accessibles à l'intution du mathématicien. C'est surtout la forme de platonisme représentée ici par Kurt Gödel[55] en particulier que Benacerraf attaque. Le platonisme indispensabiliste, ou toute autre réinterprétation du platonisme classique, n'est pas sa cible directe. Ce que récuse Benacerraf c'est surtout l'existence de toute perception de ces entités mathématiques qui nous fait accéder, selon un rapport de causalité identifiable physiquement, à leur connaissance. En effet, le platonisme de Gödel dit que si les assertions de la théorie des ensembles sont vraies, c'est parce que nous percevons les objets-

[55] Gödel, (1944), (1947/1964).

ensembles qui constituent sa matière abstraite[56]. Pour préserver la vérité de telles assertions tout en déniant toute relation de perception et de causalité entre nous et ces entités abstraites, l'idée de Benacerraf consistait à soutenir l'option structuraliste qui peut être traduite comme suit : l'arithmétique consiste plutôt dans l'étude des propriétés communes à toutes les progressions, et non pas à explorer des objets identifiables comme des individus abstraits.
Avec ce genre de conception, nous passons d'une ontologie de nombres, d'ensembles, etc., à une ontologie des seules structures. Or, la question du statut ontologique de ces structures abstraites reste toujours posée : nous ne pouvons pas encore décider si l'ontologie des mathématiques est, pour Benacerraf, libre ou non. En d'autres termes, à la question : est-ce que les structures elles-mêmes existent ou non ? , le philosophe de Princeton ne nous donne aucun élément de réponse. En ce sens, l'antiplatonisme de Benacerraf et le platonisme indispensabiliste trouvent dans la critique du platonisme Gödelien une racine commune[57]. Nous pouvons déduire de là, que si les arguments donnés par Benacerraf contre le platonisme de Gödel réussissent, ils deviennent faibles lorsqu'il est question de critiquer le platonisme « indispensabiliste » de Quine. De ce point de vue, nous pouvons opposer Benacerraf à des antiplatonistes qui sont beaucoup plus radicaux, puisque sa critique du platonisme peut être comprise comme une réforme (et non pas une refonte) de ce dernier.
Ainsi, sa réinterprétation du système des mathématiques, saisie en tant que réponse au dilemme, peut, contrairement à ce que pourrait prétendre Wetzel, infirmer l'antiplatonisme radical et plaider pour une nouvelle compréhension du sens des affirmations d'existence en mathématiques qui serait de nature structuraliste.

---

[56] « The truth, I believe, écrit Gödel, is that these concepts form an objective reality of their own, which we cannot create or change, but only perceive and describe." Gödel : Some basic theorems on the foundations of mathematics and their implication, 1951, p. 320. Voir Gödel : Collected Works, édité par Feferman Salomon (1995), vol. 3. New York : Oxford University Press, pp. 304-323. "Despite their remoteness from sense experience, ajoute Gödel, we do have something like a perception of the objects of set theory, as is seen from the fact that the axioms force themselves upon us as being true." Gödel : What is Cantor's Continiuum Problem ? Collected Works, 1990. Vol. 2, pp 264-270.

[57] Bnacerraf (1964) : dans la préface, nous trouvons une comparaison entre le platonisme de Gödel et celui de Quine. Or, ce paragraphe disparaît dans la préface de la deuxième édition (Benacerraf, 1983).

Nous pouvons dire, sans exagération, que Benacerraf peut être considéré non seulement comme l'un des premiers fondateurs du mouvement structuraliste en philosophie des mathématiques, mais surtout comme le protagoniste du néo-platonisme structuraliste chez certains philosophes contemporains tels que Michael Resnik et Stewart Shapiro. Tous sont d'accord sur un point majeur : insister sur la nature structuraliste des théories mathématiques, et éliminer toute référence directe et déterminée à des objets mathématiques susceptibles d'être traités comme des objets individuels abstraits.
En vérité, c'est surtout Kurt Gödel [58](et tous ceux qui expliquent, avec lui, l'origine de nos connaissance des vérités mathématiques dans l'intuition, et qui assimilent ces dernières aux connaissances des vérités physiques) qui est visé par toute cette offensive contre le platonisme.
C'est principalement contre le platonisme « intuitionniste » de Gödel que Benacerraf définit les mathématiques comme une science qui étudient des structures, et non pas des objets. Mais, parallèlement, il confirme la possibilité de construire une théorie « vériconditionnelle » au sens réaliste critiqué par Michael Dummett (1978), à condition de respecter les liens étroits qui existent entre le structuralisme et la théorie causale de la connaissance. Or, contrairement à beaucoup d'antiplatonistes (dont Field, Hellman, Chihara et bien d'autres) qui vont suivre le chemin tracé par ses propres soins, Benacerraf n'utilise ni des notions modales, ni des langages de second ordre, ni des logiques déviationnistes modernes. Le platonisme reste cependant tenable, sauf dans sa partie ontologique, car nous disposons de deux arguments forts en faveur de son élimination : l'argument A, que nous avons appelé structuraliste, qui dit que tout ce que nous avons à connaître, d'une manière suffisante, sur les nombres, ce sont leurs propriétés structurelles, et l'argument B, que nous avons appelé l'argument réductionniste, qui dit que si les nombres étaient des objets déterminés, il serait donc possible de trouver un unique modèle ensembliste de leur série, ce qui est faux. La position des objets mathématiques comme de simples points dans des structures, connus uniquement à travers le type de relations qu'ils entretiennent entre eux à l'intérieur de ces structures abstraites, et le problème de la multiple réduction des nombres aux ensembles, plaident pour une mise en

[58] Gödel (1944), (1947/1964) : Collected Works (1990, 1995).

question radicale de l'image platoniste qui traite les nombres et tout le reste comme s'ils étaient des objets singuliers en relation causale avec nous, car Benacerraf ne voit pas comment une doctrine comme celle de Gödel, qui traite le nombre « 5 », ou « pi », comme des individus abstraits, peut être compatible avec l'épistémologie naturaliste qui définit notre accès à la connaissance d'une manière causale.
Pour Wetzel, cette conclusion ne tient pas, puisque l'échec des deux arguments, censés appuyer une telle thèse, est aisément prouvable. Contre l'argument réductionniste, le platonisme des objets peut être conservé grâce à une théorie des expressions de nombres, et contre l'argument structuraliste, le platoniste peut se ressourcer dans les traits d'applicabilité qui sont ancrés dans la nature profonde des théories mathématiques. Sur le premier point, Benacerraf semble approuver, implicitement, ce recours à une théorie des expressions de nombre : elles peuvent satisfaire le critère requis par lui qui est d'être capable de constituer une progression, alors que sur le second point, l'applicabilité semble ne susciter chez lui aucun intérêt. Je pense que l'objection faite à Benacerraf dans ce sens, ne tient pas, car ce dernier ne néglige pas, en vérité, les applications et les réalisations concrètes des mathématiques dans des modèles physiques. D'autre part, les deux arguments employés pour réfuter le platonite, ne peuvent être compris et saisis comme tels que s'ils fusionnent : je pense que la thèse réductionniste (Il y a plusieurs manières de réduire les nombres aux ensembles) et la thèse structuraliste (les nombres ne sont pas des objets déterminés et identiques, mais simplement des points dans des structures), ne peuvent fonctionner comme des arguments sérieux contre le platonisme que dans la mesure où elles fusionnent, et c'est le cas dans la philosophie des mathématiques de Benacerraf. De là, tout l'antiplatonisme de Benacerraf peut être exprimé dans les termes de l'affirmation selon laquelle nous ne pouvons prouver, parmi les multiples représentations ensemblistes des structures arithmétiques, celle qui est vraie, qu'en procédant à partir d'une explication structuraliste de la nature des nombres[59], et d'une conception « causaliste » de leur connaissance.

[59] Pour Benacerraf, les nombres ne sont pas des objets déterminés : ils ne disposent d'aucune forme de détermination qui ne soit pas en relation directe avec leurs positions et leurs rôles dans les structures mathématiques. Ces dernières sont des opérateurs qui permettent à la fois d'unifier les mathématiques et de les mettre en marche.

De ce point de vue, Wetzel rejette les conclusions antiplatonistes de Benacerraf, mais, elle ne répond pas au dilemme soulevé par ce dernier, et ne résout pas le défi épistémologique qu'il contient : comment les mathématiciens, qui sont des êtres finis existants dans le temps et dans l'espace, sont capables d'entrer en contact avec un univers fait d'entités non physiques, et d'entretenir un savoir utile à son sujet. C'est surtout l'incapacité de l'épistémologie platoniste (surtout dans sa version gödelienne) à résoudre ce problème fondamental lié à notre connaissance des vérités mathématiques sans engendrer des tensions avec la méthode scientifique elle-même, qui fait que Benacerraf doute de la plausibilité du platonisme, ou du moins, du fait de laisser le platonisme tel qu'il est sans aucune réforme.
Pour Benacerraf, l'une des questions les plus fondamentales dans la philosophie contemporaine des mathématiques et à laquelle il faut répondre d'urgence est double :

(1) d'abord, quelle est la structure de nos concepts mathématiques ?
(2) ensuite, quelles sont les raisons qui sont liées à nous, et qui font que nous ne pouvons posséder ces concepts que comme ayant cette structure et non pas une autre ?

Sous l'angle de cette double question, Benacerraf cherche surtout à discréditer la thèse de Gödel[60] selon laquelle la théorie des ensembles constitue une sorte « d'exploration de certains traits de notre concept d'ensemble[61] ». Selon une telle thèse, la conception platoniste de Gödel impliquerait que « le concept d'ensemble est là – le nôtre, et qu'une des tâches de ce que nous faisons en mathématiques, consiste à explorer et à déballer ce qui est en quelque sorte en lui ».[62]
Or, quel sens y a-t-il à dire que nous explorons, élargissons, et modifions notre concept d'ensemble ? La réponse de Gödel n'est pas satisfaisante, car elle définit l'activité mathématique comme l'exploration d'une réalité qui existe indépendamment de nous : un ensemble serait pour les mathématiques ce qu'un relief est pour la géographie, sans aucune

[60] Gödel (1944), (1947/64), pp. 456-57.
[61] Benacerraf (1985) p. 477.
[62] Benacerraf (1985) p. 477.

différence entre les deux. Une conception de ce genre ne réussit pas à bien expliquer la nature des relations entre notre esprit et ce type d'activité : comment il faut déployer et mettre à découvert les résultats mathématiques disponibles, comment observer qu'une hypothèse ou une autre est incompatible avec ce que nous pouvons déterminer dans notre conception présente des mathématiques, comment décider de modifier ou d'étendre le concept d'ensemble en adoptant de nouveaux axiomes, etc., toutes ces opérations doivent figurer, sans aucun contraste, au centre de cette activité, ce qui n'est toujours pas le cas, avec le type de conception que suggère Gödel[63]. En d'autres termes, ce dernier met entre parenthèses la question des relations entre la structure de l'esprit du mathématicien et la structure des concepts mathématiques, tel que le concept d'ensemble. Or, c'est bel et bien sur ces relations, et sur leur nature non conceptualiste[64] et non platoniste, que s'interroge Benacerraf. Pour lui, le conceptualisme, c'est-à-dire la position selon laquelle les structures conceptuelles mathématiques existent dans la nature de l'esprit humain[65], est, à l'instar du platonisme, qui dit qu'ils existent en dehors de l'esprit (où ? !), une conception erronée de l'activité des mathématiques. Platonisme et conceptualisme parlent, à tort, d'états de choses ou de faits mathématiques, et non de « représentation », lorsqu'il s'agit d'expliquer la nature des relations entre l'esprit (du mathématicien) et la structure des concepts mathématiques.

Benacerraf insiste, à travers cette critique, sur la nécessité du lien entre la structure d'un concept mathématique donné quelle que soit sa complexité et la représentation, dans l'esprit du mathématicien, de la structure dans laquelle il s'articule, s'exprime et prend forme, et qui n'est pas innée.

---

[63] Benacerraf (1985) p. 477.

[64] L'un des philosophes contemporains qui représentent le mieux le courant platoniste et conceptualiste à la fois en philosophie des mathématiques, est : Isaacson (Daniel). Voir surtout son article : « Mathematical Intuition and Objectivity », In George Eds. (1994), pp. 118-140. On comprend pourquoi Benacerraf renvoie dos à dos le platonisme et le conceptualisme.

[65] Benacerraf (1985), p. 480, définit le conceptualiste dans ces termes : « Les conceptualistes sont ceux qui considèrent que les mathématiques sont l'articulation dans le langage mathématique des structures conceptuelles telle que les axiomes de la théorie des ensembles, par exemple. Pour eux, il y a un état de fait (comme c'était le cas avec Gödel, bien qu'il ne soit pas un conceptualiste, mais un platoniste), selon lequel telle ou telle structure conceptuelle que nous sommes en train d'élaborer, est une structure dans laquelle l'hypothèse du continu, par exemple, serait vraie ».

Ainsi, concernant le concept d'ensemble, par exemple, la question à laquelle s'intéresse Benacerraf, c'est de savoir s'il existe ou non une structure qui corresponde à une sorte de représentation suffisamment détaillée, dans laquelle ce concept s'articule. Sous cet angle-là, le platoniste et le conceptualiste se trompent complètement, lorsqu'ils croient que les énoncés mathématiques seraient vrais ou faux en vertu d'une réalité abstraite indépendante, car il n'existe aucune représentation suffisamment détaillée de tous les objets constitutifs d'une telle réalité autonome. Benacerraf renvoie dos à dos le platoniste et le conceptualiste, et adhère à un type de structuralisme qui veut être avant tout respectueux des fondements nominalistes et empiriques de la science.

1.5. Crispin Wright critique de Benacerraf

A l'instar de Linda Wetzel, Crispin Wright[66] est connu pour avoir longuement discuté les arguments donnés par Benacerraf contre le platonisme[67], et pour avoir donné de l'actualité, à l'occasion de cette discussion, à certaines thèses propres à Frege[68] et à Quine. Dans notre but de mieux saisir les aspects de la philosophie des mathématiques de Benacerraf, il est très suggestif d'essayer de comprendre la manière avec laquelle Wright utilise ces thèses en vue de réaffirmer, contre le philosophe de Princeton, le platonisme des nombres.
Selon l'auteur de *Frege's conception of numbers as objects* l'objectif de Benacerraf consiste, avant tout, à sauver le réalisme de la vérité dans le cas des énoncés mathématiques. Pour atteindre cet objectif, il conclut à la nécessité de rejeter la conception platoniste selon laquelle ces énoncés sont vrais ou faux en vertu des propriétés d'un domaine autonome constitué d'objets abstraits. Le défi qu'il cherche à surmonter consiste à réunir, au sein d'une même manœuvre, la réalisation des deux objectifs

---

66 Wright, Crispin, (1983). Section XV : Les nombres naturels et les progressions.
67 Benacerraf (1965).
68 Dans un article critique de Wright à ce sujet, Dummett Michael dit que les idées que Wright attribue à Frege n'engagent que Wright. Le Frege historique concernant les mathématiques est loin d'être le Frege reconstruit par Wright. « Crispin Wright, écrit Dummett, plainly conceives of himself as the champion of Frege's own ideas. He is apt, for example, to refer to a sample proponent of his own interpretation as 'the Fregean'. The Frege of whom he is champion cannot be identified with the historical Frege, however, neither with the author of Grundlagen nor with the author of Grundgesetze : he is a Frege reconstructed by Wright." Dummett (1998), p. 370.

suivants : d'abord, l'objectif sémantique et logique concernant une théorie réaliste des conditions de vérité pour les énoncés mathématiques, et ensuite, l'objectif ontologique, qui consiste à rejeter tout concept d'une réalité mathématique ontologiquement autonome. Il s'agit bel et bien d'un défi important, car en effet, il est question de prouver comment le concept d'une objectivité mathématique reste néanmoins constructible sans le recours à la notion réaliste de référence objectuelle.

Le projet réformiste de Benacerraf doit entrevoir des réformes, non seulement au niveau de la philosophie des mathématiques, mais surtout au niveau de la conception sémantique et logique de tous les énoncés décidables sans exception.

C'est au concept structuraliste de progression, fait remarquer Wright, que va revenir la rude tâche de réconcilier réalisme logique et antiplatonisme. En effet, ce concept nous permet d'appliquer toujours les prédicats logiques vrai ou faux aux énoncés mathématiques sans que cela implique l'existence d'un domaine fixe d'objets abstraits. En ce sens, Benacerraf propose une solution anti-fregéenne par excellence, et si l'argument qu'il utilise ici, et qui est basé essentiellement sur le concept structurel de progression, triomphe, alors toute la théorie fregéenne des objets tombe. Wright va essayer donc de défendre cette théorie contre les assauts de Benacerraf, pour prouver ensuite, qu'il a tort en déniant que les nombres soient des objets. La critique wrightienne de la thèse de Benacerraf se construit donc autour d'un ensemble de présuppositions qui sont internes au platonisme de Frege.

Comme il a été dit précédemment, Benacerraf utilise, en vérité, le concept structurel de « progression » dans le but de jeter les bases d'une philosophie réaliste et antiplatoniste des mathématiques. L'argument principal utilisé contre le platonisme est bel et bien ce concept. Or, nous pouvons aisément remarquer que cet argument est constitué d'au moins trois éléments nettement distincts qu'il est très utile d'analyser. Il y a d'abord l'idée que ce concept est considéré comme étant le concept le plus fondamental en arithmétique. Dans ce cas, l'argument veut dire en premier lieu, que ce concept de progression représente une condition essentielle pour saisir la notion de nombre. Il y a ensuite, l'idée que notre saisie de ce concept suffit pour fixer la nature des nombres. Enfin, l'idée d'un « glissement » (sans motif) de ce concept vers une position qui dénigre complètement tout rôle que les objets sont susceptibles de jouer dans la détermination de la tâche des nombres. Selon Wright, le concept de progression n'est ni essentiel, ni suffisant dans notre saisie de la notion de nombre, et il est complètement prouvable qu'il n'est pas le concept arithmétique le plus fondamental. D'un autre côté, il ne comprend pas la légitimité du « glissement » que nous observons dans la thèse de Benacerraf, de l'affirmation suivante : « toute progression d'objets peut faire la tâche des nombres naturels », à celle : « toutes les vérités de la théorie des nombres sont essentiellement des vérités relatives à toute progression », et de cette dernière à celle : « c'est une erreur de supposer que la théorie des nombres concerne des objets particuliers ». La critique wrightienne de l'argument antiplatoniste de Benacerraf s'exprime donc dans le rejet de ces trois idées, et par conséquent, dans le rejet de toute la conception structuraliste qui leur sert de support théorique. Je vais donc essayer de développer ces trois points majeurs du désaccord entre Benacerraf et Wright, pour étudier ensuite le point de vue de ce dernier selon lequel l'argument antiplatoniste en question n'est, en définitive, qu'un cas particulier de la thèse de Quine en sémantique sur l'indétermination : un point de vue qui fait l'objet de beaucoup de critiques et de contestations, dont en particulier celle élaborée par Marie MacGinn.

1.5.1. La critique wrightienne de l'argument antiplatoniste

Afin de mieux élaborer sa critique de Benacerraf, Wright utilise une catégorie spéciale d'objets géométrico-mathématiques, à savoir les directions, et se pose la question de leur identité. Si nous cherchons à définir de tels objets en tant qu'ils sont distincts d'autres objets géométriques, nous pouvons nous passer des concepts de structure et de progression. Pour Benacerraf, c'est impossible, car l'identité des directions ne peut être accessible que moyennant la structure que de tels objets peuvent exemplifier collectivement. C'est faux, rétorque Wright, puisque nous pouvons démontrer qu'aucun concept structuraliste n'est nécessaire dans cette tâche, et que nous pouvons nous contenter d'un simple critère de « parallélisme des lignes géométriques » pour établir, d'une manière cohérente, l'identité des objets-directions. Wright cherche donc à montrer comment la nécessité du concept structuraliste de progression tombe dans le cas des directions, et cesse de représenter une marque du caractère fondamental de ce concept. Si nous n'avons pas besoin de ce concept pour définir un type spécial d'objets tels que les directions, alors il devient évident que ce concept n'est pas plus fondamental dans les mathématiques que d'autres. De ce point de vue, nous avons la possibilité d'introduire tel ou tel objet mathématique indépendamment de la condition que Benacerraf veut nous imposer, c'est-à-dire, indépendamment de la notion de progression.

Benacerraf a tort donc lorsqu'il pense que le seul moyen d'introduire telle ou telle catégorie d'objets mathématiques consiste dans la capacité des objets en question à exemplifier une progression. Comme c'est le cas avec les directions, il nous est toujours possible de reconnaître l'identité d'autres objets mathématiques, tels que les nombres naturels, par exemple, sans prétendre les reconnaître simplement par le biais de leur statut d'être des éléments ordonnés dans une structure. Sur ce point, la stratégie de Wright consiste à utiliser des ressources logiques fregéennes pour susciter un profond scepticisme sur le caractère basique de la notion de progression en arithmétique.[69] Le point qu'oublie Benacerraf, c'est que si ce concept est traité comme un concept premier en arithmétique, c'est aussi parce qu'il présuppose un système d'identités numériques. Sans ce système, le concept de progression serait dépourvu de toute valeur. Mais le centre de l'argument antiplatoniste c'est surtout la question de la réduction, et toute la critique va porter sur la discussion de la thèse de Benacerraf que nous pouvons formuler comme suit : si nous ne pouvons pas choisir parmi les différentes théories des ensembles celle qui rend le mieux la série des nombres (naturels), alors ces derniers cessent d'être des objets doués d'identité et d'indépendance.

Selon cette thèse, nous n'avons aucun moyen pour décider entre les différentes constructions « ensemblistes » rivales de la série des nombres naturels. Il est donc clair par là que les propositions arithmétiques sont logiquement constructibles dans chacune de ces théories rivales et en vertu de n'importe quelle progression d'objets. En d'autres termes, nous ne pouvons pas malheureusement trancher sur la question de savoir si une ré-écriture donnée de tel ou tel nombre naturel dans une théorie parmi ces théories des ensembles, est absolument correcte ou non. Si la position platoniste est correcte, en d'autres termes, si la série des nombres 1, 2, 3,..., comporte des objets singuliers, auto-subsistants, et identiques, alors il serait tout à fait possible de déterminer notre choix

---

[69] Dans *Frege's Conception of Numbers as Objects*, Wright écrit p. 119 : « We have a means of introducing numbers as objects, in Frege's sense, at once prior to and independant of the notion of progression ».

d'une seule et unique théorie parmi ces diverses théories rivales. Pour Wright, même si nous accordions à Benacerraf, l'idée selon laquelle la notion de progression est fondamentale dans les conditions de vérité des propositions mathématiques, son argument, « foule au pieds les propriétés essentielles de la relation d'inclusion sortale. »[70]
Par relation d'inclusion sortale, Wright veut dire qu'aucun objet tombant sous un concept sortal donné ne peut entretenir une relation d'identité avec un autre objet tombant sous un autre, à moins que la condition suivante soit satisfaite : pour tout énoncé d'identité « a = b » , où « a » et « b » ont une référence parmi les instances de Fx, il lui correspond au moins un énoncé « A = B » où « A » et « B » dénotent des instances de Gx ayant les mêmes conditions de vérité. Cette définition signifie que l'extension d'un concept « sortal » donné n'est dite inclure l'extension d'un autre (exemple : les deux concepts d'animal et de tigre) que si les conditions d'identité et de non identité qui concernent les membres du dernier sont les mêmes que ceux qui concernent les membres du premier. Ainsi, les animaux qui peuvent être des tigres, sont ceux dont les relations d'identité et de non identité découlent de la vérité ou de la fausseté des énoncés d'identité reliant les termes qui dénotent des tigres. Le langage constitué de termes qui dénotent des tigres est, par définition, référentiellement indéterminé dans le langage ayant une extension plus large, c'est-à-dire, où l'on dénote des animaux. Selon Wright, le fait que le concept de « tigre » soit référentiellement inscrutable dans l'extension du concept d'animal, est un fait sémantique bien connu, et ne peut, en aucun cas, constituer un argument pour exclure le platonisme des objets mathématiques. Les deux concepts de tigre et d'animal sont deux concepts frappés par une sorte d'imprécision et par un certain caractère vague. Leurs références sont inscrutables ; et ce caractère est le propre de tous les termes généraux. C'est à travers cette thèse de l'inscrutabilité de la référence pour les termes généraux (qui nous renvoie à Quine), que Wright essaye de mettre un coup d'arrêt à l'argument de Benacerraf, en prouvant qu'il n'est qu'un cas particulier d'un fait sémantique bien connu depuis les travaux de Quine : l'indétermination de la signification et l'inscrutabilité de la référence.

[70] Wright, Op. Cit, p. 122.

« Ce qui, écrit Wright, bloquerait réellement l'argument de Benacerraf, c'est la pensée que l'échec qu'il constate concernant les termes singuliers numériques est caractéristique des termes singuliers en général. »[71]

L'argument de Benacerraf n'est, en vérité, qu'un cas fort pour cette indétermination qui frappe la traduction du langage des nombres dans celui des ensembles, et ne peut pas fonctionner comme un argument contre la thèse platoniste. Il peut être compris comme une expression forte de la thèse de Quine sur l'indétermination de la traduction. Mais Benacerraf ne généralise pas cette indétermination sur l'ensemble du langage des mathématiques. Il pense que ce sont uniquement les termes numériques qui sont indéterminés, et que cette indétermination ne touche pas les termes qui désignent les ensembles. Pour répondre à Benacerraf sur ce point précis, Wright utilise ce qu'il appelle « le caractère sortal relatif », qui permet de traiter les deux concepts de nombre et d'ensemble comme deux concepts mutuellement sortaux.
Comme nous l'avons précédemment constaté, Benacerraf pense qu'il n'y a rien dans notre pratique des mathématiques aujourd'hui qui puisse nous dire quelles sont exactement les références des termes de nombre dans le langage des ensembles, une fois que la réduction de l'arithmétique à la théorie des ensembles a été accomplie et jugée acceptable. Or, cette particularité, c'est-à-dire, l'indétermination des références des termes de nombre dans le langage de la théorie des ensembles que nous avons choisi, est, nous dit Wright, un fait sémantique général.

« L'argument de Benacerraf, écrit Wright, était de dire que notre usage ordinaire des termes numériques singuliers (pures et appliqués) était insuffisant pour déterminer soit que leurs référents n'étaient pas des ensembles, soit, s'ils étaient des ensembles, quelles ensembles étaient-ils. Or, il apparaît maintenant que notre usage ordinaire des termes singuliers pour les ensembles est insuffisant pour déterminer quels ensembles ils étaient. »[72]

L'argument de Benacerraf n'est donc antiplatoniste qu'en apparence. Il veut avant tout dire qu'il existe une variété d'interprétations d'une expression particulière, et qu'une telle variété reste inéliminable, ce qui le met sur le même plan que le fameux argument de Quine concernant l'indétermination de la traduction. Benacerraf a, sans doute, raison quand

[71] Wright (1983), p. 125.
[72] Wright (1983), p. 125.

il dit que rien dans notre usage des termes de nombre qui nous permet de déterminer, de manière sûre, quels ensembles les nombres dénotent-ils. Or, pour que ceci puisse être transformé en un argument solide contre le platonisme, il doit recourir à une prémisse supplémentaire selon laquelle la variété des interprétations des expressions devient une raison pour éliminer leurs références.

« La conclusion antiplatoniste de Benacerraf, écrit Wright, exige le recours à une prémisse supplémentaire tacite : là où les usages et les explications canoniques sont insuffisants pour déterminer, d'une manière unique, la référence d'une expression apparemment référentielle, cette expression n'est pas authentiquement référentielle. »[73]

Benacerraf ne nous donne pas un argument antiplatoniste authentique, car si nous allons au bout de son raisonnement, la référentialité des expressions singulières en général se trouverait menacée, y compris celle des termes qui désignent des corps et des objets physiques. C'est un argument basé, en vérité, sur un glissement injustifié et illégitime : le fait de glisser de la thèse qui dit que les énoncés de l'arithmétique traitent des progressions en général, à celle qui dit que ces mêmes énoncés n'ont pas comme références des objets particuliers abstraits. Benacerraf n'explique pas clairement les raisons d'un tel glissement, ce qui nous pousse à nous poser les deux questions suivantes : d'abord, pourquoi devrions-nous traiter la possibilité d'interpréter les énoncés arithmétiques en tant qu'ils concernent exclusivement des progressions, comme le fondement sur lequel nous établirons que de tels énoncés ne portent pas sur des objets particuliers ? Ensuite, quelle est la raison qui nous contraint à croire que ces deux conceptions sont incompatibles ?

En vérité, et telle est la solution que propose Quine, nous pouvons suggérer de combiner ces deux conceptions de manière à donner forme à une théorie satisfaisante sur la nature des objets mathématiques en général. Nous pourrions, de cette manière-là, continuer à utiliser la notion structurelle de « progression », qui joue, indiscutablement, un rôle fondamental en arithmétique, et conserver en même temps, une sorte de conception « objectuelle » des nombres et autres objets mathématiques.

Le structuralisme des progressions arithmétiques et le platonisme des objets peuvent aller de paire au sein d'une même théorie philosophique

[73] Wright (1983), p. 127.

sur les mathématiques, et nous ne comprenons pas clairement pourquoi, chez Benacerraf, l'un doit nécessairement exclure l'autre.

« Nous pouvons dire plutôt, écrit Wright, que les nombres naturels sont des objets de telle manière que pour reconnaître toute caractéristique qui s'applique à eux, il suffit de reconnaître une caractéristique générale relative aux progressions. »[74]

L'argument antiplatoniste de Paul Benacerraf est essentiellement basé sur ce « glissement » injustifié, et la solution suggérée par Wright consiste à dire que nous pouvons, à l'aide du concept « sortal » de nombre naturel et d'un critère approprié nous permettant de déterminer correctement ses instances, tolérer, en quelque sorte, une certaine forme d'existence pour les objets mathématiques, et adapter un tel réalisme ontologique au structuralisme des progressions.

1.5.2. Crispin Wright et la thèse de Quine sur l'indétermination de la traduction

La critique wrightienne de Benacerraf est largement inspirée par les idées de Quine. Cette critique est principalement fondée sur une argumentation dans laquelle Wright assimile l'argument de Benacerraf à l'argument quinéen concernant l'indétermination de la traduction.
Dans un article intitulé : « La réponse de Wright à Benacerraf »[75], Marie McGinn cherche à démontrer contre Wright, comment les deux arguments sont différents, et comment, par conséquent, la tentative de Wright d'ôter, selon ses propres termes, « l'aiguillon antiplatoniste de l'argument de Benacerraf » échoue. Selon son point de vue, il y a entre les deux arguments de Quine et de Benacerraf, la grande différence suivante : alors que l'argument quinéen en faveur de l'indétermination de la traduction d'une expression d'un langage donné met au clair une indétermination parallèle qui porte sur les auxiliaires de la référence objective, à savoir les articles, les pronoms, etc., et surtout le prédicat d'identité, l'adoption de telle ou telle théorie des ensembles comme définition des nombres naturels ne demande aucune ré-interprétation du

[74] Wright (1983), p. 128.
[75] McGinn, Marie : « Wright's Reply to Benacerraf », Analysis, Vol 44, N° 4, p. 69-72.

signe d'identité. L'argument de Benacerraf ne conduit donc pas au même type d'indétermination que l'argument de Quine.
L'indétermination ne touche en vérité que la partie spécifique des termes singuliers propre au langage mathématique. Contrairement à la thèse de Quine, elle ne touche pas le langage mathématique dans sa totalité. L'indétermination est donc différente dans les deux cas, et nous n'avons aucune raison de dire que la traduction du terme « gavagai » dans une autre langue, et celle de nombre dans le langage des ensembles obéissent aux mêmes règles. Lorsque nous choisissons, par exemple, la théorie de Zermelo ou celle de Von Newmann, nous n'avons pas besoin du tout de réinterpréter le signe d'identité. L'argument de Benacerraf ne conduit donc pas au même type d'indétermination que celui utilisé par Quine. L'unique forme d'indétermination sur laquelle Benacerraf essaye d'attirer notre attention consiste, selon les propres termes de McGinn, à montrer que la conception des nombres n'a pas un rôle réel à jouer en arithmétique. Contrairement à ce que veut montrer Wright, l'argument antiplatoniste contient ici des éléments en faveur du platonisme des ensembles.
En vérité, Benacerraf cherche avant tout à nous dire, avec sa thèse sur l'indétermination, non pas que les nombres ne sont pas des ensembles, mais que le travail mathématique qui relève de la théorie des nombres ne nous oblige pas à nous engager sur l'existence d'une séquence spéciale d'objets abstraits, à savoir les nombres naturels, mais uniquement sur une séquence d'ensembles qui figure parmi une multiplicité de séquences. L'indétermination qui frappe donc le langage des mathématiques au niveau des termes de nombres (ou plus précisément, des termes singuliers numériques), donne lieu à une sorte de primauté ontologique des ensembles au détriment des nombres, et à un certain avantage de nature épistémologique pour un platonisme des ensembles contre celui de nombres.
Selon Marie McGinn, Benacerraf ne nous dit pas, d'une façon claire, comment éviter de nous engager sur une ontologie d'objets abstraits. Tout ce qu'il fait consiste à montrer que les seuls objets abstraits sur lesquels nous pouvons nous engager, sont les ensembles, et non pas les nombres, et que nous avons, en quelque sorte, la liberté de choisir quelle séquence d'ensembles nous voulions qu'elle existe. Il y a donc dans l'argument en question des éléments susceptibles de réconforter le platoniste, car, à beaucoup d'égards, cet argument s'inspire de Quine

relativement à son platonisme des ensembles, et non pas à sa thèse sur l'indétermination de la traduction. La conclusion à laquelle elle aboutit, consiste à l'idée suivante : toute la démarche de Wright échoue, car elle est basée sur deux affirmations complètement fausses : l'affirmation selon laquelle l'argument de Benacerraf serait un simple cas particulier de l'argument de Quine sur l'indétermination, et celle selon laquelle ce même argument serait employé par Benacerraf pour réfuter toute forme possible de platonisme. Wright serait complètement trompé sur le sens profond de l'argument de Benacerraf. Il se concentre, à tort, sur des questions qui touchent à la question de la référentialité des énoncés mathématiques contenants des termes singuliers, alors que l'argument en question ne concerne, en vérité, que le fait de supprimer un certain statut privilégié et particulier à telle ou telle séquence de nombres en faveur des séquences d'ensembles qui sont multiples.

Hartry Field partage, me semble-t-il, cette même position critique vis-à-vis de toute l'argumentation de Wright. En effet, l'auteur de *Realism, Mathematics & Modality*, croit que les arguments donnés par ce dernier ne semblent pas être adressés à Benacerraf et à son fameux argument antiplatoniste, mais à une autre personne et pour réfuter un argument différent. Comment formule-t-il l'argument sur lequel porte la critique de Crispin Wright et qui n'est pas, malgré ce que peut ce dernier prétendre, l'argument antiplatoniste de Benacerraf ? Dans la version que Field donne à un tel argument, le problème porte principalement sur la notion de référence. L'objection adressée par Wright à Benacerraf s'appuie, il est vrai, sur la thèse de Quine qui dit que l'inscrutabilité de la référence est un fait sémantique général qui concerne aussi bien le langage ordinaire que le langage des mathématiques.

Dans les termes de cette objection, Benacerraf affirmerait que cette propriété ne traduit pas un fait sémantique général, mais concernerait exclusivement les termes numériques singuliers. C'est dans ce contexte que se comprend le mieux la prise de position de Field, c'est-à-dire, le fait de dire que l'objection de Wright, en tant qu'elle découle directement de la thèse quinéenne, ne concerne pas, en vérité, l'argument de Benacerraf, mais plutôt un autre argument que Field formule de la manière suivante :

« (C'est) l'argument selon lequel nous devrions être soupçonneux vis-à-vis des nombres, car si nous assumions qu'ils existent, il serait impossible d'expliquer comment nous pourrions les dénoter, ou comment avoir des croyances à leur sujet. »[76]

C'est bel et bien cet argument qui est la cible de l'attaque de Wright, et non pas celui de Benacerraf. Même si cette attaque se trompe de cible, Wright a raison en reprochant à Benacerraf de limiter l'échec de la référence aux seuls termes numériques singuliers, thèse adoptée sans doute par le philosophe de Princeton mais n'a pas de lien direct avec son argument connu et reconnu.
Toute l'argumentation de Wright cherche à réfuter l'argument qui veut essentiellement dire la chose suivante : du point de vue de l'activité mathématique elle-même, les références des termes de nombre ne peuvent être constituées que par une w-séquence d'objets seulement, régie par la relation « inférieur à ». L'argument que cherche wright à réfuter est donc celui qui atteste que l'usage ordinaire des termes numériques détermine seulement que les entités auxquelles le terme de 'nombre' s'applique, forme une séquence susceptible de satisfaire notre meilleure théorie des w-séquences du premier ordre. Pour Field, sur cette base, Wright a raison contre Benacerraf.

« L'idée de Wright, écrit Field, selon laquelle l'antiplatoniste qui déploie cet argument contre les nombres devrait aussi, en principe, le déployer contre les ensembles, est certainement une idée correcte. »[77]

Or, d'un autre côté, il est loin d'être d'accord avec lui sur l'idée selon laquelle l'argument serait applicable aux objets ordinaires avec la même force. L'erreur de Wright consiste ici à saisir l'argument de Benacerraf comme étant concerné particulièrement par le sort de la notion de référence, alors que ce qui est en jeu dans un tel argument c'est plutôt la question de l'identité et de la non identité des objets mathématiques. Nous devons distinguer entre ces deux questions si nous voulions bien comprendre le sens de l'argument. Contrairement à Quine qui semble penser que l'identité fait partie des mécanismes de la référence, Benacerraf soutient que la détermination de l'identité d'un objet quelconque, mathématique ou non, est une question distincte de celle qui

[76] Field (1989), P. 29.
[77] Ibid, p. 24.

consiste à savoir si cet objet est référentiel ou non. Si nous supposions qu'il a raison dans tout ce qu'il a développé contre l'argument de Benacerraf, nous pourrons lui accorder à juste titre ce qu'il a conclut au sujet de notre notion de référence, c'est-à-dire, qu'elle n'est que « décitationnelle » (disquotational). Mais, cette notion d'une référence simplement décitationnelle reste incomplète sans une théorie sur l'identité et la non identité des objets mathématiques eux-mêmes. Ainsi, conclut Field, si Wright a raison quelque part, ce n'est pas sur la question de la référence, mais sur l'arbitraire de l'identité comme étant une propriété commune aux objets mathématiques aussi bien que non mathématiques[78].

Cela dit, les objections adressées à Benacerraf sont basées sur une sorte de rapprochement entre la thèse de Quine sur l'indétermination de la traduction (qui découle directement de son argument au sujet de l'inscrutabilité de la référence) et l'argument de Benacerraf. Field et McGinn rejettent ce rapprochement. Ils sont d'accord cependant avec Wright sur le fait de considérer que l'argument de Benacerraf n'est pas assez efficace pour faire tomber le platonisme : il ne motive pas réellement l'antiplatonisme. Pour McGinn, Benacerraf n'élimine les nombres que pour mettre en valeur les ensembles qui sont, en vérité, des entités abstraites dont le statut est aussi problématique.

D'après l'analyse faite par Field, Wright a raison en reprochant à Benacerraf de ne pas traiter le concept de nombre et celui d'ensemble, comme étant deux concepts mathématiques frappés conjointement par le même caractère d'indétermination et d'imprécision. En vérité, ce que Benacerraf a fait en désignant les ensembles comme étant les objets de base des mathématiques, ne permet pas de résoudre le problème. Mais le tort de Wright c'est de se concentrer uniquement sur des questions qui relèvent du problème de la référence en mathématiques et de chercher à savoir si les expressions de nombre étaient référentielles ou pas, ce qui est loin de représenter l'enjeu véritable de l'argument. Il reste vrai cependant, que Benacerraf n'admet pas que notre discours sur les objets mathématiques, y compris les w-séquences et les ensembles, soit caractérisé comme étant, par définition, vague et indéterminé. Il est toujours possible pour lui d'éliminer ces deux traits caractéristiques des

[78] Field (1989), p. 4.

nombres, et affirmer que les w-séquences sont les éléments de base de toutes les mathématiques, et qu'ils sont beaucoup plus acceptables. Pour sa part, Field exprime des doutes à propos d'une telle solution, car elle n'explique pas clairement et de façon convaincante, la nature de l'arbitraire qui frappe toutes les identifications en mathématiques. C'est au philosophe fictionnaliste que va revenir l'ultime tâche d'expliquer ce caractère d'arbitraire de façon définitivement convenable.

« Nous avons, écrit Field, une belle histoire à propos des nombres naturels, une autre belle histoire à propos des ensembles, ainsi de suite, et dans ces histoires, il n'est pas important de savoir quels ensembles doit-on identifier si nous voulions une quelconque identification (...). Le fait d'offrir une identification particulière des nombres aux ensembles, ou le fait de dénier une telle identification, est comparable au fait de dire ce qui est arrivé à la petite Chaperon rouge dans sa vie d'adulte. »[79]

Field veut généraliser l'argument de Benacerraf. Ainsi, si pour ce dernier, l'argument consiste à dire qu'il n'y a pas d'états de fait qui garantissent la vérité des identifications entre les objets mathématiques, nous pouvons dès lors substituer à notre discours sur les nombres, un autre discours qui porte cette fois sur les w-séquences et les identifier avec les ensembles. Mais, nous pouvons aller plus loin que Benacerraf, et aboutir à une attitude « fictionnaliste » globale, qui se situe au-delà de la simple élimination de la conception des nombres naturels comme des objets particuliers. Field cherche donc à utiliser l'argument de Benacerraf pour introduire le fictionnalisme au champ de la philosophie contemporaine des mathématiques. Pour comprendre comment cette doctrine de la nature des mathématiques devient intéressante, il suffit de saisir le sens du caractère d'arbitraire, et de le généraliser sur toutes les identifications possibles des nombres aux autres objets mathématiques. Or, la meilleure explication de ce caractère d'arbitraire qui frappe ces identifications, semble être donnée dans le fictionnalisme à propos des mathématiques.

« Je pense, ajoute Field, que la conclusion la plus normale consiste à dire que les espaces topologiques, les nombres, les paires ordonnées, les fonctions, etc., ne sont ni d'une manière définie ou indéfinie des ensembles : il n'y a aucun état de chose au sujet de savoir si de tels objets sont des ensembles ou pas. »[80]

---

[79] Field (1989).
[80] Field (1989).

Field choisit donc d'utiliser la thèse du caractère d'arbitraire propre à la question de la réduction des mathématiques à la théorie des ensembles, pour radicaliser la position de Benacerraf, et aboutir, en fin d'analyse, au fictionnalisme mathématique. En effet, il veut aller par-delà la solution structuraliste qui se contente de montrer comment les nombres ne sont pas des objets particuliers. Il est vrai que la profusion des modèles ensemble-théoriques pour les nombres rend arbitraire toute réduction mathématique, mais il faut utiliser ce trait pour proposer au vrai sens du terme une philosophie antiplatoniste des mathématiques. Ainsi, nous pouvons réduire tous les objets mathématiques à des fictions qui ne tiennent leurs sens que de l'histoire des mathématiques comme d'un roman de fiction et de ne rien d'autre. Par opposition au structuralisme ontologique tel qu'il est exprimé dans la thèse de l'indétermination, Field considère que les conditions de vérité des phrases mathématiques doivent être regardées tout simplement comme des conditions fictionnalistes. En ce sens, le philosophe fictionnaliste n'a pas besoin de répondre à la question qui porte sur la nature de l'arbitraire propre à la réduction des nombres aux ensembles, car, il est déjà dans une perspective fictionnaliste dans laquelle il n'a pas du tout besoin de se poser ce genre de questions et de s'intéresser à ce genre de choses.
Field et McGinn sont d'accord donc sur le fait que Wright non seulement échoue à ôter l'aiguillon antiplatoniste de l'argument de Benacerraf, mais surtout sur le fait qu'il n'y a, dans cet argument, aucun aiguillon antiplatoniste réel.

CHAPITRE 2
QUINE ET BENACERRAF SUR LA VÉRITÉ ET L'EXISTENCE EN MATHÉMATIQUES

J'ai cherché dans le premier chapitre de cette partie à montrer la structure du dilemme dit de Benacerraf, à scruter les traits essentiels de la philosophie antiplatoniste défendue par le philosophe de Princeton, et pointer vers les questions sur lesquelles cette philosophie peut être critiquée. J'ai, en outre, cherché à étudier ces trois classes de problèmes sous un horizon philosophique général bien précis : les deux approches de Quine et de Benacerraf sont structurellement différentes bien qu'elles aient pour fondement commun le naturalisme.
Ce que je vais essayer d'entreprendre maintenant c'est de procéder à un travail comparatif qui tend à montrer comment les deux approches de Quine et de Benacerraf peuvent donner lieu à des conclusions logiques, épistémologqiues et philosophiques opposées.

2.1. Comparaison générale des deux philosophies de Quine et de Benacerraf

Quine et Benacerraf sont d'accord au moins sur un point : le réalisme logique est vrai. Or, nous constatons que tous deux vont utiliser différemment cette thèse. Le réalisme logique va jouer dans la théorie de Quine le rôle d'un argument en faveur d'une position platoniste, alors que Benacerraf considère plutôt que son adaptation au système antiplatoniste des mathématiques doit devenir une priorité philosophique. Il y a un autre point sur le quel les deux philosophes semblent être d'accord : c'est la thèse du réalisme épistémologique. Pour Quine et Benacerraf, les mathématiques constituent une forme substantielle de connaissance scientifique, et non pas un simple langage formel qui tient son sens uniquement de certaines règles syntaxiques ou conventions.
Les mathématiques sont une science au même titre que la physique, la biologie, la chimie, etc., et possèdent en tant que telle une possibilité réelle d'être appliquées aux phénomènes du monde extérieur.
La question à laquelle je vais essayer de répondre est :
Comment Quine et Benacerraf vont-ils aboutir à des conclusions ontologiques différentes alors qu'ils semblent être d'accord sur le réalisme logique et épistémologique des mathématiques ?

Sur la base de ce qui a été analysé précédemment, Benacerraf défend une philosophie antiplatoniste des mathématiques puisqu'il rejette le réalisme dans sa dimension ontologique : son objectif consiste à éliminer toute référence à des objets mathématiques.

L'antiplatonisme de Benacerraf c'est donc l'antiréalisme ontologique combiné avec deux formes de réalisme : le réalisme logique de la vérité et le réalisme épistémologique de la « scientificité ». La philosophie proprement benacerrafienne des mathématiques en tant qu'elle est une forme d'antiplatonisme, c'est la mise en système de cette combinaison de manière à représenter une théorie philosophique cohérente.

L'important, ce n'est donc pas de savoir si Benacerraf ou Quine acceptent ou non telle ou telle forme de réalisme, mais de connaître comment ils vont réussir, respectivement, à combiner leurs positions de manière à engendrer une théorie cohérente qui jouit d'une certaine « systèmaticité » du point de vue de sa logique interne et de sa méthode. Benacerraf rejette le platonisme par la voie de son refus d'admettre aucune forme d'existence pour les nombres et les objets mathématiques en général.

L'antiplatonisme de Benacerraf n'est donc pas « sémantique » (le cas de Dummett) ou « épistémologique » (le cas de Field), mais ontologique. Ce que Benacerraf rejette dans le platonisme c'est sa tendance à traiter les nombres, par exemple, comme des objets singuliers. Or le fait de rejeter la partie ontologique n'implique pas, comme c'est le cas chez certains antiplatonistes contemporains, une nouvelle compréhension du sens de la vérité et de la « scienticité » des affirmations mathématiques.

En effet, Benacerraf ne procède à aucune réforme qui porte sur les concepts de vérité et de « scienticité » des mathématiques. Le réalisme logique et celui épistémologique demeurent deux thèses reprises par Benacerraf telles qu'elles figurent chez les platonistes. L'antiplatonisme repose donc ici sur le simple rejet de la thèse réaliste sur le plan de l'ontologie des mathématiques. Mais si nous rejetons toute forme de croyance en l'existence des objets mathématiques, comment pourrons-nous continuer à croire en la vérité des énoncés qui portent sur de tels objets ?

Pour Benacerraf, le fait que les nombres n'existent pas n'implique pas que toute décision concernant la vérité ou la fausseté des affirmations mathématiques doive être suspendue.

Les nombres naturels et tous les autres objets mathématiques doivent être saisis comme de simples éléments dans des structures mathématiques abstraites, et non pas comme des objets particuliers indépendants de nous et de la connaissance que nous pouvons en avoir.
Un énoncé mathématique n'est pas dit être vrai ou faux du point de vue de sa correspondance ou non à des objets abstraits singuliers dotés d'une certaine forme d'existence. Une telle thèse est scientifiquement fausse, car il nous est impossible de justifier, sur aucune base scientifique, l'existence objective de tels objets. Or, la thèse de la fausseté scientifique de l'existence des objets abstraits n'implique pas l'antiréalisme logique. La vérité pour les énoncés mathématiques et logiques doit être conservée grâce au structuralisme.
Quine est incontestablement d'accord avec Benacerraf sur le réalisme de la vérité et sur les avantages du structuralisme dans la sauvegarde de ce réalisme, mais ne comprend pas comment nous nous donnons le droit, dans ces conditions mêmes, de rejeter toute notion d'existence en mathématiques.
Alors que le programme de Benacerraf se définit comme réaliste mais antiplatoniste, la philosophie de Quine est platoniste dans le sens où elle ne doute d'aucun des trois fondements substantiels du réalisme. Il ne serait pas cependant faux de dire qu'entre les deux, la démarche philosophique change de structure sans que les éléments employés changent ou se transforment. En effet, Quine et Benacerraf partent d'une conception naturaliste[81] de la science pour aboutir à des conclusions opposées sur le rôle et la place de l'ontologie.
Cela dit, je vais essayer ici de savoir comment à partir de ce même point de départ naturaliste, les idées de Quine et de Benacerraf concernant l'ontologie des mathématiques vont diverger. Je pense que ces idées, quelle que soit leur importance aujourd'hui, constituent des questions

[81] Contrairement à Quine, Benacerraf accepte la théorie causale de la connaissance et cherche à l'adapter à son naturalisme vis-à-vis des mathématiques. Maddy (1996) p. 62 écrit : " Benacerraf endorses this causal theory of knowledge (...). So the first explicit premise of the dilemma requires that knowledge of mathematical truth be accounted for along the lines of a broadly causal theory of knowledge...As it happens, the luster of the causal theory of knowledge gradually faded the years immediately following the appearance of Benacerraf's paper (...). Thus, the first explicit premise – that accounts of mathematical knowledge must meet the requirements of the causal theory - turned out to be inessential to the anti-Platonist force of the dilemma."

essentielles dans le champ des recherches philosophiques actuelles sur les mathématiques.

2.2. Quel type de vérité faut-il appliquer aux énoncés mathématiques ?

Pour Quine et Benacerraf, les énoncés mathématiques peuvent être évalués en termes de vérité et de fausseté. Bien qu'ils défendent tous deux le réalisme logique au sujet des énoncés mathématiques purs, ils ne sont pas cependant d'accord sur la manière avec laquelle le concept de vérité s'applique à ce type d'énoncés. Par réalisme logique, je veux dire la thèse selon laquelle la vérité est déterminée par une réalité objective et indépendante du sujet humain ou de l'esprit tout court. Pour exprimer les choses autrement, je dirai que le réalisme logique signifie que, pour déterminer la vérité ou la fausseté des énoncés mathématiques, nous disposons de conditions objectives, et que des considérations strictement linguistiques et syntaxiques ne suffisent pas. Le réalisme logique appliqué sur le cas des assertions mathématiques, veut dire que la vérité mathématique ne peut pas être définie comme une simple relation dans le langage formel propre aux théories mathématiques.

Selon le réaliste dans la valeur de vérité logique, une notion modérée de correspondance est utile. Pour que les énoncés mathématiques soient dits vrais ou faux, nous avons besoin de postuler ou de poser une réalité mathématique, indépendante de l'esprit du mathématicien, par rapport à laquelle il est possible de déterminer si ces énoncés lui correspondent ou non. L'une des extensions du réalisme est donc la thèse logique qui atteste que la notion de vérité peut être fondée sur la correspondance ou la non correspondance des énoncés mathématiques aux propriétés d'une réalité objective abstraite, constituée de tous les objets mathématiques actuels. Quine et Benacerraf acceptent le principe de ce type de réalisme, mais jugent que la notion réaliste forte de « correspondance » ne doit pas être comprise d'une manière littérale et stricte. Pour le second, une théorie dans laquelle nous définissons la vérité comme une propriété logique et sémantique ne doit pas être aux antipodes de la théorie épistémologique que nous acceptons aujourd'hui. Nous pouvons tolérer le réalisme logique s'il ne met pas en cause notre manière d'expliquer comment le mathématicien accède aux croyances et aux connaissances mathématiques.

Pour être plausible aux yeux de nos deux philosophes, le réalisme logique doit à la fois satisfaire une condition naturaliste et doit être distingué du réalisme fort et strict. En effet, selon les tenants de ce type de réalisme logique dit fort, le mathématicien perçoit par une sorte d'intuition surnaturelle une réalité mathématique, et a la possibilité de déterminer si les énoncés lui correspondent ou pas.
La ré-interprétation du réalisme logique dans le cas des énoncés mathématiques aboutit à l'exclusion de la possibilité de toute perception des objets abstraits, et par-là, à l'élimination des nombres naturels au moyen de la théorie des W-séquences qui substitut la notion de structure à celle d'objet. Elle permet aux énoncés mathématiques, d'autre part, d'être toujours traités dans les termes du vrai et du faux dans le sens du réalisme logique, sans que nous soyons obligés d'admettre qu'ils ont cette capacité en vertu de leur correspondance ou non à une réalité abstraite dans un ciel platonicien avec lequel nous n'avons désormais aucun contact causal actuel ou possible. La théorie de la vérité-correspondance, en tant qu'elle exprime le sens du réalisme de la vérité tel qu'il est adopté par Benacerraf, s'applique avant tout aux énoncés des sciences naturelles. Ce qui fait que de tels énoncés sont vrais ou faux, c'est la nature du monde et de la réalité extérieure, et non pas le langage (logique) dans le quel ils sont formulés et exprimés. Le réalisme logique est impliqué dans le réalisme de notre connaissance du monde : le fait que nos énoncés peuvent être dépositaires du vrai et du faux par rapport à une réalité objective dont nous avons, à travers nos perceptions et nos observations, une certaine relation de causalité. Etant donné le lien étroit entre le réalisme logique et celui épistémologique, le problème auquel se heurte Benacerraf et cherche à résoudre est le suivant : comment est-il possible de soutenir le réalisme logique sans une théorie des objets mathématiques ? Autrement dit : à quel point réussira-t-il à montrer que le réalisme dans la valeur de vérité logique reste désormais applicable aux énoncés des mathématiques sans admettre l'existence des nombres et de tous les autres objets en tant qu'objets dans une réalité indépendante de nous ?
Benacerraf n'accepte pas les solutions formalistes et constructivistes du problème de la vérité en mathématiques, et soutient le réalisme logique. Or, cette prise de position le met dans l'embarras, car il veut que ce réalisme soit débarrassé de tout concept d'existence mathématique. Par là, toute sa philosophie des mathématiques tournera autour du problème

majeur suivant : trouver les ressources conceptuelles suffisantes pour établir un pont sémantique entre le réalisme logique d'une part et l'antiréalisme ontologique de l'autre.
Sur le plan de la logique, Benacerraf cherche à élaborer une approche qui obéit aux deux conditions suivantes :
(1) l'homogénéité sémantique et logique du concept de vérité pour toutes les propositions du discours scientifique sans distinction, et (2) la compatibilité d'une telle approche avec la théorie causale de la connaissance, qui reste pour lui le modèle d'explication épistémologique par excellence. Il n'est donc pas possible de définir la nature de la vérité de tel ou tel énoncé, sans que cette définition ne soit inscrite dans une approche logique homogène applicable à tous les énoncés de la science.
Ce réalisme logique, en tant que résultante directe du réalisme épistémologique, peut être compris de deux manières : le premier sens met Benacerraf face à une difficulté de fond, c'est-à-dire, face à la difficulté de combiner le concept réaliste d'une vérité mathématique avec l'antiréalisme de l'existence, car, si le réalisme empirique (il existe un monde réel en dehors de nos perceptions sensorielles) fonde le réalisme logique (les énoncés sont vrais ou faux par rapport à la nature objective de ce monde réel), comment éviter le platonisme dès l'instant où nous tolérons la notion de vérité en mathématiques !! Mais, le réalisme logique peut avoir un autre sens, à savoir que nos connaissances et croyances mathématiques ne sont qu'une partie intégrante de la totalité de notre savoir scientifique vrai et réussi. Le type de réalisme logique que Benacerraf tolère semble être beaucoup plus proche de cette conception de la vérité des mathématiques.
Le souci d'objectivité et de réalisme dans la détermination de la vérité des affirmations mathématiques devient un souci épistémologique avant tout qui n'entretient avec la théorie de la vérité correspondance que des liens indirects. Le but recherché est donc une certaine définition de l'objectivité mathématique qui ne postule aucune référence aux nombres. En montrant comment la connaissance mathématique n'est rien de plus que l'étude objective des modèles et des structures, Benacerraf s'est nettement démarqué à la fois du platoniste classique, du formaliste et de l'intuitionniste. Contrairement au formaliste et au déductiviste, le prédicat de vérité est conservé, et reste applicable partout. En ce sens, 'vrai' au sens mathématique, ne doit pas être différent de 'vrai' au sens empirique. Le sens du prédicat 'vrai' reste le même, et nous ne pouvons

pas lui substituer un autre prédicat, tel que : 'être accepté', par exemple, et éliminer ainsi la notion de vérité mathématique au profit de celle que nous trouvons chez les intuitionnistes, à savoir la démonstration (ou preuve). En ce sens, Benacerraf ne cherche pas à installer les sciences mathématiques dans un contexte épistémologique et sémantique spécial qui les opposerait aux sciences empiriques, mais plutôt à leur appliquer les mêmes conditions sous lesquelles notre savoir vrai sur le monde extérieur se construit et se développe. Cette attitude semble être proche de celle de Quine, surtout lorsque ce dernier refuse de distinguer entre deux types de vérités, celles qui sont analytiques et celles qui ne le sont pas, et replace les mathématiques à l'intérieur de notre théorie globale du monde. Or, Quine reste sceptique sur la façon avec laquelle Benacerraf veut naturaliser l'épistémologie des mathématiques, c'est-à-dire, au moyen de la théorie causale de la connaissance. Il est certes plausible que toute tâche logique qui cherche à donner un concept clair de la vérité en mathématiques, ne doit pas ignorer la structure cognitive du sujet humain en tant que support d'un tel concept, et de ses propres limites physiques dans l'espace-temps, mais il reste improbable que l'explication causale soit la meilleure candidate dans ce sens.

Quelles que soient les divergences entre les méthodes employées par l'un et par l'autre, il est clair que Benacerraf et Quine ne distinguent pas le concept de vérité en mathématiques de celui pratiqué dans les autres parties empiriques et formelles du savoir scientifique. En vérité, ce concept n'est pas à chercher, chez eux, en dehors de son rôle dans le contexte du réalisme scientifique général. Tous deux essaient de frayer un chemin original entre la théorie de la vérité comme correspondance à une réalité autonome, et celle qui fait intervenir des considérations inter-subjectives et pragmatiques. En ce sens, ils ne prennent pas la définition de la vérité comme correspondance à une réalité indépendante au sens littéral, car il ne s'agit pas de vérifier le discours mathématique terme par terme ou phrase par phrase par rapport à une réalité composée de propriétés objectives. Le sens que prend cette théorie chez eux est d'un ordre philosophique général : la vérité possède un caractère d'objectivité qui la rend indépendante de tout processus mental subjectif. Il n'y a à retenir de cette théorie que cet idéal d'objectivité scientifique.

Pour Benacerraf, le réalisme dans la vérité mathématique tel qu'il s'exprime dans la théorie de la vérité-correspondance, suppose que les phrases mathématiques peuvent être traitées comme objectivement vraies indépendamment des différents moyens cognitifs et linguistiques dont nous disposons en tant que sujets de connaissance. La vérité est représentée ici comme une propriété qui transcende toute capacité de la reconnaître en tant que telle. Benacerraf rejette ce type de réalisme littéral et strict de la vérité mathématique, en reprochant à ses adhérants de fonder leur théorie philosophique sur une supposition déraisonnable : la transcendance de la vérité par rapport aux moyens qui permettent de l'énoncer et de la vérifier.

« (Selon ce réalisme naïf), notre langage, écrit Benacerraf, peut exprimer une série de questions, indépendamment de savoir si nous possédions ou non leurs réponses, ou même si nous posséderions leurs réponses, ou même si nous avions pu ou non posséder leurs réponses. »[82]

Ainsi, si nous admettons que la thèse réaliste est correcte, nous serons incapables d'expliquer, d'une façon intelligible, comment s'attribue la vérité aux phrases mathématiques. Le réaliste naïf rend compte d'un concept de vérité pour ce type de phrases en dehors des conditions requises par l'épistémologie, et c'est en cela qu'il a tort.

Quine, pour sa part, est d'accord avec Benacerraf sur le fait de construire une théorie logique de la vérité en mathématiques qui soit conforme aux réquisits de l'esprit scientifique, et tout à fait adaptée à l'épistémologie naturaliste. Sans opter pour le vérificationnisme, comme semble faire Benacerraf, (mais un vérificationnisme qui, contrairement à celui de Dummett, ne rejette pas la notion de vérité), Quine adopte la définition sémantique de la vérité logique donnée par Alfred Tarski pour les phrases mathématiques[83], et la réajuste de manière à satisfaire une exigence épistémique aussi bien que réaliste.[84] D'un autre côté, Quine a été critiqué à maintes reprises pour avoir avancé des arguments sérieux contre la théorie de la vérité-correspondance, particulièrement l'argument de l'indétermination[85], qui est considéré en général comme un argument anti-réaliste.

En vérité, nous trouvons dans la logique de Quine les éléments d'une conception décitationnelle de la vérité, et la notion de correspondance

---

[82] Benacerraf, (1984).
[83] Voir Chihara (1998), p. 157.
[84] Quine (1970), p. 40-41.
[85] Field (1972), (1969).

reste pour cette logique un horizon philosophique général qui signifie que l'attribution de la vérité aux phrases du discours engage aussi bien la nature d'un monde indépendant de nous que la grammaire du langage dans lequel elle est formulée. Nous parlons d'une vérité mathématique dans les mêmes conditions logiques que d'une vérité chimique, ou biologique : dans tous ces cas, le concept de vérité n'est pas construit à la manière d'un concept syntaxique qui n'a de valeur que tautologique.
Benacerraf est conjointement un réaliste et un vérificationniste au sujet de la notion de vérité en mathématiques[86] : la vérité est une propriété objective des phrases mathématiques, mais dépendante de nos moyens publiques et manifestes de la reconnaître et de la vérifier. Ce réalisme vérificationniste tend à nier que la vérité en général soit comprise référentiellement au sens où elle présuppose un domaine d'objets. Il met l'accent non seulement sur les aspects antiréalistes au niveau de l'ontologie des mathématiques, mais surtout épistémiques au niveau de leur langage. Chez Quine, le réalisme logique n'est pas vérificationniste. Bien qu'il exprime une certaine méfiance vis-à-vis des entités abstraites en général, et de toutes les entités nouvelles qui ne disposent pas d'un critère d'identité clair, Quine est réaliste sur le plan de l'ontologie des mathématiques. Les objets mathématiques abstraits sont ontologiquement équivalents aux électrons ou aux molécules : l'existence est, dans tous ces exemples, univoque. Son hostilité à l'idée nominaliste qui n'attribue l'existence qu'aux individus concrets, prolonge sa thèse selon laquelle il n'y a pas en vérité deux origines de nos connaissances : l'expérience d'un côté et l'analyticité de l'autre. Il est faut de penser que toutes nos connaissances se divisent en deux : celles qui sont vraies en vertu de l'expérimentation, et celles qui sont vraies en vertu du sens des mots du langage.
En vérité, toute connaissance est conjointement une connaissance linguistique et factuelle. D'un côté, les propriétés de vérité et de fausseté des énoncés dépendent indirectement de l'état empirique du monde. Nous ne pouvons pas, sur la seule base de nos stimulations sensorielles, établir le caractère empirique d'une partie de nos connaissances, vérités,

[86] Si on se situe dans la perspective antiréaliste de Dummett, il peut sembler improbable de combiner réalisme vériconditionnel et vérificationnisme. Mais la vérification n'exclut pas nécessairement la vérité, et il reste toujours possible de les combiner toutes les deux dans le cas de l'activité mathématique.

et croyances, et réduire l'autre à la simple analyticité. D'un autre côté, si nous renonçons à attribuer aux énoncés mathématiques une certaine origine empirique (ou quasi-empirique), nous risquerons de les tenir pour des énoncés dotés d'une nécessité et d'une certitude irréprochables. Quine rejette, moyennant sa thèse concernant l'holisme, la conception fregéenne selon laquelle les énoncés mathématiques sont analytiques, car, en vérité, ces énoncés entretiennent des liens indirects et lointains avec l'expérience, et ont tous une signification empirique. Pour Quine, même la partie dite pure des mathématiques et qui n'est pas appliquée dans les sciences de la nature, possède une signification empirique. Ce résultat devient clair si l'on se rappelle son refus de toute distinction entre deux types différents de sciences : celles qui sont de nature empirique et celles qui ne le sont pas. Ce refus est, en vérité, une variation de son rejet de la distinction, chère aux positivistes logiques, entre l'analyticité et la synthéticité, qui va à l'encontre de la conception selon laquelle la vérité des énoncés mathématiques (et logiques) a un caractère analytique, a priori, nécessaire et certain.

Il est donc clair que, pour Quine, les parties pures des mathématiques aussi bien que leurs parties appliquées, ainsi que les extensions les plus avancées de la théorie des ensembles, ont, à l'instar des théories physiques et des théories scientifiques en général, une signification empirique.

Le réalisme logique signifie donc chez Quine que l'attribution de la vérité aux énoncés est une affaire qui implique aussi la réalité des prédicats et des objets qui ont à les satisfaire. C'est un réalisme vériconditionnel, qui stipule que les conditions de vérité des phrases sont transcendantes et indépendantes de nous. En même temps, Quine soutient une thèse antiréaliste au sujet de la signification de ces phrases : l'indétermination de leur traduction. Cette thèse dénie le fait qu'il existe une seule construction sémantique possible des significations d'un langage donné, et est donc une thèse sur l'impossibilité de la sémantique. Il nous est impossible d'écrire une variété de traductions toutes équivalentes pour un même comportement verbal donné.

Le réalisme logique se comprend le mieux ici en relation avec cette attitude antiréaliste vis-à-vis des significations et avec la critique de l'analyticité. L'antiréalisme sémantique de Quine s'intègre dans une méthode dont le but consiste à chasser toute entité abstraite hypostasiée qui n'est que le résultat d'un mauvais apprentissage du langage.

L'hostilité de Quine à utiliser des notions telles que les significations, la synonymie, l'analyticité, etc., émane d'un esprit nominaliste qui reste en œuvre malgré ses goûts platonistes. Elle est guidée principalement par cette même méthode qui cherche à libérer le parler sophistiqué de l'adulte des erreurs de l'enfance qui sont dues en majorité à de simples réifications linguistiques.
J'essaierai d'élucider la nature de ces liens chez Quine entre les aspects antiréalistes, nominalistes, néo-empiriques, platonistes et pragmatiques de l'ensemble de sa philosophie. Quels que soient ces divers aspects de son système philosophique, Quine est surtout un platoniste lorsqu'il est question des mathématiques, puisqu'il admet dans leur ontologie ces objets abstraits que sont les classes, mais il est antiréaliste lorsqu'il s'agit des universaux prédicatifs.
La philosophie quinéenne des mathématiques est une philosophie dans laquelle un certain type de platonisme (pragmatique) et une certaine stratégie antiréaliste vis-à-vis des universaux prédicatifs en général sont étroitement liés. Je pense que ce platonisme se comprend parfaitement si l'on se réfère à cette stratégie. C'est en ce sens qu'il est dit un platonisme nouveau, et distinct des platonismes classiques.
En effet, Quine rejette un platonisme de type fregéen[87], par exemple, selon lequel les énoncés mathématiques sont analytiques dans le sens où leurs vérités dépendent de leurs structures logiques. En attestant le caractère quasi-empirique de ce type d'énoncés, Quine se démarque nettement du platonisme de Frege. Cela dit, pourquoi Quine considère-t-il que ces vérités sont au même niveau que les vérités ordinaires, c'est-à-dire, qui ne sont ni a priori, ni analytiques, mais ayant le même statut épistémologique que les vérités du sens commun et des sciences de la nature ? Je pense que la réponse est à chercher dans ce que nous pouvons appeler les arguments d'indispensabilité[88].
A travers ces arguments, Quine replace la valeur épistémologique des vérités mathématiques dans le contexte général de la connaissance

[87] Pour Wright (1983) qui revient à la théorie de Frege, nous n'avons pas du tout besoin d'autres arguments que ceux contenus dans cette théorie pour affirmer le platonisme. Il ne voit pas du tout l'intérêt qu'on donne aux arguments d'indispensabilité ou à celui de la perception chez Gödel.
[88] Quine (1951).

scientifique, et montre que les mathématiques n'ont atteint le niveau d'une science rigoureuse que grâce à leurs applications dans le monde[89]. Le platonisme pragmatique de Quine reste nettement identifiable avec une philosophie des mathématiques qui, tout en admettant l'existence des objets abstraits que les théories mathématiques requièrent pour qu'elles soient vraies, contient néanmoins des éléments qui sont à la fois nominalistes et empiriques. Il reste néanmoins indissociable d'une certaine méthode philosophique hostile aux universaux, appliquant le rasoir d'Occam et ayant pour slogan : point d'entité sans identité[90].
Dans certains écrits de Quine[91], le platonisme est surtout conçu comme une source d'admissibilité ontologique moins dangereuse que les opérateurs modaux et les attitudes propositionnelles que ses adversaires utilisent.

« Je préfère les nombres ainsi que les autres objets abstraits, aux opérateurs modaux. Le nivellement des modalités est, à mon avis, un grand service aux objets abstraits. »[92]

Par opposition à l'approche de Benacerraf, Quine élabore donc une théorie des croyances mathématiques dans laquelle les notions de vérité, référence et existence sont étroitement liées. Le débat sur l'existence ou non des objets mathématiques, est donc un débat bien réel ayant pour enjeu la vérité et la plausibilité même de notre théorie du monde. Il est loin de partager bien sûr l'avis de Benacerraf selon lequel la grande différence entre les mathématiciens et les philosophes, c'est que ces derniers prennent, à tort, au sérieux les questions ontologiques sur les mathématiques. Au lieu de s'intéresser aux avantages du structuralisme mathématique, les philosophes se sont occupés, selon Benacerraf, d'un

---

[89] Cette idée est partagée par la majorité des philosophes des mathématiques, platonistes et antiplatonistes confondus, y compris Frege.
[90] C'est en ce sens que Lila Luce qualifie ce platonisme de platonisme empirique, et que Georges Boolos se permet de parler d'un platonisme nominaliste, bien que sa visée ne soit pas là le platonisme de Quine.
[91] Quine (1984c) : où il dit que l'utilisation des opérateurs modaux peut être plus dangereuse que celle des objets mathématiques comme source d'objets abstraits douteux. Voir p. 784.
[92] Quine (1984c) p. 784 : « I prefer numbers and other abstract objects to modal operators anyway. Leveling of modalities is in my view a major service of abstract objects. »

débat étrange qui porte sur l'existence ou non des nombres et des autres objets mathématiques abstraits.

« Il y a eu, écrit Benacerraf, énormément de débats à propos de l'existence des objets-nombres. C'est une manière étrange de traiter les choses, car la théorie des nombres (comme elle le fait certainement) n'assume pas que les termes de nombres 'un', 'deux', 'trois', etc., réfèrent à quelque chose. D'un autre côté, les questions de l'intelligibilité, de la précision, et de la « garantie » concernent les références des structures et des séquences infinies des opérations arithmétiques ont été largement ignorées ou simplement mentionnées d'une façon très superficielle. »[93]

Quelle que soit la nature de l'antiréalisme ontologique de Benacerraf, nous remarquons que ce dernier continue à parler d'une notion de référence en mathématiques, même si elle advient dans des termes structuralistes. Une telle ré-interprétation peut, à ses yeux, vider le platonisme de tout sens en mettant un coup d'arrêt au débat stérile, selon ses termes, concernant l'existence ou la non existence des nombres.
Or, la question qui se pose est : sommes-nous capables ou non de supprimer ce débat sur l'ontologie des mathématiques par la simple ré-interprétation de la notion de référence en mathématiques ? Pour sa part, Quine ne voit pas pourquoi nous devons opposer ainsi référence objectuel et référence à des séquences arithmétiques infinies.
Le structuralisme des séquences infinies, auquel fait allusion Benacerraf et qu'il invoque contre le platonisme, n'est pas, en vérité, incompatible avec une forme de platonisme qui s'accroche à l'idée selon laquelle il y a des séries déterminées d'objets arithmétiques qui sont, finalement, réductibles à des ensembles selon la théorie des ensembles qu'on a choisie.
Même si on accorde à Benacerraf que la ré-interprétation de la notion de référence permet de supprimer la position des nombres comme des objets particuliers, et par là le platonisme, quel serait, dès lors, le statut ontologique de ces structures mathématiques qui sont, incontestablement, des types d'objets abstraits aussi problématiques que les nombres et les ensembles.
La ré-interprétation structuraliste de la notion de référence ne peut malheureusement éliminer un certain engagement ontologique sur des structures mathématiques qui sont en vérité des structures abstraites. Pour

[93] Benacerraf (1963) p. 18.

Benacerraf, qui rejette le critère quinéen d'engagement ontologique[94], les propriétés structurelles des nombres en tant qu'elles référent à des séquences infinies et non pas à des objets singuliers, ne présuppose aucune ontologie d'objets abstraits. Le structuralisme permet de libérer l'ontologie des mathématiques de toute entité platoniste. Pour Quine, ce type de structuralisme, s'il existe, il serait le moteur d'un platonisme beaucoup plus dangereux. Pour lui, il y a deux sortes de platonisme: celui qui consiste à multiplier les entités abstraites sans aucun critère d'identification précis, et celui beaucoup plus pragmatique, soucieux de simplicité et d'économie ontologiques. D'un certain point de vue, il semble plus bénéfique et plus avantageux pour la science d'admettre les nombres ou les ensembles là où nous ne pouvons pas faire autrement, que de gonfler d'une manière déraisonnable l'idéologie de la science et de compliquer son langage.

2.3. La vérité transcende-t-elle la preuve ?

Nous avons vu comment Quine et Benacerraf soutenaient deux approches réalistes au sujet du concept de vérité en mathématiques tout en étant en total désaccord sur le rôle que joue une théorie des objets mathématiques et de leur existence dans la formation de ce réalisme logique. Quelle que soit la divergence de leurs points de vue sur cette question cruciale des liens entre «être un objet », « exister », et « être vrai ou faux », le concept de vérité reste néanmoins central dans leurs théories sémantiques et logiques respectives, et aucun des deux ne suggère à aucun moment de mettre à sa place un autre concept déviant comme c'est le cas dans le contexte d'une approche antiréaliste. Le concept de vérité logique ne peut donc être remplacé par aucun autre concept « computationnel » ou « syntaxique » n'ayant aucune portée référentielle. En d'autres termes, le concept de vérité et de conséquence logique tels qu'ils sont définis et élaborés dans la sémantique de Tarski s'applique au cas des énoncés mathématiques : ils constituent des concepts sémantiques et non pas des propriétés simplement « algorithmique » des phrases.

[94] Contrairement à cet avis, le critère d'engagement ontologique peut être très utile. Etant donné le lien intime entre vérité et présupposition d'existence, il nous permet au moyen de la paraphrase, de cerner les structures profondes des théories mathématiques et de gagner par là, énormément du côté de leur simplicité théorique.

Le réalisme de Quine et de Benacerraf est directement opposé à des formes d'antiréalisme dans la valeur de vérité telles que nous les trouvons chez Ludwig Wittgenstein, Michael Dummett, et David Hilbert. Quine et Benacerraf rejettent le concept tautologique de la vérité mathématique chez Wittgenstein[95], la propriété de « dérivabilité » en tant que pure propriété syntaxique formelle chez Hilbert[96], et surtout la notion modale d'assertabilité chez le philosophe d'Oxford. La vérité n'est pas à leurs yeux une simple affaire de langage. Au contraire, c'est une affaire qui concerne le langage de la science en tant qu'il nous engage sur la connaissance du monde environnant. Il y a des vérités mathématiques autonomes qui nous donnent une série indéfinie d'informations sur la réalité extérieure, et qui ne sont pas réductibles à des vérités purement logiques ou physiques.

Il est certes vrai que Quine et Benacerraf sont d'accord sur tous ces points, bien qu'ils expriment leurs vues avec des méthodes relativement différentes. Or, ce qui les départagent réellement eu égard à la question du réalisme logique ce sont les solutions qu'ils donnent, respectivement, à ce qui est convenu d'appeler le problème de la vérité/preuve.

En effet, le réalisme logique de l'un se démarque nettement de l'autre lorsqu'il devient question de déterminer la place de la vérification par rapport à la vérité et à l'admissibilité des objets mathématiques.

Quine défend une conception de la vérification selon laquelle la notion de vérité des énoncés mathématiques appliqués est première par rapport aux procédures de preuve. Cette conception est réaliste dans le sens où elle montre que ces procédures peuvent justifier l'admission des entités mathématiques.

Contrairement à cette thèse, Benacerraf défend une conception de la vérification comme fondement de la vérité, et exclus toute interprétation de la vérification qui soit réaliste sur le plan de l'ontologie des mathématiques. Dans les deux cas, le réalisme logique n'exclut pas la

---

[95] Pour connaître les idées de Ludwig Wittgenstein concernant les questions de la philosophie des mathématiques, surtout celles des fondements et des règles, voir son livre : Remarques sur les fondements des mathématiques, traduction française Gallimard 1983. Voir les deux excellents ouvrages de (1) Deloche Christian (1998) : La philosophie des mathématiques chez Wittgenstein, CNRS Philosophie, et (2) Frascolla Pasquale (1994) : Wittgenstein's Philosophy of Mathematics, Taylor & Francis LTD, UK.

[96] Concernant David Hilbert, voir l'excellent livre de Boniface Jacqueline (2004) : Hilbert et la notion d'existence en mathématiques, Paris, Vrin.

notion de preuve, et reconnaît nettement son importance dans le travail du mathématicien. Ses procédures non seulement ne rentrent pas en conflit avec la décision d'admettre le caractère vrai ou faux des assertions mathématiques, mais peuvent aussi être interprétées de manière à impliquer l'existence des différentes entités que présupposent les énoncés mathématiques vrais. Selon le réaliste en général, la démonstration ne peut pas constituer le seul support sérieux de l'activité mathématique, car elle ne suffit pas lorsque nous aurons à mettre au point une théorie sémantique de la vérité des assertions mathématiques.

Nous avons besoin d'une sémantique des mathématiques dans laquelle la notion de vérité occupe une place centrale, et soit transcendante par rapport aux conditions de la démonstration. Pour un réaliste comme Benacerraf qui nie la possibilité d'une version platoniste des procédures de preuve, la vérification est étroitement liée à la vérité. Benacerraf ne voit pas comment il nous est possible de séparer dans le contexte du travail mathématique les conditions sous lesquelles une proposition est dite être vraie ou fausse des conditions sous lesquelles cette proposition est prouvée ou réfutée. La notion de vérité dépend des moyens dont disposent les mathématiciens pour l'appliquer aux propositions, et la règle fondamentale d'une telle application consiste dans le fait d'être capables ou non à fournir des preuves. La vérité et la prouvabilité constituent dans le cas précis des propositions mathématiques deux faces d'un même acte. Cet état de choses est le reflet même de la structure cognitive de l'esprit humain. Par là, mettre en valeur la vérité au détriment de la preuve, ne fait que préparer le terrain à une version platoniste de la vérification telle que nous la trouvons chez Quine, c'est-à-dire une version qui ne considère pas que l'usage des preuves puisse être incompatible avec l'existence des entités mathématiques abstraites.

Bien que Benacerraf soit favorable à une sémantique des énoncés mathématiques qui accorde aux procédures de vérification une place importante, il ne critique pas cependant le platonisme par le seul biais de ce qui est convenu d'appeler le problème de la vérité/preuve. En réalité ce problème est une objection sérieuse contre le platonisme, mais l'argument essentiel qui motive l'antiplatonisme benacerrafien n'est pas constitué par les questions qui relèvent de ce problème, mais par des éléments strictement épistémologiques qui ont trait à la théorie causale de la connaissance. Car, ce problème conduit en vérité à douter aussi du réalisme logique, c'est le cas du moins de Dummett, et Benacerraf n'est pas du tout prêt à renoncer au principe d'une sémantique réaliste, à condition qu'elle ait comme fondement une certaine ré-interprétation « structuraliste » du concept de référence en mathématiques. Ainsi, en un bon réaliste, il croit que nous accédons aux vérités mathématiques principalement sur la base des propriétés structurelles des objets mathématiques, mais à la différence de Quine, il défend deux choses : d'abord, notre connaissance de ces vérités doit prendre en compte un certain rapport de causalité, et ensuite, nous n'intéressons aux objets mathématiques que du point de vue de leurs propriétés structurelles, puisque nous devons ensuite les éliminer tous.

Ces deux résultats sont, sans doute, les deux clés du programme antiplatoniste de Benacerraf. Mais cet antiplatonisme est bien spécial, puisqu'il partage beaucoup de points communs avec le platonisme, et il n'est pas aussi radical que ceux défendus par les intuitionnistes, les fictionnalistes, les formalistes, et les conventionnalistes.

Pour Benacerraf la vérité d'une proposition de la théorie des nombres, par exemple, dépend du système des nombres naturels en tant que structure abstraite, et non pas en tant que série d'objets déterminés et nettement identifiables dans une réalité mathématique transcendante par rapport à toute connaissance possible. La vérité de cette proposition peut donc être établie « réalistiquement » par rapport à cette structure dans laquelle les nombres ne sont que des points ou des positions, mais il est difficile de voir comment nous pourrions la séparer de notre capacité ou de notre incapacité cognitive à la vérifier en tant que telle via les procédures de démonstration propres aux lois élémentaires de la théorie des nombres. L'importance accordée à la notion de vérification constitue l'un des résultats de l'argument antiplatoniste de Benacerraf. Car, si nous rejetions l'existence de ces entités que sont les classes, les fonctions, les vecteurs, et tout le reste, puisqu'elles sont abstraites et se situent donc en dehors du champ empirique de nos détecteurs sensoriels, les procédures de vérification et de preuve deviennent notre seul accès possible à la connaissance de la vérité ou de la fausseté des phrases dans les quelles figurent ces entités là, qui, en vérité, ne sont pas des entités du tout. Bien sûr, en tant que platoniste convaincu qui croit en l'existence de ces objets abstraits, Quine ne donne à ces procédures qu'une importance relative. Il ne relativise pas la vérité ou la fausseté des phrases mathématiques à notre structure cognitive et mentale. Ces phrases seront vraies ou fausses, même si nous n'aurions pas existé, et il y a des phrases mathématiques

qui sont vraies sans que nous puissions un jour reconnaître ou démontrer leur vérité : la conjecture de Catalan datant de 1844 n'a été démontrée que récemment, sans parler du théorème de Fermat vieux de de 350 ans qui n'a été démontré qu'en 1995, et bien d'autres exemples.
Soucieux de l'objectivité des vérités mathématiques utilisées dans les assertions physiques, Quine défend un concept sémantique de la vérité mathématique par rapport auquel la notion de preuve ne joue qu'un rôle limité. De ce point de vue, il est exclu de traiter ces objets comme de simples constructions mentales constamment reliées à la pratique des mathématiques. Ce que cherche Quine à établir ne consiste pas dans une description des circonstances effectives de la pratique mathématique, mais dans la mise au point d'une théorie qui soit en mesure de nous fournir les traits conceptuels essentiels de la connaissance mathématique quant à sa « scienticité », vérité et ontologie.
Pour un antiplatoniste, cette conception de l'objectivité mathématique est non seulement incompatible avec celle dans laquelle cette même objectivité est identifiée avec la prouvabilité, mais elle rend tout usage des preuves mathématiques impossible. Comment ? Essentiellement, à travers la thèse réaliste qui dit qu'il y a une réalité mathématique indépendante de nous, située en-dehors de l'espace et du temps et ayant des propriétés objectives que nous nous contentons d'explorer comme le géologue ou le physicien ou le biologiste ou le chimiste le font dans leurs explorations des propriétés des corps et de la matière en général.
En effet, si le platoniste croit que les mathématiques portent sur des objets qui sont aussi réels que les molécules, les protons, les corps, les pierres, les arbres, etc., il est tout naturellement conduit à dire que les mathématiques affirment des vérités sur le monde et qu'il faut relativiser, par conséquent, le rôle des preuves dans leur formation.
L'antiplatoniste, qui ne croit pas du tout que les mathématiques soient à propos de quelque chose de réel, refuse donc de considérer que la recherche et l'affirmation de vérités proprement mathématiques soient le but ultime du mathématicien. Pour lui, le travail des mathématiciens est avant tout une recherche perpétuelle de preuves et de démonstrations sans laquelle la connaissance mathématique elle-même serait impossible. Etant donné que les objets mathématiques abstraits n'existent pas, notre seule source d'information relative à ce travail n'est rien d'autre que le processus démonstratif lui-même qui permet de prouver les hypothèses et les théorèmes mathématiques et de les sélectionner. Nous ne découvrons

pas les vérités mathématiques à la manière d'un Christophe Colomb qui découvre l'Amérique, mais nous les inventons.
Un antiplatoniste comme Benacerraf peut arguer donc l'absence de contact causal entre nos détecteurs sensoriels et les objets mathématiques abstraits, pour affirmer que notre source principale d'information lorsque nous faisons des mathématiques consiste dans notre effort à prouver ou à réfuter une hypothèse mathématique donnée. Par-delà un tel effort humain, Benacerraf ne voit pas comment nous pouvons accéder à la vérité des énoncés et des croyances mathématiques.
L'importance des preuves vient, sans doute, de l'insistance sur le contexte social et psychologique de l'activité mathématique qui replace la recherche de la vérité dans le cas des hypothèses mathématiques dans un cadre humain plutôt que dans un cadre théorique et épistémologique général.
Le platoniste s'abstient bien sûr de relativiser la vérité des énoncés mathématiques, via les procédures de démonstration, à un certain agent humain ou à un certain contexte social et psychologique contingent. Ces énoncés restent vrais même si nous n'existons plus, et leur vérité n'est, en aucun cas, relative à notre structure psychologique et cognitive ou à notre organisation sociale et politique. Dans ce sens, les procédures de preuve ne sont utiles à l'activité des mathématiques que parce qu'elles semblent être tout à fait compatibles avec une telle conception de la vérité en mathématiques et conduisent non pas à la négation des objets présupposés par cette vérité mais, au contraire, à leur admission.
Nous pouvons ainsi résumer le désaccord entre Quine et Benacerraf sur cette question dans les termes suivants : alors que la preuve sert uniquement chez le second à prouver qu'un théorème mathématique donné est vrai, elle sert chez le premier à reconnaître l'existence d'une certaine catégorie d'objets mathématiques, car cette reconnaissance est un élément interne à la vérité de l'énoncé. La preuve peut donc être, dans certains cas, une source d'admissibilité ontologique, et non pas une simple construction mentale. A l'instar de l'intuitionniste, Benacerraf est obligé de donner une interprétation non platoniste de la notion de preuve en mathématiques. Mais le souci de Benacerraf c'est de s'atteler à une telle tâche sans renoncer à la place centrale accordée au concept de vérité dans son système antiplatoniste des mathématiques.
A l'instar de l'intuitionniste, Benacerraf rejette l'image platoniste d'une réalité mathématique qui existe indépendamment de notre connaissance,

mais reste en désaccord avec lui sur la détermination du rôle que joue la notion de preuve dans la critique d'une telle image. Pour un intuitionniste tel que Dummett, le seul moyen qui nous permet de dire qu'un énoncé mathématique est vrai c'est le fait de lui donner une preuve acceptable, non pas d'un point de vue formel ou structurel, mais dans des termes strictement intuitifs, car la preuve qui nous fait accéder à la vérité (ou plutôt à l'acceptabilité ou l'assertabilité) d'un énoncé mathématique n'est pas autre chose qu'une pure construction de l'esprit.

Dans son admission de la notion de preuve, Benacerraf ne va pas jusqu'à une telle position idéaliste, car il fait recours, pour sa part, à des considérations « structuralistes » que l'intuitionniste rejette.

Le structuralisme mathématique est au service d'un réalisme logique modéré qui intègre très bien la contribution positive des preuves dans l'effectuation du travail mathématique. Rejetant la transcendance de la vérité par rapport à notre connaissance de cette vérité, Benacerraf soutient un réalisme logique moins radical que celui de Quine, car la vérité ne transcende pas la preuve, mais se construit « réalistiquement » et en tant que propriété objective, en totale harmonie avec elle. En remettant en question l'existence mathématique même, Benacerraf trouve refuge dans une certaine compréhension de la créativité de l'esprit pour rendre compte de son réalisme modéré.

Or, comment Benacerraf, tout en privilégiant le rôle des preuves dans la formation de la vérité des assertions mathématiques, parvient-il à éviter l'antiréalisme de la vérité tel qu'il est mis en vogue par Dummett et les néo-intuitionnistes ? Pour Benacerraf, le problème de la relation entre vérité et preuve en mathématiques se dissout une fois que le réalisme ontologique avait été éliminé. En effet un énoncé numérique peut être dit être vrai en fonction de deux critères : le premier critère est relatif à la structure des nombres, alors que le second repose plutôt sur la notion de preuve.

Benacerraf ne voit pas pourquoi, selon l'intuitionniste, nous devons éliminer le premier au profit du second, et affirmer par la suite que le concept de vérité mathématique doit céder la place à la possibilité pour une assertion donnée d'être prouvée ou réfutée. Ce qui est convenu donc d'appeler le problème vérité/preuve, en tant qu'il constitue une objection au platoniste et le met en débat avec ses critiques antiplatonistes, est compris différemment par Benacerraf, puisqu'il partage à certain égard le point de vue du platoniste aussi bien que de son adversaire antiplatoniste.

En effet, il considère qu'une assertion mathématique donnée peut être vraie en vertu de la structure globale du système des nombres, et que la notion de preuve est tributaire de certains faits structuraux qui relèvent d'un tel système abstrait. Il arrive, par là, à contrer l'argument des intuitionnistes et conserver le réalisme logique, puisque nous pouvons, selon lui, expliquer comment notre connaissance des structures ainsi que notre référence à ces structures sont toujours possibles.
Benacerraf semble donc chercher à concilier les deux critères qui rendent compte de l'acceptabilité des énoncés mathématiques et de leur trait de certitude : le critère de la vérité et celui de la preuve. Ainsi, notre connaissance de ces énoncés a, selon lui, deux sources : le système des nombres (naturels) et les procédures de démonstration et de calcul.
Il nous est impossible d'acquérir une connaissance ou une forme de croyance certaine des énoncés mathématiques si nous nous contentions de regarder uniquement quel type de références certaines propositions mathématiques peuvent avoir par rapport à la structure du système des nombres, car nous avons besoin corrélativement de compter, de calculer et de démontrer, bref, de preuves.
Sans la preuve, les propositions en question ne seront pas certaines et acceptables même si elles étaient affirmées comme vraies dans le sens des lois de la théorie des nombres. Les raisons qui expliquent l'attitude de Benacerraf vis-à-vis du problème de la vérité/preuve s'enracinent certes dans sa théorie causale qui exige un rapport de « perception » entre le sujet et l'objet de la connaissance. Il nous faut, en outre, distinguer la notion de preuve telle qu'elle est utilisée par lui de celle que nous trouvons chez les « constructivistes ». Ce n'est pas la preuve de « p » qui fait que « p » soit vraie, mais cette preuve participe largement à la formation de la vérité de « p » qui n'est pas, en fin de compte, transcendante à notre cognition. Il est probablement utile de distinguer aussi entre deux types de preuve : celle qui prouve et celle qui explique, et il est certain que la notion de preuve à laquelle adhère Benacerraf est la seconde, c'est-à-dire, celle qui explique pourquoi nous admettons la vérité de telle ou telle proposition mathématique. Si nous avons toujours besoin de la preuve, même au sens explicatif, pour croire en la vérité des propositions mathématiques, il nous faudra, dès lors, renoncer au statut de science accordé par les réalistes épistémologiques aux mathématiques. Or, ce n'est pas le cas avec Benacerraf. Bien qu'il donne une grande importance à la preuve dans la détermination de la vérité (et dans sa

connaissance), et bien qu'il soit contre la thèse qui atteste que les mathématiques, comme toute autre science digne de ce nom, étudient des faits objectifs, Benacerraf reste néanmoins très attaché aux deux types de réalisme qui sont la cible privilégié des critiques instrumentalistes, à savoir le réalisme de la preuve et le réalisme épistémologique.
Pour ces constructivistes et instrumentalistes, les mathématiques ne sont pas une science puisqu'il n'y a pas de faits mathématiques, et elles ne peuvent, par conséquent, être traitées dans les termes de la vérité et de la fausseté logiques. Tout le travail du mathématicien sera réduit, selon leur point de vue, à une simple pratique de prouvabilité des axiomes, des théorèmes et de toutes les autres hypothèses mathématiques. Un tel point de vue cherche à briser définitivement les liens entre les notions de preuve et de vérité et entre les objets mathématiques pour enfin réduire à néant toute plausibilité du platonisme.

2.4. Existe-t-il des objets mathématiques ?

Benacerraf ne rejette pas la thèse platoniste par la voie logique ou sémantique. Son antiplatonisme n'est pas de type dummettien, car ce qui le gène vraiment avec le platonisme, ce n'est pas le fait qu'on y utilise une notion réaliste de vérité, mais plutôt la thèse de l'existence des objets mathématiques. L'antiplatonisme de Benacerraf a donc pour base une forme spéciale d'antiréalisme ontologique. Il est donc clair que la plupart des arguments qu'il utilise pour mettre au point ce type d'antiréalisme ontologique sont puisés dans la théorie causale de la connaissance scientifique dont il reste le fervent défenseur. Le noyau de ces arguments est constitué par l'idée selon laquelle le mathématicien doit être dans une relation « causale » avec les objets mathématiques, ce qui est impossible, car les nombres, les classes, les fonctions, les racines, etc., sont des objets abstraits qui ne peuvent avoir aucun contact « perceptif » avec nos détecteurs sensoriels. Si ces objets sont en dehors de l'espace et du temps physiques, alors il serait quasiment impossible pour nous d'avoir une quelconque information ou croyance à leur sujet, et le platonisme est donc faux. En vérité, Benacerraf suggère plutôt d'interpréter autrement la partie ontologique du platonisme, tout en acceptant, me semble-t-il, ses parties logiques et épistémologiques réalistes. Pour lui, même la solution « réductionniste » qui consiste à déterminer la nature des nombres en les identifiant aux ensembles selon telle ou telle théorie parmi les théories modernes des ensembles ne peut pas justifier le platonisme via la justification du réalisme ontologique.

Dans l'esprit même de l'entreprise benacerrafienne et par opposition à Quine, cette réduction assume plutôt la tâche d'un argument contre ce type de réalisme qu'on avait appelé l'argument de la multiple réduction, et ne peut en aucun cas rendre compte de ce que sont les nombres en les réduisant à d'autres entités plus basiques. En effet, si le réductionniste dit que nous pouvons définir la nature des nombres en les identifiant aux ensembles (ou à d'autres choses qui joueraient le rôle des ensembles), le problème devant lequel nous allons nous trouver est le suivant :

Les nombres sont-ils identifiables aux ensembles selon la théorie de Zermelo ou Von Neumann ou Frege ?

Pour Benacerraf, le fait même qu'il puisse exister plusieurs façons, incompatibles entre elles, de réduire et d'identifier les nombres aux ensembles, montre clairement qu'ils ne peuvent pas être des objets déterminés, et donc qu'ils n'existent pas. Pour Quine, toutes les théories des ensembles donnent la structure des nombres, et c'est cette structure qui est le point important et non pas les divers objets qui peuvent en faire partie. Le structuralisme mathématique de Quine peut mieux être compris à la lumière de sa thèse sur la relativité de l'ontologie, et il est bien différent de celui admis par Benacerraf dans le sens où ce dernier s'en sert comme argument pour n'attribuer aucune réalité aux objets mathématiques, alors que la question de l'existence en mathématiques devient chez Quine une question sur quel type d'ensembles il faut choisir

Contrairement à Benacerraf, Quine est un réductionniste. Toutes les mathématiques peuvent être regardées dans les termes de la théorie des ensembles, et si nous acceptons le critère d'engagement ontologique et si nous l'appliquons sur les théories mathématiques, nous devrons admettre l'existence d'un certain type d'ensembles auxquels seront réduits les nombres en tant qu'objets selon la formulation logique suivante :

Pour les objets x et y, il existe un ensemble dont les membres sont x et y. L'ensemble (x, y) est aux yeux de Quine un objet aussi réel que les entités non observables de la physique microscopique. Son admissibilité est inhérente à la vérité des assertions mathématiques dans lesquelles il figure. La définition structuraliste de la théorie élémentaire des nombres dans les termes d'un type spécial d'ensembles permet à Quine de justifier le platonisme dans le sens où la théorie des ensembles à laquelle sont réduites toutes les mathématiques devient une science ayant un sujet d'étude déterminé : les ensembles. Les nombres n'ont pas donc le statut d'universaux chez Quine, et ne sont pas considérés comme des propriétés pour les objets physiques. Le logicien de Harvard est opposé à l'emploi de ces deux notions réalistes douteuses, et préfère traiter les nombres comme des objets, c'est-à-dire, comme des ensembles, ou plutôt comme certains ensembles et non d'autres. Dans ce même contexte, il n'est pas non plus d'accord avec la thèse défendue principalement par Peneloppe Maddy[97] selon laquelle les nombres naturels seraient les propriétés des ensembles.

En critiquant tous les types de réduction de la théorie des nombres à la théorie des ensembles, Maddy prétend que l'une des conditions de cette réduction consiste dans le fait de traiter les propriétés des nombres comme des objets, afin de les identifier, enfin, à des ensembles particuliers[98]. Quine ne requiert pas une telle condition pour sa conception de la réduction mathématique. Pour lui la question de la nature des nombres ne se pose pas dans les termes de la notion réaliste de propriété, mais dans ceux du choix de leur version ensembliste. Les questions de la nature et de l'existence des nombres n'ont pas de sens au-delà de ce choix pragmatique.

Benacerraf refuse bien sûr toute la démarche de Quine, et, contre la conception réaliste qui dit que les nombres sont des ensembles, il avance l'argument de la multiple réduction. Mais, à l'instar de son adversaire platoniste, il rejette la thèse selon laquelle les nombres sont les propriétés des objets physiques ou celles des ensembles ou des sortes de propriétés universelles tout court. Alors que Frege et Quine admettaient les nombres comme des objets (logiques dans un cas, et ensembliste dans un autre), Benacerraf se montre radicalement opposé à une telle admissibilité. Les nombres ne sont aux yeux de Benacerraf que des points dans des

---

[97] Contrairement à la conception réductionniste de Quine vis-à-vis des nombres, elle défend une conception qu'elle appelle le réalisme selon la théorie des ensembles (set-theoretical realism). Selon cette conception, les nombres seraient les propriétés des ensembles ou en d'autres termes les propriétés non pas des concepts mais des extensions de concepts. De ce point de vue, la théorie élémentaire des nombres n'est plus réduite à la théorie des ensembles, mais devient simplement incluse dans le domaine de cette dernière. Nous pouvons donc conclure que l'entreprise quinéenne de réduire toutes les mathématiques classiques à la théorie des ensembles échoue selon Maddy et selon son réalisme ensembliste (qui est une forme de platonisme bien sûr.)

[98] Voir P. Maddy (1981) : « Sets and Numbers », Nous, Vol 15/ pp. 494-511.

structures, et ne peuvent avoir une identité par-delà leurs positions dans ces structures et surtout dans les relations qu'ils entretiennent entre eux. Ce qui est important avec tout système d'objets c'est sa capacité à former une progression récursive. Le propre de ce système c'est de se constituer de manière à ce que ses objets remplissent cette condition. La condition d'être un objet n'est pas requise du tout, car ce qui est requis essentiellement ce n'est pas l'objet mathématique dans son individualité, mais c'est la relation qu'il entretient avec d'autres au sein d'une même structure en fonction d'une exigence précise et fondamentale : former une progression. Ce qui importe c'est la structure totale de tous les éléments qui la forment, et non pas chacun de ses éléments pris isolément de tout le reste.

« Objects, écrit Benacerraf, do not do the job of numbers singly; the whole system performs the job or nothing does. I therefore argue (....) that numbers could not be sets, that numbers could not be objects at all; for there is no more reason to identify any individual number with any one particular object than with any other. »[99]

Il est ainsi clair que pour Benacerraf, les nombres ne sont pas des objets du tout, car les seules propriétés des nombres qui ont une signification par rapport aux objectifs du travail mathématique, c'est de caractériser une structure abstraite, et même leur position en tant qu'objets individuels dans le modèle platoniste (si on pouvait se permettre de parler un tel langage) dépend essentiellement de cette capacité des nombres à caractériser une structure à travers les relations qu'ils entretiennent entre eux.

Dans le cas des nombres, il nous est très difficile d'individualiser les nombres séparément du rôle qu'ils jouent dans une structure donnée, ce qui veut dire, en fin de compte, que n'importe quel objet peut assumer un tel rôle sans aucune prédilection pour un type particulier d'objets. Benacerraf défend, au sujet de l'ontologie des mathématiques, trois idées essentielles : exister c'est être un objet individuel, dénoter un objet c'est dénoter un objet accessible à la perception, et enfin, les nombres et les ensembles ne sont pas les références des termes de nombre et des concepts ensemblistes, et par conséquent, n'existent pas en tant qu'objets individuels. Benacerraf rejette la notion d'existence mathématique dans toutes ces acceptions : les objets mathématiques, en tant qu'objets

---

[99] Benacerraf (1965), p. 290-291.

abstraits, n'existent ni en tant que propriétés des objets physiques actuels ni en tant qu'objets possibles. Il ne s'agit pas de réinterpréter les affirmations existentielles que nous trouvons dans les mathématiques selon des ressources logiques et modales non classiques, mais de les éliminer tout court.

La « référentialité » des termes et concepts du langage mathématique ne présente que les apparences d'une référentialité authentique, car les objets mathématiques n'existent pas.

Pour sa part, Quine soutient le contraire : exister c'est exister en tant que valeur de variable liée, et non pas en tant qu'objet, car il considère que l'existence n'a qu'un seul sens, et ne dépend pas directement de la nature intime des objets. A la question : qu'est-ce qui existe ?, Quine répond : tout, à savoir les arbres, les vagues, mais aussi les électrons, les nombres, les ensembles, etc. Quine uniformise de cette manière les questions sur l'existence, permettant ainsi de distinguer, au sein de la théorie de la quantification, entre les emplacements réservés aux objets et ceux réservés aux prédicats. Cette uniformisation des questions ontologiques dans une formule simple et universelle, et la distinction sujet/prédicat jouent, en connexion avec le concept d'identité, un rôle capital dans l'approche onto-logique Quine. En effet, les notions de référence, d'existence, et d'identité sont étroitement liées chez lui, et à plusieurs reprises, Quine parle de l'identité comme d'un critère ou condition d'admissibilité ontologique : « Point d'entité sans identité »[100]. Dans ce sens, l'existence des classes (qui sont bel et bien des objets abstraits) ne pouvait être admise par Quine, s'il n'existe pas des moyens qui permettent de satisfaire une telle condition, et ils existent. C'est donc l'appareil logique de la quantification (que nous trouvons déjà chez Tarski) qui requiert l'assomption des nombres comme des objets pour satisfaire les conditions de signification et de vérité des phrases mathématiques.

Pour sa part, Benacerraf utilise le structuralisme pour réformer la sémantique et résoudre le dilemme de son incompatibilité avec l'épistémologie. Sans renoncer au réalisme de la vérité, cette réforme engendre une sémantique qui cherche plutôt à se démarquer de l'appareil

---

[100] « Ce principe, écrit Maurice Boudot, est à la base de l'ontologie de Quine qui l'utilise fréquemment, même s'il le formule rarement. ». Voir son article : « L'identité des possibles », Revue de Métaphysique et de Morale, Juin-Septembre 1975, 80ème Année, p. 329.

logique de la quantification classique. Le critère quinéen d'engagement ontologique est mis en cause, car son application au cas des phrases mathématiques nous oblige à assumer les nombres et les classes comme des objets abstraits singuliers : les présuppositions ontologiques de telles phrases sont vides, et en acceptant leurs vérités, nous ne nous engageons sur aucune ontologie possible ou actuelle dans laquelle certains objets abstraits sont posés.

Or, la question de l'existence ou de l'Être n'est pas une question strictement métaphysique. Depuis les *Principia* de Bertrand Russell, elle est devenue une partie intégrante de la formation du système logique lui-même, puisqu'elle ouvre sur des antinomies (tel que celui des existentiels négatifs) qui mettent en péril sa vérité et sa consistance. Le critère de Quine s'inscrit, non pas dans un contexte ontologique absolu, mais dans ce contexte précis lié à la forme et au domaine de la théorie logique standard. Il permet avant tout de clarifier tout le débat sur la question des présuppositions existentielles des énoncés logiques en général. Ces énoncés ne portent pas bien sûr en eux-mêmes leurs présuppositions ontologiques, car il faut avant tout les convertir au formalisme de la logique du premier ordre. Cette conversion est une condition nécessaire requise par Quine pour que son critère d'engagement ontologique soit efficace. L'extensionnalité est aussi requise comme une deuxième condition pour ce critère.

En effet, le critère de Quine doit être compris extensionnellement et non pas intensionnellement. Les nombres, les classes, etc., peuvent être dits exister, s'ils figurent dans les emplacements réservés aux variables de la quantification. La variable est pour Quine « l'essence de l'idiome ontologique, l'essence de l'idiome référentiel.. »[101].

Contrairement à tous les autres symboles de la logique classique, la variable est le seul signe (ou particule logique) qui possède une portée référentielle. Elle est une sorte de marque-place ayant pour fonction, une fois libre, de tenir lieu d'un objet, et devient désignative à partir du moment où elle est liée. Il est possible de quantifier sur des objets qui ne sont pas pourvu de noms, tels que les objets mathématiques, car la valeur de la variable ne tient pas uniquement à la nomination, mais à l'étroite relation entre la prédication et la quantification.

---

[101] Quine : « The Variable », dans : The Ways of Paradox. P. 272.

En fonction de ce principe, la valeur de variables est pour Quine « tout ce dont un prédicat est vrai », c'est-à-dire, tous les objets dont certains prédicats d'une théorie quelconque ont à être vrais pour que cette théorie soit vraie.
Les variables quantifiées sont donc les seuls canaux de référence à des objets. Elles sont les seuls véhicules des engagements ontologiques : el déterminent la force « existentielle » des théories.[102] Les marques-places des prédicats ou lettres schématiques ('F','G',..), ainsi que toutes les particules et constantes logiques, sont exclus du champ de la référence.

« La connexion, écrit Quine, entre la quantification et les entités extérieures au langage, qu'elles soient des universaux ou des particuliers, réside dans ce fait que la vérité ou la fausseté d'un énoncé quantifié dépend en général partiellement de ce que nous rangeons dans la classe des entités convoquées par la phrase « Quelque entité x » (Quantificateur existentiel x), ou « Chaque entité x « (Quantificateur universel x). Dire que les mathématiques classiques s'occupent d'universaux, ou qu'elles affirment des universaux, cela signifie simplement qu'elles requièrent des universaux à titre de valeurs de ses variables liées. »[103]

Quine ne met pas en question la force désignative de la variable liée dans le cas de la quantification sur les objets du discours mathématique. Dire qu'il y un nombre premier supérieur à 1 million ne constitue pas une simple manière de parler. Cet énoncé existentiel mathématique ne doit pas être interprété de manière à ce que son sens soit complètement différent du sens du mot « exister » dans le langage ordinaire. Mais, la notion d'existence chez Quine doit être comprise en relation étroite avec l'indétermination de la signification et de la référence des termes. Nous ne pouvons pas dire ce que les termes d'une théorie signifient et dénotent absolument parlant, mais nous pouvons dire seulement comment une théorie est susceptible d'être interprétée dans une autre. Or, l'argument d'indétermination, tel qu'il est utilisé par Quine pour repousser la théorie de la vérité-correspondance et le platonisme fort des classiques, ne met pas en question l'univocité de la notion d'existence et l'application du

[102] D'après Carnap dans : « Meaning and Necessity », Quine est le premier à avoir reconnu l'importance de l'introduction des variables pour parler de l'admission des entités.
[103] Quine : « Logic and the reification of universals », in : From A Logical Point of View, 9 Logico-Philosophical Essays. Cambridge : Harvard University Press, 2nd ed., 1961.p.103.

critère d'assomption ontologique dans le cas des énoncés mathématiques. Cet argument ne plaide pas pour le rejet de la notion d'existence mathématique et pour aucune distinction entre cette notion et celle d'existence physique.

« Quand nous disons par exemple, écrit Quine, : (Il existe x) (x est un nombre premier et supérieur à 1.000.000), nous sommes en train de dire qu'il y a quelque chose qui est premier et supérieur à un million ; et pareille entité est un nombre, donc un universel. En général, une entité est un élément d'une théorie si et seulement si elle doit être considérée parmi les valeurs des variables, de telle sorte que l'énoncé asserté dans la théorie soit vrai. »[104]

[104] Ibid p.103.

DEUXIÈME PARTIE

LA QUESTION DU PLATONISME DANS LA PHILOSOPHIE QUINEENNE DES MATHEMATIQUES

> There has been a perverse tendency to think of mathematics primarily as abstract or uninterpreted and only secondarily as interpreted and applied, and then to philosophize about application. This was the attitude of Russell at the turn of the century, when he wrote that in pure mathematics "we never know what we are talking about, nor whether what we are saying is true."
>
> **Quine**, Success and Limits of Mathematization.
> (Theories and Things, p. 149)

CHAPITRE 3
LA THESE D'INDISPENSABILITE

Bien que mon but consiste à essayer de mettre au clair quelques traits spécifiques de la philosophie quinéenne des mathématiques, il est très important d'insister, dès maintenant, sur le fait que cette philosophie est une partie intégrante de l'épistémologie de Quine. Ce dernier appartient sans doute à la classe des philosophes qui traitent de la connaissance mathématique dans les termes de leurs propres projets épistémologiques. En d'autres termes, la connaissance mathématique est, pour lui, une occurrence essentielle pour comprendre la nature de la connaissance scientifique et élaborer une théorie philosophique anti-cartésienne et post-empirico-logique de son activité, c'est-à-dire, non-fondationnelle et ayant une orientation pragmatique.

L'épistémologisation de la philosophie des mathématiques, comme elle est conçue par Quine, constitue à la fois une source d'arguments en faveur du platonisme, et représente la veine même de cette discipline.

La thèse d'indispensabilité semble être le résultat direct de ce choix épistémologique fondamental. Elle a, au sein de la philosophie de Quine, deux rôles à jouer : d'abord un rôle philosophique et épistémologique général, ensuite un rôle relatif à l'admissibilité ontologique des entités que requiert la science. La thèse en question ne peut être clairement comprise comme un argument en faveur de la position platoniste que dans le cadre d'une bonne compréhension du sens de la naturalisation de l'épistémologie des mathématiques.

Quine analyse la signification épistémologique de la connaissance mathématique à partir de la question de ses applications dans les autres sciences. C'est donc des relations d'indispensabilité qui existent entre les mathématiques et les sciences dans lesquelles elles sont appliquées que découlent les arguments dits d'indispensabilité, en faveur du platonisme. En d'autres termes, nous devons, pour que nos théories physiques soient vraies, accepter de quantifier sur les objets mathématiques, et accepter de les traiter, par conséquent, au même niveau ontologique que le reste des objets de la physique théorique. Il est certes acquis que cette question de l'application des modèles mathématiques à la réalité extérieure et leur indispensabilité dans toutes les sciences qui étudient les traits du monde matériel, constituent avec les thèses réalistes de Quine concernant la logique et l'ontologie des mathématiques, les fondements mêmes de sa philosophie platoniste. Je vais donc essayer dans cette deuxième partie de comprendre tous ces fondements. Le chapitre 3 est consacré désormais à l'analyse des arguments d'indispensabilité. Or, il est important dès maintenant, de les distinguer de ceux que j'appellerai au chapitre 4 : les arguments métascientifiques, et qui sont tirés plutôt de la structure et de la forme de la théorie quinéenne de la science en tant qu'elle définit un type de réalisme distinct des autres, et que nous pouvons appeler le réalisme en épistémologie.

A la question : *quels sont les arguments employés par Quine pour justifier sa thèse platoniste* ? La réponse est que Quine, en vérité, explique cette thèse par des arguments qui sont directs, tel que les arguments d'indispensabilité, mais aussi par d'autres qui sont indirects, tels ceux tirés de sa philosophie de la logique, de sa théorie de la science et de son ontologie. Ma thèse consiste à montrer comment beaucoup de ceux qui ont étudié la philosophie des mathématiques de Quine, et même parmi ses adversaires antiplatonistes les plus acharnés, ont négligé le rôle de ces arguments dits indirects dans la formation de son platonisme mathématique, et se sont uniquement concentrés sur les arguments qui sont beaucoup plus directs. Bien que ce type de platonisme soit principalement de nature « indispensabiliste », c'est-à-dire, qui dépend principalement de la thèse selon laquelle les entités mathématiques existent, car elles sont présupposées par les théories mathématiques appliquées dans les sciences physiques vraies, nous trouvons, chez Quine, des thèses qui appuient le platonisme à travers des arguments logiques, ontologiques et épistémologiques et qui représentent l'armature même de sa philosophie. Autrement dit, mon but consiste à montrer comment le platonisme de Quine se fonde sur tous ces arguments à la fois. Je parlerai de ce platonisme[105] non pas comme d'une thèse réductible totalement au réalisme en ontologie, c'est-à-dire, à l'admission ontologique des entités abstraites dont ont besoin les mathématiques, mais comme l'expression d'une attitude systématiquement réaliste dans les domaines de la vérité, de la connaissance, et de l'existence propres aux sciences mathématiques. Le platonisme de Quine est donc la

[105] Le platonisme est généralement défini comme le réalisme ontologique dans le cas des objets abstraits. Cette définition n'est pas tout à fait exacte comme il a été analysé précédemment. Car pour être platoniste, il ne suffit pas d'affirmer la réalité des objets abstraits, mais d'expliquer comment les énoncés qui les contiennent sont vrais de manière à ce qu'ils soient conformes à notre connaissance du monde.

conception selon laquelle il est possible de rendre compte, d'une manière systématique et dans des termes strictement naturaliste et pragmatiques, du réalisme logique, épistémologique et ontologique dans le cas bien précis des théories mathématiques. Ce platonisme ne se limite pas à affirmer que les classes ou autres objets existent et sont sur le même plan ontologique que tous les objets scientifiques. Cette affirmation constitue, en vérité, le contenu des arguments d'indispensabilité que je vais essayer d'étudier maintenant.

En effet, mon propos dans ce chapitre 3 est la thèse d'indispensabilité telle qu'elle est définie et utilisée par Quine. En vérité, cette thèse n'est pas une thèse proprement et exclusivement quinéenne, car nombreux sont les philosophes qui l'ont défendu dans le cadre de leurs intérêts pour la question de l'application des théories mathématiques au monde naturel. En tout état de cause, Quine est sans doute le premier à avoir employé une telle thèse pour prouver la plausibilité du platonisme et réfuter toute philosophie nominaliste des mathématiques. C'est à partir de cette thèse qu'il va incontestablement puiser l'un des arguments les plus forts en faveur de l'admissibilité ontologique des objets mathématiques comme valeurs de variables liées. Cela dit, nous essaierons ici de répondre aux questions suivantes :

(1) Comment Quine va-t-il employer cette thèse en tant qu'elle donne lieu à des arguments qui réhabilitent le platonisme des objets en philosophie des mathématiques au détriment du nominalisme ?
(2) Quelles sont les objections susceptibles d'être développées à partir de ces arguments et adressées aux tenants de certains programmes nominalistes dans la philosophie américaine contemporaine des mathématiques tels que Field, Hellman, et Chihara ?
(3) Comment enfin pourrions-nous mettre à nu certaines faiblesses liées à ces arguments dans la philosophie des mathématiques de Quine ?

Quine accepte donc la thèse en question, et l'utilise, par opposition à beaucoup d'autres, dans des termes strictement platonistes. Pour lui, cette thèse donne lieu à des arguments qui justifient le platonisme non sur de simples bases philosophique, mais en tant que conception scientifique.

Du point de vue de Quine, le platonisme possède, grâce, à ces arguments, un fondement scientifique réel.

3.1. La thèse d'indispensabilité et ses arguments

La thèse d'indispensabilité est définie avant tout par Quine comme une thèse qui justifie le platonisme mathématique, car elle peut fournir aux platonistes des arguments sérieux en faveur de la thèse de l'existence des objets mathématiques.
Les platonistes qui utilisent ces arguments pour justifier leurs réalismes ontologiques, je les appellerai des néo-platonistes. En ce sens, Quine est un néo-platoniste, puisqu'il adopte le platonisme par une voie non classique, c'est-à-dire, par la voie de cette thèse d'indispensabilité qui repose sur l'idée des relations étroites entre les mathématiques et leurs applications dans les sciences de la nature.
Le platonisme de Quine est donc nouveau, ayant des principes qui le différencient nettement des platonismes anciens, tels que ceux de Gödel, de Frege, et de bien d'autres.
C'est sur la base de cette indispensabilité du mathématique dans le physique qu'il faut chercher le sens de l'admissibilité ontologiques des objets mathématiques abstraits.

« Le discours scientifique, écrit Quine, est engagé irrémédiablement à admettre les objets abstraits - tels que les nations, les espèces, les nombres, les fonctions, les ensembles- aussi bien que les pommes et les corps. Tous ces objets figurent comme des valeurs de variables dans notre système total du monde. Les nombres et les fonctions contribuent aussi authentiquement à la théorie physique que les particules hypothétiques. »[106]

« La meilleure façon, ajoute-t-il, de traiter les mathématiques (non pas les mathématiques non interprétées, mais la théorie authentique des ensembles, la théorie des nombres, l'algèbre des nombres réels et complexes, le calcul différentiel et intégral, et ainsi de suite), c'est de les traiter comme partie intégrante de la science sur le même plan que la physique, l'économie, etc. dans lesquelles les mathématiques sont, comme on dit appliquées. »[107]

[106] Quine (1981), « Success and Limits of mathematization », p. 149-50.
[107] Quine (1966), p. 218 de la traduction française.

J'appelle donc argument d'indispensabilité l'inférence suivante :

Si les mathématiques sont indispensables pour la physique, et si leurs théories qui sont contenues dans une physique conforme aux données empiriques sont vraies, alors les objets mathématiques existent au même titre que les objets physiques.

L'argument veut dire donc que si les théories, les théorèmes, les assertions d'existence propres aux mathématiques, ainsi de suite, sont indispensables dans les sciences de la nature, et trouvent des applications utiles dans la réalité étudiée par elles, il s'ensuit alors qu'elles sont vraies, et que leurs objets abstraits existent au même titre que les autres objets. Quelle que soit la version que nous pouvons donner à cet argument, il peut jouer sérieusement en faveur du platonisme.[108] Il est la transformation de la thèse d'indispensabilité, généralement admise par les platonistes aussi bien que par les antiplatonistes, en un argument particulier en faveur de la thèse du réalisme ontologique à propos des mathématiques. Le platonisme de Quine est la mise en formule pragmatique d'une telle transformation.
Je peux certes dire que l'argument a pour fondement les deux principes suivants :

(1) Le principe du lien étroit entre la thèse de l'applicabilité des mathématiques et la thèse d'indispensabilité.
(2) Le principe du lien étroit entre la thèse de la vérité mathématique et la thèse de l'existence.

Si nous examinons la version nominaliste elle-même de la thèse d'indispensabilité, telle que nous la trouvons chez Field[109], par exemple, nous remarquerons que ces deux principes sont directement mis en doute. D'un côté, il s'agit de rendre compte de l'applicabilité sans inférer néanmoins la propriété forte d'indispensabilité. D'un autre côté, il devient possible, dans les termes de son fictionnalisme, de ne plus

---

[108] Field (1989) p. 14 : où il exprime la menace sérieuse de cet argument sur son fictionnalisme.
[109] Field est un instrumentaliste, mais aussi un antiréaliste logique dans le cas de la vérité mathématique, puisque tous les énoncés mathématiques sont pour lui faux : En ce sens, son programme est à l'antipode de celui platoniste de Quine.

attribuer la vérité aux énoncés mathématiques, et par-là de ne plus supposer l'existence d'un domaine d'objets abstraits.
Les critiques antiplatonistes de Quine vont certes s'attaquer aux deux principes cités qui sont à la base de son argument. C'est surtout Field qui va développer la critique la plus rude et la plus radicale de cet argument, ce qui va l'obliger à affronter le problème majeur qui consiste à justifier, par-delà toutes ces notions platonistes, l'usage des mathématiques dans la science et la logique. La solution que donne Field à ce problème consiste à dire que les assertions mathématiques n'ont pas être vraies (au sens toujours de la conception vériconditionnelle) pour qu'elles soient bonnes et utiles pour la science ; il suffit pour cela qu'elles soient conservatives par rapport aux théories physiques vraies.
Cette solution est antiquinéenne par excellence, dans le sens où elle cherche intrinsèquement à couper, dans le cas précis des énoncés mathématiques, tout lien entre « exister », « être vrai », et « être utile », et si nous voulions évaluer ce type d'énoncés par rapport à notre théorie canonique de la vérité, ils s'avéreront être tous faux.
En total désaccord avec cette solution, Quine pense que les propriétés d'applicabilité et d'indispensabilité propres aux modèles mathématiques sont étroitement liées, et que les objets physiques ne suffisent pas pour déterminer, du point de vue de la science, les conditions de vérité des phrases mathématiques intégrées dans les explications physiques confirmées.

« Un mot encore sur ce sujet, écrit-t-il, l'ontologie ou les valeurs que peuvent prendre les variables (...). On peut aller loin avec les objets physiques. Cela ne veut pas dire cependant qu'ils sont suffisants. Conformément à l'argument précédent, on n'a certainement pas besoin d'ajouter des objets mentaux. Mais si l'on veut rendre compte de la science telle qu'elle est couramment constituée, on a en revanche besoin d'ajouter des objets abstraits. Certaines des choses qu'on veut dire en science nous obligent probablement à admettre dans le domaine des valeurs des variables de quantification, non seulement des objets physiques, mais aussi des ensembles et des relations d'objets physiques et même des nombres, des fonctions et d'autres objets des mathématiques pures. »[110]

L'inférence dans laquelle s'exprime l'argument d'indispensabilité, ne peut être pleinement comprise qu'en revenant à la conception quinéenne de la vérité et de l'existence. Cette inférence découle, en effet, du critère

[110] Field (1966) p. 218.T. Française par Jacob Pierre (1980a).

quinéen d'engagement ontologique[111], qui a comme mission de révéler la nécessité, pour l'ensemble des théories mathématiques vraies, d'admettre des objets abstraits comme valeurs de leurs variables quantifiées.
Du point de vue des programmes antiplatonistes et nominalistes que je vais étudier dans la troisième partie, cette inférence est illégitime. Selon les tenants de ces programmes, nous n'avons besoin d'aucune relation de référence entre les objets, les fonctions et les termes mathématiques.
Les termes que nous utilisons dans la théorie des nombres ne désignent rien dans la réalité, et n'ont, par conséquent, aucune référence. Quine partage sans doute le point de vue concernant les avantages du nominalisme, dans le sens où il nous interdit, à juste titre d'ailleurs, de confondre un nom abstrait avec le nom d'une chose abstraite.
Mais, adopter le nominalisme comme système pour les mathématiques semble ouvrir sur une rude tâche, car les théories mathématiques elles-mêmes ne sont possibles sans l'admissibilité ontologique des classes. Pour pouvoir faire des mathématiques, nous sommes obligés et forcés d'admettre les entités mathématiques abstraites, telles que les classes, les relations, les fonctions, etc. Le critère d'engagement ontologique montre nettement comment les théories mathématiques admettent les entités abstraites comme valeurs de leurs variables quantifiées. Or, à moins que nous puissions faire autrement un jour, nous sommes obligés de reconnaître que ces entités existent et sont les références des énoncés qui tombent dans leur domaine.
Selon l'argument d'indispensabilité, la croyance dans l'existence des classes ne doit pas être considérée comme une simple croyance métaphysique qui va à l'encontre de l'esprit de la science. Au contraire, elle est guidée par les mêmes critères pragmatiques de simplicité, d'économie ontologique que toutes les autres croyances (ou mythes) scientifiquement acceptées.
La ré-interprétation modale de la théorie des classes peut représenter une source indéniable à travers laquelle certaines entités abstraites, qui sont indésirables du point de vue de la science, peuvent s'introduire dans son schème conceptuel général.
Quine intègre donc les énoncés mathématiques pures (et les énoncés logiques) dans le système total des énoncés de la science, qui comprend également les énoncés ayant un contenu empirique direct. Il refuse

[111] Quine (1953), p.103. Voir aussi p. 15-16.

d'admettre une quelconque dichotomie entre ces deux types d'énoncés. En vérité, le nombre des énoncés ayant un contenu observationnel direct est très limité, et se trouve plutôt restreint aux seules phrases d'observation. Mais ce type de phrases ne constitue qu'un élément minimal du potentiel « phrastique » général dont dispose et a besoin la science : cette dernière dépend conjointement, dans son activité, de l'expérience et du langage, et toute distinction entre ces deux facteurs est une erreur. Dans ces conditions, il est possible pour un énoncé mathématique (ou même logique) d'acquérir, à partir de sa simple place dans une théorie empirique réussie et confirmée, le même degré d'évidence sensorielle et observationnelle que cette même théorie.

« La totalité, écrit Quine, de ce qui est convenu d'appeler notre savoir ou nos croyances, des faits les plus anecdotiques de l'histoire et de la géographie, aux lois les plus profondes de la physique atomique ou même des mathématiques pures et de la logique, est une étoffe tissée par l'homme, et dont le contact avec l'expérience ne se fait qu'aux contours. »[112]

3.2. La thèse de l'holisme épistémologique et les arguments d'indispensabilité

Il existe, dans la philosophie de Quine, un lien intime entre l'argument d'indispensabilité et la thèse de l'holisme épistémologique.
En accord avec cette thèse, les énoncés mathématiques sont dits être vrais ou faux à partir de leur participation à la vérité ou à la fausseté globale des théories physiques réussies dont ils font parties. En vérité, l'argument d'indispensabilité, ne suffit pas en lui-même pour affirmer le platonisme, car il a, incontestablement besoin d'une conception « holiste » (dans le sens épistémologique) de la connaissance scientifique. A l'intérieur d'une telle conception, la science est traitée globalement, et non pas dans l'une ou l'autre de ses parties constitutives. En effet, la thèse « holiste » nous dit que les énoncés mathématiques qui figurent dans les théories physiques sont confirmés ou infirmés par l'expérience, non pas directement, mais seulement à partir de leur place dans ces théories. L'indispensabilité des mathématiques dans les théories physiques ne devient donc une sorte d'argument en faveur de leur vérité et de l'existence de leurs objets, que si nous adoptions cette conception

[112] Quine (1953).

épistémologique réaliste dans laquelle les frontières théoriques entre sciences mathématiques d'une part et sciences empiriques de l'autre s'estompent complètement, et que si leurs différences ne deviennent en réalité qu'une simple affaire de degré, et non de nature. Il semble donc clair que le platonisme et le rejet de cette distinction sont étroitement liés. La science n'a de signification empirique qu'en tant que totalité, et par là, elle ne peut être confirmée ou infirmée par les données de l'expérience qu'en tant que tout. Les énoncés mathématiques auront ainsi le même statut épistémologique et ontologique que les énoncés des sciences de la nature d'une manière générale.

Nous parvenons, en ce sens, à un deuxième trait essentiel du platonisme de Quine, et nous parlons désormais du système platoniste quinéen comme étant « indispensabiliste » et « holiste ». Mais quelles sont, en vérité, les relations entre le platonisme et l'holisme dans le système que propose Quine ?

C'est Pierre Duhem[113] qui, le premier, avait défendu cette thèse du holisme épistémologique. Elle signifie, chez lui, que tout type de contrôle expérimental d'une théorie physique ne peut être possible que si nous comparerions le système total de cette théorie avec tout l'ensemble des lois expérimentales. Alors qu'elle était limitée chez Duhem à la science physique, Quine la généralise, pour la première fois, sur l'ensemble de la science. Cette généralisation peut être considérée comme une nouvelle version de la thèse. Au moyen de cette version, Quine essaye de résoudre le problème du statut spécifique des énoncés logiques et mathématiques, et surtout de rendre compte du problème lié à leur signification.

En effet, le holisme épistémologique donne à Quine la possibilité d'expliquer la nature de ces énoncés et de fixer leurs conditions de vérité sans, pour autant, accepter des concepts obscurs et douteux, tels que l'analyticité, la nécessité, l'équivalence sémantique, et bien d'autres. Ainsi, si l'expérience ne peut vérifier la science qu'en tant que tout, il devient donc clair que les énoncés logiques et mathématiques tiennent leurs conditions de vérité et leur signification de leur participation générale au sens global de la science. Sur cette base, il est possible de dire que ces énoncés sont indirectement empiriques, et les traiter comme des énoncés quasi-empiriques.

---

113 Duhem (1914).

Le « holisme » permet de replacer ces énoncés dans le contexte général de la science, et les arguments d'indispensabilité, qui infèrent l'existence des objets mathématiques à partir de la vérité des énoncés mathématiques, vont sans doute dépendre de cette thèse. Or, nous pouvons nous poser la question suivante : dans quel sens cette thèse joue-t-elle le rôle d'une condition de possibilité pour le platonisme « indispensabiliste » de Quine ?

Comme nous l'avons dit, l'un des traits caractéristiques du platonisme de Quine est l'holisme épistémologique. En effet, puisque les théories mathématiques sont indispensables aux sciences qui étudient les phénomènes naturels, il est clair donc que les énoncés formulés à partir de ces théories sont vrais (ou faux) d'une manière « immanente » à la vérité (ou à la fausseté) des théories physiques et empiriques. L'adoption d'une conception épistémologique dans laquelle la science fonctionne comme un tout homogène, permet de rejeter la dichotomie entre les aspects analytiques et ceux synthétiques des énoncés scientifiques, et à faire participer, par conséquent, les énoncés mathématiques à la signification empirique de la totalité de la science. L'holisme jette donc un pont théorique important entre l'empirisme et le platonisme. Par-delà le platonisme quasi-empirique quinéen, ces deux doctrines étaient souvent traitées comme deux doctrines incompatibles : alors que l'empirisme rejette la réalité des entités mathématiques abstraites pour n'admettre que ceux qui tombent dans le champ de l'observation, le platonisme affirme que les ensembles, les classes, etc., existent et sont équivalents aux objets physiques. Contrairement à d'autres théories, le holisme donne à Quine le moyen de connecter convenablement ces deux affirmations qui ne sont opposées qu'en apparence, car le type d'empirisme que Quine associe ici au platonisme n'est pas dogmatique, mais essentiellement pragmatique.

Le rôle que joue la thèse de l'holisme au sein du système platoniste, se comprend parfaitement si on se réfère à la critique quinéenne de l'empirisme traditionnel[114].

Pour Quine, l'empirisme évolue, et contrairement à un empiriste dogmatique comme David Hume, il soutient deux choses :

---

[114] Quine : « Les deux dogmes de l'empirisme ». (1966).

(1) L'expérience cesse de jouer un rôle décisif et ultime dans la détermination des significations et des contenus cognitifs concernant la réalité extérieure

(2) La signification empirique d'un énoncé devient dépendante de la totalité de la science naturelle.

Par opposition aux empiristes et aux positivistes logiques, Quine soutient que les rapports entre les impressions sensorielles et les hypothèses de la science théorique sont trop complexes pour être suffisamment compris par la méthode « vérificationniste ».
Le clivage, chez les empiristes dogmatiques, entre les énoncés logico-mathématiques et les énoncés empiriques, divise l'activité de la science en deux parties incommunicables : les sciences de la nature, d'une part, et les sciences logiques et mathématiques, de l'autre. Ce clivage est intenable, car il nous est quasiment impossible de tracer une ligne de démarcation nette entre la partie logique (et mathématique) dans une théorie sur le monde, et sa partie empirique. Cette impossibilité découle logiquement de notre situation lorsque nous nous posons la question cruciale sur les contributions respectives du langage et de l'état du monde, dans la formation de la science, sans partir d'une quelconque hypothèse philosophique première. Pour le philosophe de Harvard, les objets physiques n'existent pas objectivement. C'est la simplicité de l'analyse de notre expérience en termes d'objets physiques qui est le fondement même de leur existence, et il ne voit pas pourquoi ce-ci ne s'applique pas aussi aux entités mathématiques. La notion d'objet physique n'est qu'un mythe, et le choix de cette notion (arbitraire) plutôt qu'une autre, est en vérité, guidé par des considérations pragmatiques de simplicité, et par un fait historique et culturel qui est représenté par l'héritage d'un schème conceptuel dont la formation s'est étalée sur plusieurs générations.

« Nous n'avons, écrit-il, aucune évidence pour l'existence des objets physiques au-delà du fait que leur assomption nous aide à organiser l'expérience. »[115]

[115] Quine (1966).

CHAPITRE 4
LE RÉALISME EN ÉPISTÉMOLOGIE

4.1. Le réalisme en épistémologie est-il réductible aux arguments d'indispensabilité ?

J'ai cherché dans le chapitre précédent à définir les arguments qui justifiaient le platonisme chez Quine et qui étaient essentiellement des arguments tirés de la thèse d'indispensabilité qui, en elle-même, n'a rien de platoniste. J'ai aussi cherché à mettre au clair les différents problèmes philosophiques qui tournent autour de ces arguments et étudié les types de solutions suggérées par Quine pour les résoudre. Or, dans ce chapitre 4, je vais plutôt me concentrer sur les conditions épistémologiques générales qui rendent possible le type de platonisme défendu par Quine. Autrement dit, nous allons voir comment les arguments d'indispensabilité expriment en vérité la structure interne de l'épistémologie quinéenne.

Le platonisme « indispensabiliste » de Quine trouve dans la thèse du réalisme épistémologique l'un de ses fondements les plus importants.

Mon objectif consiste à mettre en lumière les différentes connexions qui existent entre les deux positions de Quine, c'est-à-dire, chercher à élucider le sens du réalisme épistémologique et mettre au clair ses relations avec le platonisme des arguments d'indispensabilité. Dans le contexte de cette étude, notre thèse est la suivante : le platonisme de Quine est une conséquence directe de la thèse sur le réalisme scientifique selon laquelle les mathématiques constituent une science objective au même titre que la physique. Il n'y a pas de place chez Quine pour deux ou plusieurs standards de vérité, de connaissance et d'existence. Si nous arrivons à prouver que les mathématiques forment un ensemble de connaissances effectives qui obéissent et satisfont les mêmes conditions de « scienticité » propre à toutes les sciences, il serait absurde d'accepter les objets théoriques de la physique microscopique, par exemple, et chercher, en même temps, à supprimer les objets abstraits des théories mathématiques. Si ces dernières montrent qu'elles forment bel et bien une science objective, il s'ensuit par là que les objets qu'elles présupposent existé par le truchement de leurs énoncés vrais, disposent du même statut ontologique que n'importe quel autre objet acceptable du point de vue de la science d'aujourd'hui.

Le platonisme de Quine a donc un fondement épistémologique évident : nous trouvons incontestablement au sein de l'épistémologie de Quine des éléments qui appuient cette thèse dans le domaine de la philosophie des mathématiques.

Par épistémologie, je veux dire la théorie philosophique qui explique la méthode et les principes de la connaissance scientifique en tant que composante de la totalité du savoir humain. Nous trouvons donc dans la manière avec laquelle Quine explique l'accès de l'agent humain aux connaissances et aux croyances sur le monde extérieur des éléments et des considérations qui peuvent justifier directement ou indirectement la thèse platoniste. D'une manière générale, les arguments tirés de l'épistémologie et qui sont favorables à cette thèse, ne sont pas des sous-arguments, ou des arguments de deuxième degré : ils sont aussi directs et aussi forts que les arguments d'indispensabilité, et notre tâche c'est d'essayer de mettre au clair le rôle important qu'ils jouent dans l'élaboration du platonisme pragmatique de Quine. Or le fait que nous ayons accepté l'importance des liens entre les aspects réalistes de l'épistémologie de Quine et le caractère platoniser de sa philosophie des mathématiques, ne signifie pas que cette dernière est une simple copie de la première. Le propre de la philosophie quinéenne des mathématiques c'est de se développer en totale harmonie avec la philosophie générale de Quine, particulièrement avec sa théorie de la science. Il serait donc absurde de chercher à ramener, d'une façon arbitraire, la philosophie des mathématiques à l'épistémologie, puisque cette philosophie dispose d'une certaine autonomie au niveau de son appareil conceptuel et de son sujet d'étude. Le but escompté est plutôt de comprendre ses fondements philosophiques spécifiques à la lumière des thèses centrales défendues par Quine dans le domaine de l'épistémologie, et de démontrer comment sa nature platoniste relève d'un certain choix épistémologique ou métascientifique général qui inclut le réalisme comme l'un de ses éléments les plus importants. Pour Quine, le platonisme implique avant tout un choix pragmatique qui affirme que l'activité de la science advient d'un même processus, et c'est en fonction de la même démarche métascientifique que Quine admet les objets mathématiques au même titre que les individus concrets. Leur admission réside dans le rôle que tous ces objets jouent au sein de la théorie, et non pas dans leur nature.

4.2. Que veut-on dire par Métascience ?

Le terme de « science » est chez Quine un terme métascientifique. Les termes de ce genre sont en général, comme le dit Hilary Putnam[116], des termes « qui ne sont pas définis à l'avance – c'est la science elle-même qui nous dit quel est le domaine du terme « science », quel est le domaine d'une science particulière comme la chimie par exemple, ce qu'est « un objet » ou ce que sont « les grandeurs physiques ». Il lui arrive d'ailleurs souvent de changer d'opinion. ».
Le terme de « Métascience » ouvre donc, chez Quine, sur tout un domaine de problèmes épistémologiques et philosophiques relatives à une « entreprise-en-mouvement », et à un processus dans le monde, qu'est la science : les questions sur le degré de vérité des théories et le degré de réalité des objets qu'elles assument ne se pose qu'à l'intérieur du cadre de la science. Le mot métascience veut dire ceci : chercher à démontrer comment la science a scientifiquement raison sur les questions qui touchent la vérité de ses théories et l'existence de leurs objets.
La métascience quinéenne signifie donc le retour de la science actuelle sur elle-même dans l'état effectif où elle opère. Elle ne possède pas un « objet de spéculation » distinct de ce qui est jugé pragmatiquement vrai et acceptable dans les sciences d'aujourd'hui. De là, il faut préciser que le terme de « métascience » doit être compris en tant que « terme à spectre large »[117], à la façon dont on comprend le terme de « science » lui-même, pour désigner ce qui est en principe et en pratique l'ensemble de l'organisation conceptuelle de l'expérience scientifique humaine du monde.
En effet, la métascience de Quine (qui n'est pas à la science ce que la métaphysique l'est à la physique) n'est pas du tout l'équivalent d'une théorie philosophique générale de la science et de ses fondements, de son domaine propre et de son activité en général. Science et métascience s'impliquent mutuellement, trouvant leur unité dans la nécessité de remodeler le langage de la science dans les termes du réalisme de la théorie logique, capable surtout d'expliquer une grande partie des mathématiques modernes. Là où il s'agit d'étudier le phénomène du savoir en tant que phénomène naturel, Quine ne part pas de simples

---

[116] Putnam, Hilary : « Ce que les théories ne sont pas », article publié dans : De Vienne à Cambridge, Gallimard 1980, p. 230-231.
[117] Ibid.

spéculations, mais met plutôt en mouvement des données scientifiques admises dans plusieurs secteurs de la recherche. Cette mise en harmonie est redevable aux démarches propres aux sciences telles qu'elles sont pratiquées.

La Métascience n'est rien d'autre que la mise en formule scientifico-philosophique du retour de la science sur elle-même, c'est-à-dire, une étude du phénomène naturel du savoir humain qui, sans se détacher de la recherche elle-même, met en connexion des sciences déjà en œuvre. L'horizon général de cette étude reste la « naturalisation » de nos notions normatives, ce qui implique que l'option naturaliste doit être considérée comme le centre même de tout le programme épistémologique de Quine concernant la science. C'est elle qui préserve Quine, comme le dit Paul Gochet, « de la nostalgie de la chose en soi. ». Paul Gochet ajoute :

« Le naturaliste, écrit Quine, « interroge la science seulement, toute faillible qu'elle est, pour y trouver un compte rendu de ce qui existe et de ce qui n'existe pas ». Il ne se demande pas à quoi la réalité ressemble réellement, prise indépendamment des catégories humaines, car poser une telle question est aussi vide de sens que de demander quelle est la longueur du Nil indépendamment de toute unité de mesure. »[118]

Or, pourquoi ce choix du terme de « métascience » à la place de celui d'épistémologie ?

En vérité, parler d'une épistémologie des mathématiques, c'est traiter ces dernières comme si elles avaient besoin d'une justification quant à leurs fondements. En revanche, le programme « métascientifique » de Quine veut plutôt aboutir à un traitement des mathématiques telles qu'elles sont représentées dans la pratique des mathématiciens.

En ce sens, l'usage du terme « métascience », pour rendre compte de cc type de traitement, permet, par opposition, au terme d'épistémologie, de mieux mettre en valeur, au sein de la recherche scientifique effective, cette unité fonda-mentale entre les théories et leurs pratiques.

Quine part de ce qui existe déjà dans les sciences, comme leurs déterminations les plus actuelles, pour rendre compte, au moyen de la science elle-même et de rien d'autre, d'une « scientificité » immanente à l'activité de la recherche et à la pratique de la science.

" Quine's response to all this, écrivent Burgess & Rosen, is to abandon as futile if not meaningless the traditional alienated conception of epistemology, on which the

[118] Gochet (2006), p.205.

epistemologist remains a foreigner to the scientific community, seeking to evaluate its methods and standards – a conception that presupposes other methods and standards of evaluation , outside and above and beyond those of science. (Along with it, he abandons any robust sense of truth.) in its place he advocates a novel naturalized conception of epistemology, on which the epistemologist becomes a citizen of the scientific community, seeking only to describe its methods and standards, even while adhering to them. (Along with it, he adopts the disquotational sense of truth, on which to assert that some theory is 'true' amounts to no more than asserting the theory itself."[119]

La « métascience » quinéenne consiste donc dans le fait d'étudier le phénomène du savoir scientifique dans les termes de la conception naturaliste de la connaissance qui donne à l'épistémologie le statut d'une branche de la psychologie humaine. Cette approche métascientifique veut aboutir, avant tout, à mettre au point un système conceptuel de la science de nature physicaliste, ayant pour structure logique le langage de la théorie quantificationnelle de la logique des prédicats du premier ordre. Un tel programme s'opposerait à l'épistémologie traditionnelle dans le sens où il est un programme qui vise, non pas la justification et la validation des fondements de la science en général et des sciences mathématiques en particulier, mais la naturalisation du phénomène du savoir et du système des croyances scientifiques. Sur ce plan, l'approche de Quine s'opposerait à la solution logiciste de Frege-Russell, puisque cette dernière part du fait que les sciences mathématiques sont en crise quant à leurs fondements, et qu'il faut, par-là, procéder à un travail de réduction des mathématiques à la logique pour résorber les effets de cette crise.

« Ce serait, écrit Quine, faire de rationalisme déplacé que supposer qu'on peut fixer la mission de la science avant même de développer la science et d'avoir édifier un corps de théories scientifiques. »[120]

Du point de vue de Quine, la science n'a pas besoin d'être justifiée par rapport à ses fondements, non pas parce que toute crise est absente à ce niveau, mais parce que la science n'a pas de fondements du tout. Ainsi, l'une des différences majeures entre la métascience quinéenne d'une part et l'épistémologie traditionnelle de l'autre, c'est que la première traite

[119] Burgess (1997), p. 33.
[120] Quine : « The scope and langage of science » in : The Ways of Paradox and Other Essays, p. 234-235.

d'une science qui n'a pas de fondements ou, si l'on veut, d'une science telle qu'elle est dans la pratique. C'est pour cette raison que Quine laisse entendre parfois qu'il serait néanmoins plus utile d'abandonner le mot d'épistémologie en faveur d'un autre mot qui rend le mieux compte de l'interdépendance de la science et de sa théorie. Le rêve cartésien se brise sur le rocher de l'option naturaliste, car l'étude de la science devient dans ce cas une sorte de recherche interne aux sciences naturelles elles-mêmes.

Contrairement à l'épistémologie classique, l'épistémologie naturalisée de Quine, n'a aucune ambition d'ordre normatif. Elle considére la science comme un « processus dans le monde », selon les termes mêmes de Quine.

La théorie logiciste en épistémologie partait du principe selon lequel la logique incarne un mode de clarté et de certitude paradigmatique, capable de s'ériger en un modèle pour toutes les autres sciences. De ce point de vue, il nous est possible d'interpréter les mathématiques standard dans la logique de façon à pouvoir engendrer tous les concepts et les vérités mathématiques à partir d'un ensemble d'idées claires et distinctes et qui sont de nature purement logique. Selon cette théorie, toutes les vérités mathématiques seront donc traitées comme des vérités purement logiques.

Pour Quine, ce résultat est improbable, car la théorie logiciste présuppose que la théorie des ensembles à laquelle nous pouvons réduire la totalité des mathématiques est une partie de la logique, ce qui est faux.

En définissant, dans *Philosophy of Logic*, le domaine de la logique comme étant un domaine qui n'inclut pas le prédicat d'appartenance de la théorie des ensembles, et par-là, qui n'inclut pas cette théorie même, quelle que soit sa traduction, Quine aboutit à un résultat épistémologique diamétralement opposé au résultat de la conception logiciste.

« En fondements des mathématiques, écrit Quine, la réduction reste mathématiquement et philosophiquement fascinante, quoiqu'elle ne fasse pas le travail que l'épistémologue attendait : elle ne révèle pas le fond de la connaissance mathématique, ni ne montre comment la certitude mathématique est possible. »[121]

---

[121] Quine : « L'épistémologie devenue naturelle », in : Relativité de l'ontologie et autres essais, Traduction Française, p. 84.

La deuxième raison invoquée par Quine contre l'épistémologie logiciste, et qui constitue, parallèlement, un trait bien distinctif de la métascience, c'est que l'étude scientifique du mode de connaissance en mathématiques n'est pas une étude qui porte exclusivement sur ce mode particulier, mais plutôt l'étude qui cherche à rendre compte du mode de connaissance commun à toutes les investigations scientifiques quel que soit le domaine en question. La métascience part essentiellement du principe pragmatique selon lequel la connaissance mathématique fonctionne sous les mêmes conditions et dans les mêmes termes conceptuels et logiques que toute autre forme de connaissance scientifique en exercice.

Quine semble en revanche reprendre à son propre compte la thèse de Frege-Russell selon laquelle les mathématiques sont réductibles à la théorie des ensembles. Sans tolérer le logicisme qui sert de support à une telle thèse, il rejette la solution qui consiste à insérer les mathématiques dans le domaine bien spécifique de la logique.

Bien qu'elles soient réductibles à la théorie des ensembles, les mathématiques restent indépendantes de la logique. Leur ontologie (les ensembles comme objets non logiques), et leur épistémologie (les énoncés mathématiques ne sont pas de pure nature analytique), ne sont pas non plus réductibles à l'ontologie et à l'épistémologie de la logique. En vérité, Quine utilise le fait que la théorie des ensembles soit le noyau du corpus mathématique pour récuser le logicisme comme alternative épistémologique sérieuse alors qu'il consiste, chez Frege et Russell, à le justifier. C'est sans doute en raison de cette réductibilité que toute tentative d'intégrer les mathématiques dans le domaine de la logique reste insuffisante.

Les mathématiques trouvent dans la notion d'ensemble ou de catégorie des ressources logiques et épistémologiques beaucoup plus riches pour être traduites dans la simple alternative logiciste.

Nous pouvons donc dire que la pensée métascientifique de Quine sur les mathématiques, aboutit à un double dépassement : le dépassement des conclusions épistémologiques de l'empirisme doctrinal et de celles propres aux courants logicistes d'une façon générale. Contre ces derniers, la métascience trouve dans les multiples structures « ensemblistes » ou dans les diverses esquisses catégorielles des éléments qui font accroître la richesse conceptuelle des théories mathématiques. Contre l'épistémologie empiriste, elle met directement en doute la théorie empirique selon laquelle la vérité et la connaissance sont toujours définissables dans les termes des impressions et des stimulations sensorielles. Alors que la majorité des épistémologues, et à leur tête Rudolph Carnap, optent pour une explication du phénomène naturel du savoir humain qui combine empirisme et logicisme, Quine affirme que l'épistémologie ne pourra se relancer réellement que grâce à sa rupture, devenue nécessaire, avec le réductionnisme et le logicisme.

L'étude métascientifique du type de connaissance (et de croyance) représenté par les théories mathématiques aujourd'hui, aboutit donc, grâce, entre autres, à la découverte des vertus de la paraphrase logique, des définitions contextuelles, aux accessoires conceptuels fournis par les théories des ensembles et des catégories actuellement en pratique, à des résultats incompatibles avec les principes statiques (ou plutôt, les dogmes) d'une épistémologie empirico-logique qui trouve probablement chez Carnap son meilleur avocat.

Il n'est pas faux de dire que le type d'approche employée par Quine est une sorte de tentative pour refondre les questions de l'épistémologie traditionnelle dans la psychologie empirique au sens du behaviorisme : les questions épistémologiques seront, en ce sens, mieux traitées, si l'on considére l'épistémologie comme une sorte de branche de la psychologie empirique.

Vu de cet angle, Burton Dreben a raison de mettre Quine dans la classe des philosophes qui sont considérés comme des philosophes radicaux vis-à-vis de l'épistémologie.[122] L'approche élaborée par Quine peut être probablement qualifiée de radicale, dans le sens où elle coupe avec la méthode traditionnelle de représenter, de formuler et de résoudre les questions épistémologiques.

Certains critiques ont objecté à Quine de chercher, non pas à trouver des solutions satisfaisantes aux multiples problèmes épistémologiques posés, mais de les rejeter tout simplement. En vérité, Quine ne rejette pas les questions classiques de l'épistémologie traditionnelle, mais rejette plutôt sa méthode qui représente le monde extérieur comme une construction logique des impressions sensorielles.

> « Vouloir doter, écrit-il, de la pleine autorité de l'expérience immédiate les vérités de la nature n'était pas moins vrai que d'espérer doter les vérités des mathématiques du caractère partiellement obvis propre à la logique élémentaire. »[123]

---

[122]Dreben Burton : « Putnam-Quine and the facts », Philosophical Topics, 20/1992.

[123] Relativité de l'ontologie, Traduction française, p. 88.

L'étude de la science n'est donc qu'une partie de la science elle-même : elle ne peut être qu'interne à la méthode scientifique.
Cette conception transforme sans doute l'esprit et la signification de toute l'approche épistémologique classique, puisque ce type d'approche devient interne aux sciences actuelles, et à une science en particulier : la psychologie. Devenue une branche ou un chapitre de la psychologie, la métascience n'est pas considérée philosophiquement première par rapport à la science de la nature. Son seul support est la relation de contenant à contenu qui s'installe entre l'activité de la science et l'étude de cette activité en tant que phénomène psycho-naturel.

« L'ancienne épistémologie, écrit Quine, aspirait à contenir, en un sens, la science de la nature, qu'elle aurait voulu construire à partir des données sensorielles. Inversement, dans sa nouvelle présentation, la science de la nature contient l'épistémologie à titre de chapitre de la psychologie (...).
Il y a donc relation de contenant à contenu de l'épistémologie dans la science de la nature, et de la science de la nature dans l'épistémologie. Cette attitude est du reste (comparable à la situation) du marin obligé de refaire son bateau alors qu'il est dedans, en train de voguer sur la mer. »[124]

Il devient tout à fait clair que le sujet d'étude de la métascience c'est une science qui n'a pas de fondement philosophique en dehors de sa propre évolution et ses propres progrès et mutations. Elle n'est pas une étude philosophique de la science en général, mais le retour de cette dernière sur elle-même, qui donne lieu à une caractérisation de la science étroitement liée à son activité : l'efficacité systématique, l'élégance, la simplicité, l'économie ontologique, ainsi de suite. Cette caractérisation de la science trouve dans la psychologie (animale) sa meilleure expression, particulièrement dans l'étude scientifique du comportement verbal de l'homme dans ses relations complexes avec son entourage social et son environnement naturel. La science doit être saisie avant tout, comme un instrument inventé par l'homme pour affronter le monde extérieur. Elle implique d'une façon indissociable le monde, le langage, et la structure perceptive et sensorielle des individus humains en tant qu'ils partagent une vie (et une éthique) de groupe.
La psychologie, en relation avec d'autres sciences, comme l'ethnologie ou l'anthropologie, a l'avantage d'élucider cette réalité, et d'offrir ainsi à

[124] Ibid, p. 92.

l'étude métascientifique du phénomène de la science une meilleure orientation. Nous ne pouvons saisir le sens de ce phénomène que dans son unité et par rapport aux phases de son évolution.

La question de savoir ce qui est proprement linguistique (c'est-à-dire, ce qui relève du langage de la science) dans une théorie scientifique, et ce qui est empirique, est une question qui ne peut pas être tranchée par des théories réductionnistes ou logicistes, car de telles théories postulent, à tort et d'une manière dogmatique, une certaine dichotomie entre le langage, la connaissance et le monde. Or, cette question cruciale ne peut être épistémologiquement réglée qu'en tenant compte des hypothèses du schème conceptuel général de la science, à l'intérieur duquel la partie linguistique et la partie factuelle de la théorie en question se trouvent conjointement liées. En d'autres termes, cette question ne peut être résolue qu'au moyen de la naturalisation du signe et du sens au sein du comportement linguistique humain dans la société, en prenant en considération les phases de son acquisition et ses dispositions à évoluer.

4.3. Les arguments métascientifiques en faveur du platonisme mathématique

Du point de vue de Quine, la « naturalisation » du langage au moyen d'une analyse psycho-behavioriste de son acquisition sociale, permet de répondre, de façon substantielle, à la question qui porte sur la nature du savoir en tant que phénomène naturel, et sur la constitution de la science en tant que tissu inextricable de faits et de sens.

Dans « Parler d'objets »[125], Quine établit un lien indissociable entre la connaissance scientifique, le langage et le monde factuel : nous parlons du monde en tant que « multitude d'objets identifiables et discernables », et nous utilisons, pour nous référer à ces objets durables des termes généraux et des termes singuliers dont les noms propres. Or, une simple analyse des modes linguistiques et des circonstances effectives de l'émergence de ces termes dans le comportement verbal pré-individuant (chez l'enfant) et individuant (chez l'adulte), montre au moins deux choses :

---

[125] Ontological Relativity and Other Essays, New York : Columbia University Press. Traduction française, p. 77.

(1) d'abord, que ces termes, y compris ceux de masse, ne tiennent pas leurs significations du fait qu'ils réussissent ou non à nommer une référence objective, et (2) ensuite, qu'il est préférable, par conséquent, de les traiter simplement comme des phrases occasionnelles du genre : « Il pleut », « Il neige », ainsi de suite.

« C'est nous, écrit Quine, dans notre sophistication adulte qui reconnaissent que le mot 'lait' réfère à un objet, à une substance, quoi que nous soyons moins prêts à choisir un objet de référence pour 'Il pleut', etc. »[126]

Combinant ces deux résultats, Quine réduit tous les mots appris par une association directe ou indirecte avec les stimulations sensorielles à des phrases composées d'un seul mot dont la signification ne dépend pas d'un acte de nomination désignant une référence objectivement scrutable. Le langage de telles phrases, même celles qui sont dites des phrases d'observation en raison de ses liens explicites avec l'expérience, n'est pas individuellement mais globalement référentiel. D'un autre côté, l'existence (au sens absolu) cesse de représenter une sorte de facteur essentiel dans la détermination du sens et de la vérité des phrases indépendamment d'un certain idiome linguistico-conceptuel. La phrase cesse, à son tour, de véhiculer sa vérité et son sens comme une sorte d'attribut propre qu'elle tiendrait de sa correspondance supposée avec une réalité foncièrement déterminée. Elle est dite vraie, et ayant un sens, non pas individuellement, mais « holistiquement », c'est-à-dire, en vertu de sa place dans une phrase plus longue et de son rôle systématique dans un contexte langagier ou une théorie donnée[127].
Ainsi, du simple usage imitateur et pré-objectifiant des termes de masse et des noms singuliers, à la maîtrise des termes individuatifs, c'est-à-dire, les termes généraux qui tolèrent l'emploi des articles, se définit un mouvement systématiquement insécable qui va des choses aux mots et des mots aux choses.
Le défaut de nomination pour certains noms et termes singuliers implique déjà, selon l'expression de Quine, une bonne dose de signification[128].

---

[126] Ibid.
[127] C'est le sens de la thèse de l'holisme sémantique chez Quine. L'holisme porte ici sur la signification d'une phrase. Mais il peut porter aussi sur une théorie ou un fragment de théorie. Dans ce cas, nous parlerons d'holisme épistémologique. Quine (1966), p. 42.
[128] Quine (1950). Traduction française (1973).

Une fois que le langage a divorcé d'avec la référence objective dans la détermination du sens et de la vérité de ses phrases, il se remarie avec son propre engagement ontologique dans le choix du domaine de variation de ses variables liées. Le langage peut échapper ainsi non seulement à la prise de la référence, mais aussi à l'existence objective et absolue des entités qu'il assume.
La référence et l'existence se défont dans l'essence de l'idiome ontologique qu'est la variable, ce qui permet au philosophe de cerner, dans le langage scientifique en général et dans le langage des mathématiques en particulier, les formes défectueuses de réification, par opposition à celles qui sont utiles, simples et systématiquement efficaces.
Le terme d'objet, écrit Maurice Caveing, « éminemment polysémique », que « le mathématicien emploie constamment pour désigner ce sur quoi porte son activité intellectuelle ...peut être soupçonné à bon droit d'importer un germe d'ontologies implicites, de réifications subreptices, et donc des ferments d'opacité dans l'appréhension des modalités de fonctionnement de la pensée mathématique. »[129]
En rejetant le réalisme d'un langage qui reflète la réalité extérieure, et en s'opposant à la mythologie des significations-références des objets existant absolument, Quine récuse effectivement l'idée selon laquelle tous les termes d'un langage donné qui ne vérifient pas une référence ou une forme d'existence empirique, sont ou analytiques ou dénués de toute signification cognitive.
La critique de la distinction entre l'analytique et le synthétique, loin d'exprimer uniquement un principe épistémologique général, s'avère être le résultat et l'aboutissement de l'analyse qui a porté sur les phases initiales de l'apprentissage du langage et sur ses usages ontologisés par l'adulte.
Cette analyse est l'un des piliers du programme métascientifique quinéen. Elle permet d'étudier la science de l'intérieur selon une méthode qui connecte une variété de méthodes scientifiques afin d'élucider l'origine et la nature de la science en tant qu'elle est directement liée au langage. Par rapport à cette démarche, l'admissibilité des objets mathématiques, tels que les ensembles et les classes[130], à l'intérieur de la

[129] Caveing (2004), p. 20.
[130] Bien sûr, les classes et les ensembles sont deux types distincts d'objets. Cette distinction est importante pour certaines théories axiomatiques des ensembles, telle que celle de Russell qui a prouvé que l'admission en tant qu'ensembles des classes qui ne

théorie de la science, va répondre aux mêmes critères qui ont autorisé à admettre les objets physiques et les autres objets hautement inférentiels de la physique théorique. Ce qui nous guide dans l'admission de tous ces objets, ce n'est pas leur force référentielle ou leur pouvoir causal[131], mais leur utilité pour la théorie et leur efficacité systématique[132].

Par opposition à certains antiplatonistes[133], Quine ne se pose pas le problème dans les termes de savoir s'il y a ou non entre le sujet et les objets mathématiques une sorte de relation causale, ou si de tels objets ont ou non une référence particulière, et si oui, comment expliquer notre connaissance de cette référence qui, par définition, serait méconnaissable, mais si l'admission d'une entité nouvelle (concrète ou abstraite) peut bénéficier à la science, à son organisation théorique, à sa simplicité ou non. J'appelle cette thèse pragmatique l'argument métascientifique en faveur du platonisme mathématique selon lequel les objets physiques n'ont aucun statut préférentiel par rapport aux objets mathématiques[134].

En effet, l'étude de l'apprentissage du langage par l'enfant montre clairement comment la notion d'objet physique est une notion arbitraire ou plutôt une simple hypothèse aussi contingente que n'importe quelle

---

sont pas en vérité des ensembles, peut engendrer des paradoxes. En général les classes sont admises, avec les ensembles, dans l'appareil de la théorie des ensembles. Voir Takeuti (1971).

[131] Quine se démarque nettement de la théorie causale de connaissance telle qu'elle est défendue par Benacerraf.

[132] Quine (1948) p. 18 : « A platonistic ontology is, from the point of view of a strictely physicalistic conceptuel scheme, as much a myth as that physicalistic conceptual scheme itself is for phenomenalism. This higher myth is a good and useful one, in turn, in so far as it simplifies our account of physics. Since mathematics is anintegral part of this higher myth, the utility of this myth for physical science is evident enough. ».

[133] Surtout par opposition à Benacerraf.

[134] Nous trouvons déjà cette thèse chez Gödel lorsqu'il dit : « It seems to me that the assumption of (set theory and mathematical objects) is quite as legitimate as the assumption of physical bodies and there is quite as much reason to beleive in their existence. They are in the same sense necessary to obtain a satisfactory system of mathematics as physical bodies are necessary for a satisfactory theory of our sense perception." Gödel : Russell's Mathematical Logic, Collected Works, Vol. 2, pp. 119-141. Malgré le fait qu'ils partagent quelques idées sur la place des mathématiques dans le travail de la science, Quine et Gödel développent des platonismes complètement opposés. L'accès aux objets mathématiques reste, chez Gödel, un accés perceptif via la faculté intuitive qui est comme un sixième sens. Quine est évidemment loin d'une telle mystique.

autre hypothèse. Selon Quine, la phase initiale de l'usage du langage se divise en deux mouvements :

(1) Où les termes utilisés par l'enfant sont de simples énonciations qui ne se distinguent pas du point de vue de leurs désignations. Exemples : « Mère », « rouge », « eau », etc. Pour l'enfant, tous ces termes sont du même type, et partagent, par opposition à ceux comme « cheval » une certaine simplicité sémantique[135].

(2) Où l'usage du langage naturel est accompagné par l'élaboration d'un patron de comportement verbal ayant pour fondement une maîtrise partielle des termes individuants désignant des objets durables. L'enfant apprend ces termes en apprenant la force individuative incorporée à leur usage contextuel. Nous ne pouvons pas dire cependant que l'enfant a maîtrisé totalement ces termes en maîtrisant leur force individuative. Leur maîtrise totale dépend de l'acquisition de ce que Quine désigne comme le schème conceptuel des objets physiques durables et récurrents[136].

En effet, sans la maîtrise de ce schème, l'enfant peut toujours confondre des termes individuants avec des termes de masse, et peut ne pas distinguer nettement ce qui compte pour unc pomme, par exemple, et ce qui compte pour une autre. L'enfant ne peut maîtriser totalement tout ça que s'il a déjà maîtrisé « le langage du même et de l'autre »[137]. L'usage du langage est donc relié à un usage sophistiqué du discours dans lequel figurent les particularités de l'appareil conceptuel et référentiel de ce langage, c'est-à-dire, les pronoms démonstratifs, les articles définis et indéfinis, les formes du pluriel, etc. Par conséquent, les termes individuants se distinguent des autres par la forme de leur acquisition et

---

135 Quine (1973), p. 55.
136 Quine (1969), p. 20.
137 Quine (1960), Traduction française, p. 172.

les conditions de leur maîtrise. En d'autres termes, la distinction dans le comportement verbal évoluant, entre un terme vrai d'un objet unique (terme singulier et nom propre), et un terme vrai de plusieurs objets (terme général à référence divisée), dépend de l'apprentissage des mécanismes de l'individuation. C'est grâce aux « pléonasmes » de l'identification que nous pouvons cadrer nos moyens ostensifs, acquérir l'objectivité de notre discours sur les choses, et distinguer entre les différentes sortes de termes. Sans le recours logique aux mécanismes de l'identité qui couvrent une sorte d'unité empirique et conceptuelle indécomposable caractéristique du « parler » scientifique, nous ne pouvons pas discerner, par simple ostension, les ambiguïtés liées à l'emploi de certains termes dont l'occurrence et la position grammaticale varient selon le contexte, ni découvrir, à la base d'arguments fort plausibles, les confusions et les formes défectueuses de réification que certains de ces termes introduisent au cœur de ce qui est structurellement conceptuel dans le langage naturel et dans la logique. Ces mécanismes sont, en effet, indispensables, non seulement pour apprendre le langage à travers leur maîtrise contextuelle par l'enfant et leur usage ontologisé par l'adulte, mais aussi pour ré-organiser l'ensemble du savoir scientifique, et simplifier les liens entre ses différentes parties moyennant la traduction théorique de certains langages dans d'autres.

L'approche quinéenne de la science est une approche naturaliste. Le naturalisme est au centre de ce que nous avons appelé l'argument métascientifique en faveur du platonisme. Il n'est rien d'autre qu'un principe métathéorique qui décrit les diverses relations entre les sciences et leurs domaines. La naturalisation des mathématiques (et de leur épistémologie) nous aide, à travers l'argument métascientifique, à rendre compte de la nature de notre accès aux objets mathématiques qui s'effectue selon le même mode que celui relatif aux objets concrets.

Nombreux [138] sont ceux qui ont reproché à Quine de ne pas respecter la méthode propre aux mathématiques, et de considérer toujours que l'ultime justification de la pratique des théories mathématiques consiste dans leur application dans les sciences, et non pas relativement à des considérations internes aux mathématiques elles-mêmes. Pour Maddy[139],

---

[138] Maddy, par exemple.

[139] Maddy exprime ce point de vue concernant le naturalisme de Quine dans une conférence donnée au colloque Mussomelli, en Italie 1994, ayant pour titre : « How to

le naturalisme de Quine n'est pas mathématique, mais plutôt scientifique. Bien que le naturalisme soit quinéen dans son impulsion initiale, son application sur le cas des théories mathématiques peut donner lieu à des résultats qui ne concordent pas avec les thèses de Quine. Car, si nous nous tenons à l'approche quinéenne (c'est-à-dire, le naturalisme compris scientifiquement et non pas mathématiquement), nous négligerons (comme le fait d'ailleurs Quine) une grande partie des mathématiques actuelles, à savoir les mathématiques pures.

Vu sa nature scientifique et non pas spécifiquement mathématique, le naturalisme de Quine, achemine, selon Maddy, vers une conclusion non naturaliste, puisqu'il finit par soumettre les parties non appliquées des mathématiques à un tribunal extra-mathématique. Je pense que Maddy a raison, car en effet, Quine, applique au cas des mathématiques, non pas un naturalisme mathématique du type proposé et défendu par elle, mais un naturalisme scientifique. Or, il ne s'agit pas pour autant de négliger les parties pures des mathématiques pour s'intéresser seulement aux théories qui sont pratiquées dans les sciences, car elles sont utiles. Le naturalisme scientifique dans le cas des mathématiques met aussi en valeur les aspects spécifiquement mathématiques dans ces théories, mais ne distingue pas les parties pures des mathématiques des parties non pures.

La mathématicité, écrit Quine, est une affaire de degrés. Contrairement au sens du naturalisme tel qu'il est utilisé par Maddy, Quine cherche plutôt à décrire les liens méthodologiques entre les sciences de façon à montrer leur ancrage dans un schème conceptuel commun. En d'autres termes, le naturalisme quinéen est loin de chercher une limite nette entre ce qui est purement mathématique et ce qui ne l'est pas. Les arguments d'indispensabilité aussi bien que le réalisme en épistémologie, nous montrent à quel point une telle délimitation, même si elle reste théoriquement possible, est loin de satisfaire une exigence scientifique profonde, car au sein de la pratique de la science, il y a toujours interpénétration du mathématique dans le physique et dans les autres domaines de la science, et vice versa.

Maddy objecte à Quine de ne s'intéresser aux mathématiques qu'en tant qu'elles sont pratiquées et d'ignorer leurs parties pures ! Plutôt que d'être

---

be a naturalist about mathematics ». Voir aussi : Naturalism in Mathematics, Oxford University Press, 1997.

une objection, cette remarque de Maddy rend parfaitement bien compte de la nature de l'approche quinéenne, c'est-à-dire, comment Quine veut, en vérité, élucider l'origine de la connaissance mathématique, et décrire son activité à l'intérieur d'un modèle physicaliste qui incarne notre meilleure théorie actuelle du monde. Les mathématiques se comprennent le mieux par rapport aux services qu'elles sont censées rendre à ce modèle. Ce modèle de la science est physicaliste, mais aussi platoniste. Il aurait été différent si le mathématique et l'extra-mathématique n'étaient pas étroitement liés dans la pratique de la science.

L'opposition initiale de Quine à toute distinction radicale entre la connaissance mathématique et la connaissance physique, s'explique maintenant par la mise à jour de ce mode de fonctionnement de l'activité de la science dans lequel le mathématique et le non mathématique peuvent être utilement inter-connectés dans la pratique scientifique. Etant donné que la notion d'objet mathématique est, dans ces conditions, du même ordre que la notion d'objet physique, Quine met sur le même plan ontologique l'existence des objets mathématiques et l'existence des objets concrets. Le platonisme quinéen trouve certes ses raisons dans le naturalisme scientifique, mais aussi dans le rejet de cette distinction en question qui pourrait légitimer en quelque sorte, la séparation du physique et du mathématique au centre de la pratique de la science.

Le physicalisme de Quine peut s'associer aisément avec le platonisme des classes, dans le sens où il n'est pas directement justifié par un critère purement empirique, mais par un critère métascientifique, c'est-à-dire, un critère qui relève de l'utilité de la notion d'objet dans le système des sciences, et de celle de l'étude de la manière avec laquelle le langage est initialement appris et utilisé par rapport aux stimulations sensorielles. Si le physicalisme se trouve être aujourd'hui le modèle le plus apte à représenter et incarner l'ensemble de l'expérience scientifique du monde, et si la notion d'objet physique se trouve, à son tour, traitée comme une notion fondamentale au centre de cette théorie, ce n'est pas sur des bases empiriques strictes, mais plutôt, sur les seules bases de l'utilité systématique et de la simplicité théorique.

A la question : pour quelles raisons Quine accepte-t-il le platonisme ?

La réponse nous mène vers deux types de raisons : d'abord, des raisons négatives, où il s'agit de renier un platonisme pseudo-scientifique, à savoir le platonisme des universaux prédicatifs. Il y a, ensuite des raisons positives, où il s'agit de préciser les conditions d'admissibilité des objets mathématiques par rapport à des arguments métascientifiques qui concernent, en vérité, l'organisation conceptuelle de la science et son progrès. Or, les raisons qui plaident chez Quine en faveur des classes ne font pas appel seulement à l'idée d'efficacité systématique, mais s'enracinent aussi, dans les thèses réalistes de Quine au niveau de la logique et l'ontologie de la science. Ce sont également ces raisons là qui militent, contre les prétentions négatives du nominalisme, pour un platonisme pragmatique, holistique, et extensionnaliste en philosophie des mathématiques. Je vais essayer maintenant d'étudier ces arguments dits logiques et ontologiques dans les chapitres (5) et (6) qui vont suivre.

CHAPITRE 5
LE RÉALISME LOGIQUE DE LA VÉRITÉ

5.1. Qu'est-ce que le réalisme logique ?

Par réalisme logique de la vérité, j'entends la thèse selon laquelle les énoncés possèdent des conditions de vérité d'une manière déterminée et bivalente indépendamment des moyens linguistiques humains et de toute vérification. Chez Quine, ce type de réalisme logique lié à la vérité est tout à fait compatible avec sa thèse antiréaliste qui refuse d'hypostasier les significations et les entités propositionnelles.

Nous pouvons appeler cette thèse la thèse de l'antiréalisme sémantique chez Quine. Par antiréalisme sémantique, j'entends donc le refus exprimé maintes fois par Quine d'admettre la possibilité d'une théorie qui soit capable d'étudier les significations des énoncés logiques en dehors des contextes langagiers et des usages humains. La signification ne peut pas être séparée des différents contextes et circonstances dans lesquels nous employons et nous utilisons les phrases du langage. Pour Quine, il n'y a pas de significations ou d'essences sémantiques qui soient séparées de ces contextes d'usage.

Etant donné l'inépuisabilité sémantique des expressions du langage, le réalisme sémantique est faux. C'est donc le trait d'infinité sémantique relatif au langage qui met en échec, selon Quine, la possibilité même de la sémantique. Tout en soutenant une position réaliste sur le plan de la logique des valeurs de vérité, ce dernier dénonce, en effet, ce qu'il appelle le musée des significations immuables.

Ce sont, sans doute, les thèses quinéennes de l'indétermination de la traduction, du « holisme », et de la critique de la distinction entre les énoncés analytiques et ceux synthétiques, qui expliquent à la fois son réalisme logique des conditions de vérité et son antiréalisme vis-à-vis des significations des phrases et des expressions.

Mon but dans ce chapitre (5) consiste dans l'élucidation de la nature et de la structure du réalisme logique de Quine, en tant qu'il exprime ces différentes thèses, et s'associe avec l'antiréalisme des significations. Dans le cadre de cette expression et de cette association, nous trouverons sans doute l'un des fondements de la thèse platoniste. En effet, le platonisme de Quine est non seulement motivé par les arguments tirés de la thèse d'indispensabilité et de celle du réalisme épistémologique, mais

aussi par les idées réalistes que Quine avait toujours défendues sur la question de la vérité logique des énoncés.
Il y a, dans la philosophie de Quine, un autre type d'arguments, qui sont désormais indépendants des arguments dits d'indispensabilité et des arguments métascientifiques : ce sont les arguments logiques en faveur de la thèse du platonisme. Le philosophe de Harvard défend une position réaliste concernant la vérité logique; elle constitue l'une des composantes fortes de son platonisme. Elle s'exprime principalement via l'affirmation de quelques principes logiques dont le principe de bivalence qui figure au centre de la logique standard telle qu'elle est élaborée formellement par Quine lui-même. Du point de vue de cette logique classique des prédicats du premier ordre, platonisme et réalisme logique entretiennent des relations très étroites. Sans présupposer aucun réalisme de nature sémantique, le réalisme dans la valeur de vérité logique est un trait essentiel dans la constitution du platonisme en tant que thèse qui relève spécifiquement du domaine de la philosophie des mathématiques.
Tout ce chapitre 5 sera donc consacré à l'examen des différentes questions qui se rapportent à la problématique générale suivante :
En quel sens philosophique le réalisme dit logique et le platonisme, particulièrement dans sa composante ontologique (il y a des objets mathématiques) peuvent-ils s'harmoniser afin de former une théorie platoniste capable de défier les objections des courants antiplatonistes ?
J'ai l'intention cependant d'effectuer un tel examen en ayant pour support le point de vue de Michael Dummett, car la définition du réalisme comme une thèse sémantique et logique, relève plutôt de ses travaux dans le domaine de la philosophie du langage[140].d'

5.2. Le réalisme selon Michael Dummett

Pour Michael Dummett, le réalisme est une thèse sémantique. Autrement dit, le réaliste est celui qui adopte une conception véríconditionnelle de la signification des énoncés scientifiques en général. Je vais donc essayer de comprendre cette définition que donne Dummett du réalisme[141], tout en

---

[140] Dummett (1973), (1978), (1982).

[141] Alan H. Goldman, dans « Fanciful Arguments of Realism », Mind 93/1984 p. 19, donne une excellente définition du réalisme selon Dummett dans ces termes : « For him the realist's claim is that meaning must be defined in termes of truth conditions, and that truth here must be contrasted with verificationor warranted assertability. The realist

cherchant en même temps, à élucider le rôle du réalisme sémantique et de sa thèse contraire dans la formation d'une philosophie possible des mathématiques modernes, et dans la philosophie platoniste de Quine en particulier.

Il ne s'agit pas bien sûr ici de voir en Quine la cible principale de la critique antiréaliste telle qu'elle est élaborée par Dummett. Le réalisme n'est pas, selon le premier, de fond en comble sémantique et logique, comme il semble l'être chez le philosophe d'oxford. L'élément logique n'est qu'un élément parmi d'autres, et l'un de mes objectifs consiste à déceler le rôle spécifique que cet élément réaliste logique joue dans la formation du platonisme pragmatique et extensionnaliste de Quine.

L'étude du programme antiréaliste de Dummett, et ses répercussions dans le domaine de la philosophie contemporaine des mathématiques, peut, sans doute, nous aider à mieux comprendre la nature des relations entre la question du réalisme et celle du platonisme.

Je distinguerai donc entre le sens du réalisme que Dummett rejette, et la question de la contribution de ce sens dans la formation du platonisme pragmatique de Quine. Ce qui est en jeu dans un cas comme dans l'autre, c'est le concept de vérité, qui figure au cœur même du réalisme tout court. Mais, suffit-il d'admettre ce concept pour adopter le platonisme ? En d'autres termes, est-il suffisant d'être admis par une théorie pour que cette théorie soit dite platoniste ?

La réponse que je donne à cette question est négative, car, d'après la définition que j'ai donné du platonisme, une théorie est dite platoniste si elle répond affirmativement et selon une certaine systématicité, aux trois classes de questions suivantes :

(1) Les énoncés mathématiques peuvent-ils être traités dans les termes du vrai et du faux ou non ?
(2) Existe-il des objets mathématiques, tels que les classes et les ensembles?
(3) Les théories mathématiques forment-elles ou non une science, c'est-à-dire, un système de croyances et d'informations sur la réalité ?

---

takes his assertions to state that their truth conditions are satisfaid, whether or not we are in a position to tell that they are. The independance in question is the irreducibility of truth to wrrant, coupled with the analysis of meaning in termes of truth. »

Une théorie philosophique sur les mathématiques est dite platonite si elle répond positivement à ces trois classes de questions, et donne des solutions réalistes aux différents problèmes qui relèvent directement ou indirectement d'elles. Je ne partage donc pas l'avis de Dummett qui considère que le réalisme est exclusivement lié à la question de la vérité, car, il est clair que l'admission de ce concept et sa construction dans le cas des énoncés mathématiques, ne sont pas à eux seuls constitutifs du platonisme. Quels sont donc les arguments employés par lui dans cette critique qu'il élabore sur des bases logiques et sémantiques ? Quel type d'antiréalisme est susceptible de découler d'une telle critique ? Enfin, quels sont les rapports entre la critique du réalisme et le débat platonisme/antiplatonisme en tant que débat qui porte exclusivement sur les mathématiques ?

Il est certes important de savoir que la critique du réalisme tout court constitue, chez Dummett, la condition de possibilité de tout un programme dans le domaine de la philosophie des mathématiques. En effet, Dummett rejette le réalisme de la signification (là il est d'accord avec Quine), mais aussi celui de la vérité, en établissant une connexion fondamentale entre les deux, pour plaider, en définitive, pour un antiplatonisme de type « intuitionniste ». Je vais essayer de montrer la nature des arguments employés par lui dans sa critique de la conception véricondiditionnelle, et qui concernent, en général, l'acquisition et la manifestation de la connaissance de la signification, et d'insister sur les liens de structure entre cette critique et celle qui porte sur le platonisme. Il est vrai que Quine et Dummett sont tous deux antiréalistes vis-à-vis de la signification des phrases logiques, mais alors que le second édifie sur ce type d'antiréalisme une position « assertabiliste » qui rejette la notion de vérité ou du moins, qui la dénigre, le premier est connu pour avoir défendu, avec acharnement et obstination, le réalisme dans la valeur de vérité, et par-là, la logique bivalente canonique.

D'un côté, nous avons une théorie antiréaliste sur le plan de la sémantique, qui rejette non seulement la notion de condition de vérité, mais la notion de vérité tout court, et cherche à affirmer l'intuitionnisme (et la logique intuitionniste), et de l'autre, nous avons une théorie antiréaliste sur le plan de la sémantique aussi, mais qui met en valeur la notion de vérité, et cherche plutôt à consolider le platonisme (et la logique classique.).

Pour Dummett, une théorie est dite réaliste, si elle relie la compréhension de la signification à celle des conditions de vérité, et si elle considère que la vérité et ses conditions transcendent toute vérification. En ce sens, nous pouvons tenir la conception de la logique chez Quine comme étant réaliste dans cette acception bien dummetienne.
En effet, pour Quine, la vérité (logique ou mathématique) transcende tout pouvoir de vérification, et il nous est très difficile de remplacer cette notion par une autre qui soit aussi utile et aussi capable de rendre les mêmes services à l'intérieur des théories de la science. Elle reste une notion centrale chez Quine, alors que Dummett va plutôt chercher à l'éliminer au profit de la notion antiréaliste d'assertabilité.
Il est fort probable que la forme de réalisme sémantique visée par la critique dummettienne, inclus le réalisme logique de la vérité tel qu'il est compris et utilisé par Quine. Chez Dummett, le réalisme est donc identifié à la conception vériconditionnelle, et est ensuite rejeté car il ne répond pas à l'exigence de « manifestabilité », jugée indispensable pour toute compréhension de la signification des énoncés. Dans cette position des choses, Quine accepterait, sans doute, les deux points suivants : l'identification du réalisme dans la valeur de vérité logique à une théorie vériconditionnelle, et l'immanence de la signification au comportement linguistique en tant que comportement observable. Mais, il refuserait, par contre, d'adhérer à une théorie du type que propose Dummett dans son programme, qui combine sémantique et pragmatique pour arriver à une conclusion nettement antiréaliste vis-à-vis de la vérité. Tout en se situant par rapport à l'esprit même du raisonnement de Dummett, nous remarquons que l'insistance quinéenne sur l'importance de la notion de vérité constitue un argument en faveur du platonisme, et que de ce point de vue, il s'oppose directement à l'antiplatonisme par la voie de la sémantique de Dummett.
Pour revenir à notre analyse de l'antiréalisme sémantique de Dummett, nous pouvons nous poser la question suivante : Quelle est au juste l'expression de cet antiréalisme, et que signifie la réduction du réalisme à la conception qui a comme fondement la notion de condition de vérité ?
Le réalisme est ramené par Dummett, à la thèse selon laquelle la signification d'une phrase donnée consiste dans ces conditions de vérité. Cette caractérisation du réalisme via la « vériconditionnalité » n'est pas suffisante pour saisir complètement le sens du réalisme chez Dummett. En effet, ce dernier caractérise la thèse du réalisme en général, au moyen

de trois autres principes qui sont aussi importants que ce principe de « vériconditionnalité ». Quels sont ces principes ?
Il y a, en premier lieu, le principe de réalité, c'est-à-dire, le principe qui exige que les phrases soient à propos d'une certaine réalité extérieure. Ce principe renvoie à la théorie de la vérité-correspondance (re-visitée), et nous pouvons le désigner par le nom de principe de correspondance. Il y a, en second lieu, le principe de transcendance. Ce principe garantit, en quelque sorte, l'indépendance de la vérité par rapport à tout processus de preuve et de vérification. Il y a, ensuite, le principe de bivalence. Ce principe est aussi nécessaire que les autres pour caractériser le réalisme, et constitue, en vérité, la cible principale des assauts intuitionnistes.
Je vais donc essayer d'analyser ces différents éléments constitutifs du réalisme en général selon Dummett, et du réalisme dans la valeur de vérité logique en particulier selon Quine, et les vérifier par rapport à la thèse platoniste dans la philosophie des mathématiques.

5.2.1. Le principe de « vériconditionnalité »

Quine est, sans doute, un réaliste selon cette première acception du réalisme décrite par Dummett. En effet, il y au sein de sa conception logique un lien étroit entre les notions de signification indéterminée, de condition de vérité, et de vérité logique.
Cette conception est tarskienne dans sa forme, puisqu'elle admet la définition de la vérité dans les termes du schéma vériconditionnel (T) : « S est vrai ssi P » .
Si, donc, selon Dummett, le réalisme revient à accepter l'explication de la signification des phrases dans les termes de leurs conditions de vérité, et, par-là, à accepter la définition de la vérité telle qu'elle est construite sémantiquement par Tarski dans la convention (T), il est sûr que Quine est un réaliste. Mais, la question à laquelle je veux plutôt répondre, porte sur la particularité du réalisme « vériconditionnel » quinéen.
En d'autres termes, en quel sens Quine accepte-t-il la notion de condition de vérité ? Et comment réussit-il à réconcilier une telle notion réaliste avec son antiréalisme concernant la signification ?
La réponse à ces deux questions nous permettra, sans doute, d'esquisser une solution, même partielle, au problème majeur que nous pouvons formuler de la manière suivante : Y a-t-il dans le réalisme logique de

Quine des éléments qui permettent de répondre à l'argument antiréaliste de Dummett ou du moins, de comprendre autrement les rapports entre le réalisme et l'antiréalisme logiques dans leurs contributions à motiver ou à discréditer une philosophie platoniste des mathématiques aujourd'hui ?
Il est important de reconnaître que Quine adhère à une conception pragmatique de la signification (la signification c'est l'usage), qui comporte des éléments proches de ceux qu'on trouve dans l'antiréalisme sémantique de Dummett. Parmi ces éléments, il y a la thèse pragmatique qui dit que la signification d'un énoncé donné est largement déterminée par son usage public. Quine accepte cette thèse, mais ne renonce pas à utiliser la notion de condition de vérité ni le concept de vérité lui-même. Même si les conditions de vérités des énoncés sont déterminées par leurs usages dans la communauté au sein d'un comportement manifeste, l'antiréalisme vis-à-vis de la signification n'implique pas l'antiréalisme vis-à-vis de la vérité.
Certes Quine refuse d'hypostasier les significations des phrases, et c'est en ce sens qu'il est antiréaliste : la signification, il est vrai, n'existe pas en dehors du comportement linguistique et de son usage. L'une des conséquences de cette attitude consiste à dénier, non pas la notion de vérité, mais plutôt celle de proposition[142].
Quine suggère, en effet, d'utiliser la notion d'énoncé éternel à la place de la notion réaliste de proposition [143]supposée être le support ultime de la vérité et de la fausseté logiques. Pour Quine, l'acceptation de la notion de condition de vérité signifie avant tout le fait de dire que la vérité (logique) est déterminée par deux facteurs principaux, à savoir la signification (le sens des mots et des particules logiques) et l'état de la réalité et du monde. Ces deux facteurs sont conjointement liés. C'est bel et bien cette conception qui va guider les assauts quinéens contre la distinction entre les énoncés analytiques et les énoncé synthétiques, et va contraindre Quine à dénier la notion de proposition, pour mieux exalter

[142] Quine (1970) Objection to propositions. p. 1-2.
[143] Quine (1970), p. 3. La proposition est pour Quine une entité abstraite. Mais ce n'est pas pour cette raison, en vérité, qu'il décide de ne pas l'utiliser, mais plutôt, parce que la relation de synonymie ou d'équivalence entre les énoncés, implique la distinction analytique/synthétique qu'il rejette. « My objection to reconizing propositions does not arise primarily from philosophical parsimony ... Nor does it arise, more specifically, from particularism-from a disapproval of intangible or abstract entities. My objection is more urgent. If there were propositions, they would induce a certain relation of synonymy or equivalence betwwenn sentences themselves. ».

les avantages de l'extensionnalité qui n'élève pas certes la signification des énoncés logiques au rang d'une entité abstraite douée d'une existence indépendante[144].

Quine rejette donc l'indépendance de la signification, car, à ses yeux, cette indépendance mettrait en péril l'objectivité de la vérité, en se transformant en une sorte de source qui engendre et multiplie les entités abstraites.

Il n'est pas paradoxal de dire que l'antiréalisme de Quine sur le plan sémantique vient, principalement, au service de l'objectivité et de la vérité, et c'est précisément cette objectivité qui est à la base de son réalisme dans la valeur de vérité logique.

Ce type de réalisme est tenu pour positif et utile, et nous devons le distinguer d'autres formes de réalismes (tels que le réalisme modal, mental, et ainsi de suite) qui ne constituent, en vérité, rien d'autre qu'une source de multiplication pour tous les genres d'entités abstraites. Quine situe, en ce sens, le réalisme de la signification sur le même plan que ces réalismes là, et l'acceptation de la notion de vérité représente toute une partie positive de cette stratégie antiréaliste partout en œuvre dans les écrits de Quine, qui vise à dé-construire toutes les formes défectueuses de réification et toutes les hypostases non utiles à la science et à la simplification de son schème conceptuel.

5.2.2. Le principe de correspondance

Il est question ici de savoir si Quine est ou non un correspondandiste concernant la notion de vérité logique. Quine a toujours cherché à frayer un chemin entre le simple réalisme « correspondantiste » et l'antiréalisme logique de la vérité. Il a toujours rejeté aussi bien la conception naïve selon laquelle tout énoncé ou fragment de théorie est vrai car il correspond à quelque chose dans la réalité, que celle qui réduit la vérité des énoncés logiques à une simple affaire de conventions linguistiques.

La vérité a toujours été, de son point de vue, une notion dans laquelle le langage et la réalité se montrent interdépendants : elle met simultanément en jeu les règles du langage et les données de la réalité. Or, accepte-t-il le

---

[144] Quine (1970) p. 2 : "Meanings of sentences are exalted as abstract entities in their own rights, under the name of proposition."

principe de correspondance tel qu'il est posé par Dummett, c'est-à-dire, en tant que l'une des bases du réalisme ?

Mais que signifie avant tout ce principe ? Et quel est son lien avec la théorie de la vérité comme correspondance ?

Il est, sans doute, urgent de noter que le principe de correspondance et la théorie qui définit la vérité logique comme une simple correspondance à des objets extérieurs ou à une réalité extérieure tout court sont deux choses différentes. Pour sa part, Quine rejette une telle théorie, et avance la thèse selon laquelle la vérité logique est une affaire de langage aussi bien que de réalité : la vérité c'est, précisément, la jonction des deux, puisqu'il nous est complètement difficile de séparer la partie linguistique de celle que nous pouvons appeler factuelle.

Mais contrairement à Dummett, Je pense que Quine accepte le principe général de correspondance et l'intègre tout naturellement dans sa conception du réalisme sémantique et logique. La vérité implique l'état du monde dans le sens où les énoncés seront vrais par rapport à des objets et à des événements, et non pas uniquement en vertu des règles du langage que nous utilisons. Tout en adhérant à un tel principe général, Quine rejette la notion de « fait » objectif, car deux énoncés différents peuvent être vrais d'un même fait[145]. Ainsi Quine préfère exprimer ce principe dans les termes, non pas d'une certaine « objectivité factuelle » qui peut directement aboutir à la théorie de la vérité-correspondance, mais en termes d'objets et d'événements.

5.2.3. Le principe de transcendance

Le principe de transcendance justifie le réalisme dans le sens où il signifie que la vérité transcende toute vérification. Il est intimement lié au principe de correspondance compris bien sûr dans le contexte de la théorie de la vérité-correspondance, et non pas comme je l'ai suggéré en relation directe avec une certaine forme de déflationnisme. Cette intimité des deux principes se comprend très bien, puisqu'une théorie des conditions de vérification disqualifierait à jamais tout réalisme logique radical. En effet, pour le réaliste, et sur la base du principe de transcendance, la vérité est totalement indépendante des conditions

[145] En vérité, Quine est tout à fait hostile à l'usage de la notion de fait.

psychologiques de son acquisition. Quine est certes réaliste dans le sens où il conserve la notion de vérité et ne cherche pas à lui substituer une autre notion telle que celle de vérification ou d'assertabilité.
Or, la question qui se pose est : considère-t-il que la vérité est totalement indépendante de notre connaissance, et que la preuve ne joue aucun rôle dans sa constitution ?
Dans le paragraphe (3.2) du troisième chapitre (la vérité transcende-t-elle la preuve ?), J'ai tenté de répondre à cette question en disant que, chez Quine, la notion de vérité d'un énoncé ou d'un fragment de théorie complète garde une indépendance par rapport aux conditions de leur vérification. En d'autres termes, Quine, et contrairement à Benacerraf, relativise le rôle de la preuve dans la formation de la vérité mais ne le dénigre pas comme le font certains réalistes radicaux.
Quine cherche avant tout à ne pas identifier la vérité à un état mental privé. Son intérêt pour une notion de vérité logique partiellement indépendante de nos moyens de la connaître et de la vérifier vient de son attachement à l'objectivité scientifique. Les moyens de preuve et de vérification constituent un simple élément dans cette totalité qui relie vérité et objectivité : dans certains cas, la preuve à elle seule peut se montrer insuffisante, et peut ne pas apparaître nécessaire.
Cela dit, nous pouvons dire que Quine accepte ce principe de transcendance mais dans un sens bien modéré, puisqu'il distingue, contrairement à Dummett, la vérité elle-même de ses conditions d'assertion et de vérification. Pour le philosophe d'Oxford, il existe un conflit fondamental entre la conception réaliste des conditions transcendantales de vérité et le vérificationnisme. Dire que les phrases possèdent des conditions de vérité qui transcendent notre capacité de vérification est une thèse métaphysique qui va à l'encontre de la simple démarche scientifique. En effet, comment peut-on décider de la vérité et de la fausseté d'une phrase sans faire dépendre directement cette décision des moyens linguistiques et mentaux dont nous disposons pour la vérifier et la prouver.
Cette conception qui cherche à supprimer le caractère transcendant de la notion de vérité, nous conduit directement, aux yeux de Quine, soit au scepticisme soit à l'idéalisme. Le scepticisme est dangereux dans le sens où il appuie la thèse selon laquelle nous ne pouvons pas avoir une connaissance exacte de la réalité extérieure. De son côté, l'idéalisme est

faux car il repose sur la croyance que la réalité est plutôt une réification de notre propre nature cognitive et conceptuelle.
L'antiréalisme néo-intuitionniste de Dummett n'est pas du tout à l'abri de ces deux erreurs. Le réalisme a l'avantage de dire que nous avons la capacité d'acquérir une compréhension objective des phénomènes du monde extérieur qui ne soit pas relative à notre structure mentale et à nos moyens linguistiques.
Le principe de transcendance veut donc dire que, grâce à une telle capacité, nous disposons d'une évidence transcendante sur deux plans : d'abord, sur le plan de la formation de nos concepts qui portent sur les traits objectifs de la réalité du monde (l'élimination de la tentation sceptique), et ensuite, sur celui de notre croyance dans les énoncés vrais que nous formons à partir de ces concepts sur le monde (l'élimination de la tentation idéaliste.)
Le réalisme de Quine veut donc être avant tout une théorie qui sauvegarde l'objectivité sur le niveau de la nature du monde et sur celui de notre connaissance de cette nature. Le réalisme nous fait éviter ainsi de tomber dans le relativisme ou l'anthropocentrisme, puisque les énoncés qui sont intelligibles pour nous, sur la base de la méthode scientifique, auront non pas une évidence relative à nous et à notre état mental ou à tel ou tel processus de vérification, mais une évidence transcendante, c'est-à-dire, une évidence qui donne à ces énoncés un degré supérieur d'objectivité qui soit conforme à l'état actuel des sciences.
Tous ces principes qui se rattachent à une conception réaliste de la vérité (surtout le principe de bivalence que nous allons étudier dans le paragraphe suivant et qui est clairement rejeté par les intuitionnistes en général et par Dummett en particulier), sont au service de cette notion d'objectivité scientifique.
Or, pour les antiplatonistes et surtout pour Dummett, cette conception est problématique, puisqu'elle nous oblige dans le cas des énoncés logiques et mathématiques, à admettre que les références des termes ou particules qui constituent ces énoncés existent au même titre que les références des énoncés de la physique théorique, par exemple. Si nous posions au réaliste, qui croit dans la thèse de la transcendance de la vérité aussi bien que dans ses conséquences ontologiques, à savoir qu'il y a des objets mathématiques et logiques, la question suivante : qu'est-ce qu'un objet logique ou mathématique ? Il va en général répondre que c'est la

référence d'un terme logique ou mathématique. Cette réponse est correcte seulement si nous acceptons la conception vériconditionnelle, et c'est elle qui explique pourquoi nous sommes enclins à admettre des entités abstraites comme références pour les énoncés mathématiques.
Le réaliste croit que les objets mathématiques fonctionnent en général comme des noms propres ou termes singuliers, et que nous devons les présupposer comme existants si nous voulons que les énoncés qui portent sur eux soient vrais. L'approche antiplatoniste de Dummett consiste à relier la notion de vérité à notre appareil de vérification et aux conditions d'assertabilité, et donc à mettre à plat la théorie des conditions de vérité telle que nous la trouvons chez Frege et chez Quine en particulier.
En optant pour une conception antiréaliste dans le domaine de la logique et de la théorie de la signification, nous aurons les moyens conceptuels pour éliminer le platonisme, puisque nous serons capables de ré-interpréter toutes les mathématiques classiques sans adhérer à aucune forme faible ou forte de réalisme ontologique. Les nombres naturels peuvent donner l'impression de jouer le rôle d'un sujet grammatical authentique dans le contexte des énoncés de la théorie des nombres, mais en vérité, ces termes ne dénotent rien, car en tant que tels, ils n'ont pas de référence du tout.
Pour Hartry Field, comme nous allons le voir, nous pouvons sauver notre cadre sémantique vériconditionnel, et déclarer tout simplement que toutes les mathématiques sont fausses, une démarche que rejette bien sûr le philosophe d'Oxford.

5.2.4. Le principe de bivalence

L'un des éléments constitutifs du réalisme logique est le principe de bivalence. Ce principe est sémantique et sa formulation exacte est la suivante : ' Tout énoncé est soit vrai soit faux de manière déterminée'. Le principe de bivalence justifie la loi du tiers exclus qui est la loi fondamentale de la logique classique telle qu'elle est formulée et adoptée par Quine dans *philosophy of Logic* et *Methods of Logic*, et ne laisse aucune place pour des phrases indécidables quant à leurs vérités ou faussetés. Ce principe convient sans difficulté à la logique des conditions de vérité, puisqu'elle relie la question de la vérité et de la fausseté à l'existence d'un domaine d'objets. Du point de vue de cette conception, un énoncé donné est soit vrai soit faux, c'est-à-dire, soit qu'il dénote un

objet soit qu'il ne le dénote pas. Dans les termes de l'approche antiréaliste de Dummett, nous changeons de logique lorsque nous cherchons avec lui à supprimer ce principe. En effet, pour Dummett, la logique classique ne convient plus au type de raisonnement en mathématiques, et propose de lui appliquer la logique intuitionniste qui est avant tout une négation directe de la théorie des conditions de vérité et du principe de bivalence en particulier. Quine est d'accord avec Dummett sur le fait de penser que la bivalence est un des éléments constitutifs du réalisme, mais contre lui, il affirme qu'elle a des mérites indéniables au niveau de la simplification de la théorie scientifique. En effet, La bivalence possède des mérites indéniables dans le sens où elle contribue à simplifier la théorie en remédiant, selon les propres termes de Quine, au flou des mots et à l'aspect vague des termes. Elle est un trait fondamental de nos théories de la nature, et la dichotomie du vrai et du faux qu'elle instaure au cœur du vocabulaire de ces théories nous permet, sans doute, d'exprimer tous les énoncés avec une grande simplicité. Pour Quine, cette revendication de simplicité théorique est aussi importante que la conformité aux données de l'observation, et nous ayons à payer un prix trop cher si nous renoncions à la bivalence et, par conséquent, à ses mérites au niveau de la simplicité des théories de la science.
Ce principe est, en effet, au centre de la logique classique qui est une logique correcte et totalement valable pour la science telle que nous pouvons la concevoir de nos jours. En vérité, Dummett ne rejette pas le principe de bivalence mais refuse tout simplement de le nier ou de l'asserter, et dans certains passages de ses écrits sur le réalisme, il confirme l'idée que ce principe est suffisant et non pas nécessaire dans la constitution du réalisme.[146] Or, quelles que soient les variations de la démarche de Dummett sur cette question de la bivalence, il est néanmoins sûr que cette dernière cesse, chez lui, et contrairement à Quine, de jouer le rôle d'un principe logique fondamental qui est la clé de voûte même du vocabulaire dans lequel s'expriment tous les énoncés des théories scientifiques. Pour Quine, le choix de ce principe est un choix qui oscille entre la simple convention et la conformité aux données de l'expérience. Il rend d'énormes services sur le plan de la simplicité de la démarche scientifique. Bien sûr, Dummett n'entend pas les choses de

[146] Voir : Engel, Pascal : Davidson et la philosophie du langage, PUF, Paris 1994. pp. 159-160.

cette oreille, car pour lui, la bivalence relève d'un schéma réaliste qui attribue la vérité aux phrases même si nous sommes incapables de reconnaître et de vérifier une telle attribution.

La bivalence prolonge la transcendance, et présuppose en définitive l'existence d'un domaine objectif constitué d'objets ontologiquement indépendants. Le refus d'asserter le principe en question veut dire que la vérité des phrases ne dépend pas de l'existence d'un domaine d'objets extérieurs, mais de nos opérations mentales elles-mêmes.

Pour un intuitionniste comme Dummett, les objets mathématiques ne sont rien d'autre que des constructions mentales. De tels objets n'existent que par la seule vertu de l'activité mathématique, et c'est elle qui compte le plus dans toute décision d'attribuer la vérité et la fausseté aux phrases en nous donnant les conditions requises pour toute vérification.

Le platoniste relativise ou dénigre ce rôle important que jouent les conditions de vérification et de démonstration dans la détermination de la vérité et de la fausseté des phrases, car il croit qu'il existe un univers d'objets extérieur à l'activité mathématique elle-même, et par rapport auquel ces phrases seront dites soient vraies soient fausses d'une manière déterminée.

La vérité d'un énoncé c'est l'usage : elle dépend essentiellement de notre capacité à donner à un tel énoncé une sorte de preuve qui soit intuitivement acceptable, c'est-à-dire, susceptible d'être construite mentalement.[147]

Dans ce contexte, la notion de preuve prend beaucoup plus d'importance dans l'acceptabilité des énoncés au détriment de celle de vérité, car ce qui compte avant tout c'est de pouvoir fournir la preuve pour un énoncé donné d'être vrai ou faux. Pour Dummett accepter ou nier l'existence d'une réalité objective est une question sémantique avant tout et non pas ontologique, car elle dépend de la manière avec laquelle nous accordons la signification aux énoncés.

De ce point de vue, la position ontologique doit apparaître comme la conséquence de la théorie de la signification et non pas comme sa prémisse.

L'erreur du platonisme consiste à partir de l'existence objective d'une réalité mathématique pour élaborer une théorie réaliste des conditions de signification et de vérité pour les énoncés mathématiques, alors que si

---

[147] M. Dummett : *Elements of Intuitionnism*, Introductory Remarks, p. 7.

une ontologie antiréaliste devait exister, elle serait nécessairement une conséquence de la manière avec laquelle nous attribuons la signification à ces énoncés. Etant donné que c'est l'activité mathématique elle-même en tant qu'activité mentale, qui fait, au sein de la conception antiréaliste, que les énoncés soient vrais ou faux, il serait cependant absurde de suivre le platoniste dans sa prémisse ontologique : il y a une réalité mathématique objective en vertu de laquelle la vérité ou la fausseté des énoncés mathématiques sont fixées d'une manière déterminée.
Un énoncé mathématique peut être dit vrai seulement si nous arrivions à fournir une preuve manifeste de sa vérité dans les limites de l'esprit humain : étant une simple construction mentale qui dépend de l'activité mentale du mathématicien, un objet mathématique ne peut être dit exister au même titre qu'un objet physique. La méthode qui consiste à traiter, selon le même modèle épistémologique, le mode de connaissance mathématique et celui physique, est à proprement parler à l'origine des erreurs du platonisme.
Alors que les termes du langage propre aux théories physiques dénotent une certaine réalité qui existe objectivement, les énoncés mathématiques ne dénotent aucune référence objective. En rejetant la manière avec laquelle le réaliste attribue la signification et la vérité aux phrases, et en situant le débat sur un niveau strictement sémantique et logique, Dummett ne voit pas comment la dichotomie du vrai et du faux que le principe de bivalence installe au coeur de la logique des mathématiques puisse rester valable. La vérité et la fausseté ne sont pas des propriétés qui appartiennent, d'une manière déterminée, à tous les énoncés, mais sont les produits de la pensée mathématique elle-même qui, en tant qu'activité faite de construction et d'usage, dépend essentiellement des conditions de vérification et de prouvabilité.

5. 3. Réalisme et vérité

Dans les paragraphes précédents, j'ai cherché à étudier le réalisme logique en tant qu'il peut jouer le rôle d'un argument en faveur du platonisme, et sa critique dans le programme antiréaliste de Dummett.
Quine et Dummett sont d'accord au moins sur le point suivant : il existe un lien de rationalité entre le problème de la vérité et le problème du réalisme. Alors que Dummett réduit tout le problème du réalisme à celui de la vérité, Quine opte pour une autre démarche moins radicale : le

problème de la vérité est le problème du réalisme logique et non du réalisme philosophique tout court. Le réalisme de la vérité logique tel qu'il est admis et affirmé par Quine, fonctionne comme un argument en faveur de la thèse platoniste sur l'existence des objets mathématiques. Mais cette forme particulière de réalisme (le réalisme dans la valeur de vérité logique) n'épuise pas le réalisme tout court, et nous pouvons dire qu'en un certain sens, le problème de la vérité n'est pas, chez Quine, le problème du réalisme. Dans ce dernier paragraphe de ce chapitre, je vais tenter de répondre à la question qui porte sur la légitimité du lien entre le problème de la vérité et le problème du réalisme : sont-ils indépendants, ou entretiennent-ils quelque part, une certaine relation de rationalité philosophique ?

Paul Horwich[148] est connu non seulement pour avoir défendu une conception déflationniste au sujet de la vérité, mais aussi pour avoir soutenu qu'il n'existe aucune relation rationnelle entre le problème du réalisme et celui de la vérité ! Pour lui, ces deux problèmes sont complètement indépendants l'un de l'autre. En d'autres termes, Horwich rejette l'idée largement répandue selon laquelle le débat entre les réalistes et les antiréalistes engagent des conceptions différentes de la vérité. Il ne voit pas comment la notion de vérité va venir affecter le débat entre les réalistes et les antiréalistes. Que ce soit dans le domaine de la philosophie des sciences ou des mathématiques, le débat porte sur le conflit qui existe entre la thèse de l'autonomie des faits et des objets scientifiques et celle de la possibilité d'avoir une connaissance de leur existence. Tous les différents problèmes qui tournent autour de ce confit n'ont aucune relation intelligible avec le problème de la vérité. C'est entre ces deux positions radicales que se situe l'approche platoniste de Quine : entre la réduction du problème de la vérité à celui du réalisme tout court chez Dummett, et entre la négation pure et simple de toute relation rationnelle possible entre la vérité et le débat réalisme/antiréalisme en général chez Horwish.

Le réalisme logique intervient pour justifier le platonisme. Il est utilisé comme argument contre les antiréalistes qui doutent de l'existence des objets mathématiques. Pour Quine, il y a un lien, limité certes, mais rationnel, entre la question d'une conception réaliste de la vérité et le débat sur l'autonomie et l'accessibilité à la connaissance scientifique des

[148] Horwich (1990), (1992).

entités mathématiques abstraites. Si nous acceptions la conception référentielle de la vérité telle qu'elle est issue des travaux de Tarski, et si nous considérions qu'elle est applicable, sans difficulté, au cas des énoncés mathématiques, nous sommes conduits, par conséquent, à admettre l'existence des objets mathématiques comme références de ces énoncés vrais, et à leur accorder une certaine indépendance par rapport à nous. Bien sûr, les antiréalistes ne croient pas dans cette existence et dans cette indépendance des objets mathématiques. Pour eux, les faits scientifiques en général, que ce soient mathématiques ou théorétiques, n'ont aucune existence objective indépendamment de nous. Ils dépendent essentiellement de nos systèmes cognitifs et de nos méthodes pour les conceptualiser et les identifier. Au-delà de ces systèmes et de ces méthodes, les faits mathématiques et abstraits en général n'existent pas.

Le réalisme a, ici, un lien total avec la question de la vérité, puisque certains de ces antiréalistes proposent d'éliminer le concept même de vérité qui semble impliquer une justification de la thèse platoniste, pour mettre à sa place un concept qui convient le mieux à une attitude antiréaliste et nominaliste vis-à-vis des entités abstraites, en l'occurrence le concept d'assertion, ou celui d'acceptabilité, ou celui de prouvabilité.

Pour Quine, aucun de ces concepts antiréalistes ne peut remplacer la notion de vérité et ne peut assumer son rôle, car elle constitue non seulement la clé de voûte de la logique bivalente standard, mais représente aussi le but ultime de la science. Elle reste bien sûr relativisée à notre schème conceptuel général, et à notre système linguistique, mais cette relativisation ne doit pas mettre en cause son autonomie par rapport à nous, c'est-à-dire, son objectivité.

Avec Dummett et Horwich, nous avons deux types d'approche qui s'opposent, certes, mais qui peuvent receler les mêmes erreurs : ne pas reconnaître, de manière correcte, la place de la vérité dans l'activité de la science. Dummett met en valeur le parcours qui conduit à la notion de vérité et cherche à lui réduire toute l'activité de la science. Horwich ignore ou veut ignorer pour des raisons internes à son programme déflationniste, l'immanence de la question de la vérité dans tout débat qui touche à l'activité de la science eu égard à ses méthodes d'investigation, ses conditions, ses concepts, et ses conséquences ontologiques.

Le concept de vérité est loin d'être exclus de tout ce mouvement qui questionne la science par rapport à ses relations avec la réalité sur laquelle elle porte.

Quine propose, pour sa part, une approche qui se situe entre les deux, dans le sens où il pense que le problème de la vérité n'est que partiellement dépendant du problème du réalisme en général : il n'est qu'un simple aspect parmi d'autres, et ne peut pas à lui seul rendre compte du sens total du réalisme philosophique.

CHAPITRE 6
LE RÉALISME EN ONTOLOGIE

6.1. Réalisme et Ontologie

Quel est le sens du problème ontologique chez Quine ?
Pour esquisser quelques éléments de réponse à cette question essentielle dans la philosophie de Quine, commençons tout d'abord par dire que la question de l'existence est réduite, chez lui, à une question d'imputation d'existence, c'est-à-dire, à ce qu'une théorie scientifique donnée affirme qu'il existe. La force existentielle d'une théorie doit être cherchée du côté de ses variables quantifiées, et il est possible de poser, sans difficultés particulières, des entités de tout genre à titre de variables sans qu'elles soient individuellement spécifiables comme des noms propres ou des termes singuliers. Ainsi, si nous considérons que l'opération logique de prédication est plus importante que celle de désignation, nous pourrons certes conclure que les valeurs de variable qui garantissent la vérité d'une quantification ne sont pas nécessairement des objets pourvus de noms. La référence étant reliée à la relation logique de prédication, nous pouvons reconnaître que certains objets peuvent exister sans avoir néanmoins la possibilité de les nommer. Pour Quine, les nombres représentent un cas de ce type, et nous pouvons leur appliquer le prédicat « être un nombre » sans pour autant les nommer individuellement.

« Quels objets requiert une théorie ? se demande Quine.
Voici notre réponse : Ce sont les objets qui ont à être des valeurs de variables pour que la théorie soit vraie. Il va de soi qu'une théorie peut, en ce sens, ne pas requérir d'objets en particulier, et néanmoins ne pas, non plus, supporter d'univers de discours vide ; ce sera par exemple une théorie qui est susceptible d'être satisfaite également par n'importe lequel de deux univers qui s'excluent mutuellement.
Ainsi, supposons que cette théorie implique « (x) (x est un chien), elle ne supportera pas d'univers vide ; cependant, elle sera satisfaite par un univers qui contiendrait des colleys à l'exclusion des épagneuls, et vice versa. Par conséquent, du point de vue de l'ontologie, il y a plus à dire d'une théorie que de dire seulement quels objets, s'il en a, cette théorie requiert; nous pouvons en outre demander quels univers seraient suffisants, pris individuellement.
Les objets spécifiques requis par la théorie, s'il y en a, sont les objets communs à tous ces univers. »[149]

---

[149] Relativité de l'ontologie et autres essais, p. 112.

Or, pour parvenir à identifier les assomptions ontologiques d'une théorie, nous devons, avant tout, procéder à sa traduction dans une notation canonique basée sur la logique du premier ordre. Ce n'est que par ce biais qu'il devient possible de déterminer les objets qui tombent dans le parcours de ses variables liées.

6.2. Le cas de la traduction extrême et les questions de l'ontologie

Pour Quine, l'étude anthropologique du cas de la traduction radicale montre que la reconstitution d'une langue complètement inconnue par l'homme occidental, quant à sa sémantique et à son lexique, dépend d'une manière principale des réactions comportementales de l'indigène, à savoir, des émissions produites par lui à partir des seules irritations de sa surface sensorielle. L'indigène produit ces émissions pour exprimer son assentiment ou son dissentiment en réaction à une demande qui concerne la désignation d'objets extérieurs, présents ou passés.

> « Les seules données, écrit Quine, dont dispose (le linguiste-ethnologue) sont les forces qu'il voit agir sur les surfaces sensibles de l'indigène, et le comportement observable de l'indigène, vocal ou autre. »[150]

Dans le cas de la traduction radicale, c'est uniquement la régularité des stimulations sensorielles qui déterminent la portée référentielle des émissions de l'indigène qui sont en vérité dépourvues de toute objectivité au sens littéral. En d'autres termes, la référence de telles émissions est, dans les propres de Quine, inscrutable.

Dans le cas d'un terme comme celui de « gavagai », par exemple, émis par l'indigène en présence de la référence-objet en question, ou affirmé par ostension, il aurait indiqué à la fois, comme l'explique Quine, plusieurs choses à la fois.

Ainsi, selon cette thèse de l 'inscrutabilité de la référence pour les termes d'un langage donné, les relations entre les émissions et les objets auxquels elles font référence ne sont pas définissables d'une manière objective et déterminée. Ce résultat philosophique et épistémologique fondamental dans les théories de Quine, découle directement de l'examen du cas de la traduction extrême et de l'emploi de la méthode ostensive. Cet examen vise à contredire la thèse réaliste de l'autonomie de la

---

[150] Ibid.

signification, et à fixer une théorie antiréaliste des relations entre le langage et les objets auxquels il fait référence.
Il faut insister sur le fait que le cas de la traduction extrême n'est pas ici celui de deux langues apparentées, ou de deux langues qui possèdent un fond culturel commun, mais de deux langues qui n'ont eu aucun contact possible l'une avec l'autre.
La tâche du linguiste-ethnologue consiste donc à mettre au point une sémantique des phrases d'une langue tout à fait inconnue, et les seules données « objectives » qui sont à sa disposition ne sont rien d'autres que les forces qu'il voit agir sur les surfaces sensibles de l'indigène, et le comportement observable de l'indigène.
La reconstitution des significations de la langue cible va dépendre essentiellement des séries de réactions dans ce comportement.

6.3. Le rejet par Quine de la dichotomie carnapienne

Les deux grands problèmes que Carnap et Quine avaient cherchés à résoudre sont celui du statut ontologique des entités affirmées par les théories scientifiques, et celui de l'acceptation d'entités nouvelles, telles que les entités des théories physiques microscopiques et des théories mathématiques.
Pour Carnap, les énoncés tiennent leurs valeurs de vérité des règles du système auquel ils appartiennent : le statut des entités affirmées reste relatif à ces règles. Sur cette base, il distingue entre deux types de questions concernant l'existence de ces entités : les questions qui présupposent l'existence d'un cadre linguistique de référence qui ne cherchent pas à le mettre en cause[151] (les questions internes), et celles qui portent plutôt sur le statut ontologique du système lui-même (les questions externes). Aux yeux de Carnap, les questions du deuxième type ou ce qu'il appelle les questions externes, sont dépourvues de toute valeur cognitive et sont fortement indécidables.

« Être réel au sens scientifique, écrit Carnap, signifie être un élément du système ; et ce concept ne saurait donc être appliqué de façon sensée au système lui-même. »[152]

---

[151] Par exemple, le cadre du langage physicaliste des objets physiques.
[152] Carnap (Rudolf) : « Empiricism, Semantics and Ontology », Revue Internationale de Philosophie, 1950.

Contrairement à cette conception, Quine va chercher plutôt à montrer non seulement qu'une telle interprétation est sensée, mais aussi qu'elle est indispensable pour tout langage affirmatif. Etant donné que l'ontologie d'une théorie n'est rien d'autre, pour lui, que le domaine de variation des variables, la nature physicaliste de l'ontologie de la science aujourd'hui fait que ces variables soient des objets physiques, des classes d'objets physiques, des classes de ces classes, ainsi de suite.
Les deux principes du holisme et du rejet de l'analyticité conduisent Quine à ne pas limiter le statut ontologique des entités affirmées (mathématiques et non mathématiques) au simple fait qu'elles soient bien formées dans le système et qu'elles répondent aux règles syntaxiques qui le régissent. Les deux types de questions sont de même nature et ne diffèrent, en vérité, que par leurs degrés de généralité.
Ceci dit, la détermination du domaine de variation des variables est, chez Quine, une question scientifique, et le réalisme ontologique dans ce cas précis qui est celui des entités mathématiques découle de la nature même de la science actuelle.
La question sur les sciences de la nature, qui est une question immanente à ces sciences (c'est le sens de son caractère « métascientifique »), met en connexion des théories scientifiques découvertes dans les différents secteurs de la recherche, et aboutit, à travers la thèse de l'indispensabilité des mathématiques dans les théories physiques réussies et empiriquement confirmées, au réalisme concernant l'ontologie de la science.
La conception qui détermine ce qu'est la nature de la science, son domaine, sa structure, et ainsi de suite, ne peut être élucidée qu'à l'intérieur de ce qui fait le sujet d'étude de certaines sciences en exercice, à savoir, la psychologie behavioriste qui opère selon des méthodes strictement empiriques et naturalistes, la sociologie de la connaissance, l'anthropologie, l'ethnologie, etc. C'est à partir de l'état actuel des hypothèses explicatives fournies par ces sciences, et non à partir de quelques hypothèses philosophiques premières, que nous pouvons déterminer la nature de la conception de la science et le domaine de son ontologie. Si la conception physicaliste s'avère être, de nos jours, celle qui est la mieux appropriée à l'ontologie de la science et à son image, c'est parce que toutes ces sciences concourent, sur la seule base de leurs pratiques, à un tel résultat épistémologique général plutôt qu'à un autre.
Il est clair que l'étude béhavioriste de l'apprentissage du langage par l'enfant, la réduction de toute disposition mentale à sa manifestation

dans le comportement observable et à son expression publique, l'étroite relation entre science, langage et vie sociale, le fait de considérer le langage « objectuel » de la logique du premier ordre comme celui dans lequel s'expriment toutes les théories scientifiques actuels, et bien d'autres thèses, appartiennent à la fois à des domaines scientifiques particuliers, mais participent néanmoins à une sorte d'unité explicative théorique ayant pour support le schème conceptuel général de la culture dans laquelle se forment et évoluent ces sciences. Derrière cette unité explicative théorique, les frontières entre les sciences particulières deviennent relatives. Cette relativité sert de condition de possibilité pour un autre type de relativité, qui est celle des théories scientifiques elles-mêmes lorsqu'il est question de déterminer leurs ontologies.

La communicabilité des sciences conduit à la thèse de la relativité de l'ontologie. Mais que signifie cette thèse chez Quine ?

« (La thèse de la relativité de l'ontologie signifie qu'il) n'y a pas, écrit Quine, de sens à dire ce que sont les objets d'une théorie, et qu'on peut tout juste dire comment interpréter ou réinterpréter cette théorie dans une autre. »[153]

Afin de déterminer l'ontologie d'une théorie scientifique, cette thèse nous impose le recours à une théorie d'arrière-plan dans laquelle cette théorie peut être interprétée. Cette « interprétabilité » des théories scientifiques quant à la détermination de leurs ontologies, exprime leur état d'être subordonnées à une ontologie d'arrière-plan.

Dans ces conditions, la dichotomie de Carnap entre les questions dites externes et internes tombe, car le discours sur une théorie totale devient possible et peut posséder un certain sens par rapport à une théorie d'arrière-plan et à son ontologie. Quine explique une telle situation de la manière suivante :

« A l'intérieur (d'une théorie) prise comme une théorie d'arrière-plan, nous pouvons montrer comment une théorie subordonnée, dont l'univers est une portion de l'univers d'arrière-plan, peut, moyennant une ré-interprétation, être réduite à une théorie subordonnée, dont l'univers est une portion plus petite de l'univers d'arrière-plan. Ce discours sur les théories subordonnées et leurs ontologies possède un sens, mais uniquement par rapport à la théorie d'arrière-plan avec son ontologie admise originellement, et en dernière instance inscrutable. »[154]

---

[153] Quine : La Relativité de l'Ontologie.. T. F. p. 63.
[154] Quine : Ibid. pp. 63-64.

Comme nous pouvons le constater, l'ontologie d'une théorie n'est donc pas absolue ; elle ne peut acquérir un sens que par rapport à l'ontologie d'une théorie d'arrière-plan. En ce sens, la réponse à la question : qu'est-ce qu'un 'x' ? , par exemple, n'a qu'une signification relative, c'est-à-dire, par rapport à l'admission de 'y'. Jugée extérieure et vide de tout sens cognitif par Carnap, la question de l'ontologie d'une théorie mathématique, telle que la théorie des nombres par exemple, devient avec le philosophe de Harvard, non seulement une question sensée, mais aussi interne aux mathématiques elles-mêmes.
A la base de la dichotomie de Carnap, se trouve sa conception selon laquelle la prédication des termes universels est dépourvue de toute valeur cognitive et de tout contenu empirique. Ainsi, selon Carnap, la prédication, dans le cas de l'énoncé universel : " Existe-t-il un ensemble indénombrable de nombres réels ? ", ne peut avoir qu'une simple valeur syntaxique. Quine, pour qui le concept d'Être est indivisible, conteste la solution donnée par Carnap[155], car elle présuppose que cette question est externe ou interne d'une manière absolue. Or, nous avons toujours la possibilité de la traiter comme étant une question externe par rapport à l'arithmétique des nombres réels, mais interne par rapport à la théorie des ensembles que nous avons choisi, et tel est exactement le sens de la thèse de la relativité de l'ontologie de Quine appliquée aux cas de certains énoncés arithmétiques et mathématiques en général.

6.4. L'ontologie d'une théorie donnée selon Quine

Il est généralement connu aujourd'hui que, selon Quine, être c'est être la valeur d'une variable liée. L'ontologie d'une théorie scientifique donnée se définie avant tout, chez Quine, par la fixation du domaine de variation des diverses variables. La question ontologique devient, par là, une sorte de question technique qui ne porte pas sur le réel pris absolument, mais sur ce qu'une théorie scientifique donnée dit du réel pour qu'elle soit vraie. Or, ce que cette théorie dit du réel s'exprime uniquement par les valeurs qu'elle donne à ses variables liées, et n'assume ontologiquement

[155] Dans Der logische Aufbau der Welt (1928) p. 150, Carnap écrit : « La logique (y compris les mathématiques) ne consiste qu'en conventions réglant l'usage des signes et en tautologies sur la base de ces conventions. Les signes de la logique (et des mathématiques) ne désignent donc aucun objet. ».

que les entités qu'elle implique pour être valide. En ce sens, la question ontologique devient, nécessairement, une sorte de « métaquestion ». Le critère d'engagement ontologique permet, par là, de déterminer ce qu'une théorie scientifique présuppose exister pour qu'elle soit logiquement vraie, et ceci une fois qu'elle a été traduite dans le langage logique de la théorie de la quantification du premier ordre.

« Le fait que le critère, écrit Pascal Engel, soit relatif à une théorie signifie que l'on ne peut pas déterminer les engagements ontologiques indépendamment de la traduction de cette théorie dans un certain langage « canonique », qui révélera la nature des entités occupant les positions de variables. » [156]

Le problème de l'ontologie d'une théorie n'est rien d'autre que celui de sa traduction dans le schéma quantificationnel de la logique du premier ordre avec identité[157]. Sur ce terrain là, l'ontologie d'une théorie donnée est une « métaquestion », qui porte sur le langage de cette théorie en tant qu'il est traduisible et définissable dans l'idiome logique canonique. Ce qui est vraiment en jeu ici, ce ne sont pas les objets que cette théorie affirme exister absolument, mais le langage qu'elle utilise pour rendre compte de ce qui existe, et ceci par le truchement du parcours de vérité de ses variables liées.

«Nous nous préoccupons, précise Quine, des variables liées en relation avec l'ontologie, non pas pour savoir ce qui est, mais ce qu'une remarque ou une doctrine donnée, la notre ou celle de quelqu'un d'autre, dit qui est; et ceci est bien un problème mettant en jeu le langage. »[158]

En vérité, Quine distingue entre l'ontologie des théories et ce que nous pouvons appeler leurs différentes charges ontologiques. Pour mieux déterminer ces différentes charges, il élabore une sorte de critère qui permet de déceler les multiples assomptions ontologiques des théories en question. Nous devons, dès lors, distinguer avec lui, entre l'ontologie d'une théorie et ses assomptions ontologiques, puisque deux théories

---

[156] Engel (Pascal) : La Norme du Vrai. Philosophie de la logique, Gallimard, 1989, p. 86.

[157] Nous pouvons sans doute nous interroger sur cette exigence : la quantification et la référentialité dans une langue naturelle telle que l'anglais s'épuisent-elles ou pas dans la forme du langage de la logique canonique ?

[158] Quine : « On what There is », in : From a logical point of view, p. 15-16.

contraires peuvent avoir une même ontologie, tout en véhiculant des engagements ontologiques opposés. Cette distinction est capitale, et doit être toujours en vue, lorsqu'il est question de comprendre le sens du réalisme en ontologie et sa relation au platonisme mathématique. Elle doit être, en outre, comprise par rapport à la thèse de la relativité ontologique, puisque la question de l'ontologie de la théorie intervient en continuité avec celle de la référence.

En ce sens, la relativité de l'ontologie apparaît chez Quine, lorsque nous paraphrasons les références des modèles formels d'une théorie dans un vocabulaire antérieurement familier.[159]

Nous pouvons dire que, dans ces termes, la thèse de la relativité de l'ontologie signifie, selon Quine :

> « (Qu') il n'y a pas de sens absolu à dire que tous les objets sont des nombres, ou qu'ils sont des ensembles, ou des corps, ou quoi que ce soit d'autre ; cela n'a pas de sens, sauf par rapport à une théorie d'arrière-plan. Les prédicats pertinents « nombre», « ensemble », « corps », ou quoi ce soit d'autre – seraient distingués l'un de l'autre dans la théorie d'arrière-plan par les rôles qu'ils jouent dans les lois de cette théorie. »[160]

La question de l'ontologie d'une théorie n'a de sens que par rapport à sa traduction dans une autre théorie supérieure logiquement plus riche. Contrairement à quelques philosophes antiplatonistes contemporains, cette question ne s'identifie pas à la série des objets que la théorie doit assumer ontologiquement : elle ne peut concerner cette théorie que si la quantification est construite, dans ce cas, référentiellement et non pas substitutionnellement.

Ainsi, pour une conception de la quantification qui néglige, dans sa compréhension de la compétence sémantique et logique des assertions, la question de la référence, en l'occurrence, la conception substitutionnelle de la quantification, la question de l'ontologie de la théorie ne prend aucun sens.

Même si certains philosophes contemporains acceptent cette conception de la quantification et sa logique, elle possède néanmoins deux défauts majeurs : d'abord, cette conception confond les noms avec le reste du vocabulaire, et ensuite, elle ne nous donne pas la possibilité de distinguer entre les variables et les autres marques-places.

---

[159] Voir concernant ce point : Quine, Relativité de l'Ontologie. T.F. p. 66.
[160] Ibid.p. 67.

En effet, dans le cas de la théorie substitutionnelle de la quantification, la question ontologique ne se pose pas, puisque nous ne pouvons pas obtenir une distinction claire entre les signes et les termes qui ont authentiquement des références, et entre ceux qui n'en ont pas. Certains antiplatonistes[161], cherchent à utiliser ce même résultat auquel parvient Quine, pour éliminer toute question de référence et d'ontologie dans le cas des mathématiques.
Quine rejette, bien sûr, une telle solution qui consiste à utiliser une quantification de type substitutionnaliste dans le but de vider la question du statut ontologique des entités abstraites assumées par les théories mathématiques de tout son contenu. Par opposition à ce que pourraient prétendre les antiplatonistes, il y voit le caractère faible d'une telle conception, et non son côté positif. Or, si nous regardions les choses de plus prés, la théorie substitutionnelle ne prend un sens authentique que si nous arriverons à la traduire dans une théorie construite selon la méthode de la quantification référentielle.

« L'ontologie, écrit Quine, n'a aucun sens pour une théorie dont la seule quantification serait construite substitutionnellemnt, i .e, elle n'a aucun sens pour autant que cette théorie est considérée en soi et par soi. La question de son ontologie n'a de sens que par rapport à une traduction de cette théorie dans une théorie d'arrière-plan où nous employons la quantification référentielle. »[162]

La quantification référentielle est donc « la langue clé de l'ontologie »[163], ce qui nous pousse à constater qu'il y a au sein de la philosophie de Quine, un lien très étroit entre la notion de référence, le fait de traiter la compréhension référentielle de la quantification comme étant première par rapport aux autres, et la question de l'ontologie des théories mathématiques ou non mathématiques. En effet, des notions telles que « vérité », « référence » et « existence », sont très étroitement liées ici. Elles partagent, selon les propres termes de Quine, le même « caractère

---

[161] Comme D. Gottlieb, par exemple, et bien d'autres. Pour Gottlieb, voir surtout : Ontological Economy : substitutional quantification and mathematics. Oxford, Clarendon Press. 1980. Voir aussi son article co-écrit avec Mac Carty (Timothy) : « Substitutional quantification and set Theory. », publié dans Journal of philosophical logic, 8/1979. Nous trouvons chez Field (1989) une critique de sa conception.
[162] Ibid, p. 76.
[163] Ibid, p. 79.

élusif dans leur vide par endroits, sauf relativement à un arrière-plan plus vaste. »[164].

Il est possible de voir maintenant dans quel contexte Quine traite de la question de l'existence, c'est-à-dire, comment il la réduit plutôt à une question d'imputation d'existence.

« Pour Quine, écrit Paul Gochet, l'ontologie est intérieure à la théorie scientifique et elle évolue avec elle. »[165]

L'ontologie d'une théorie n'est rien d'autre désormais que ce que cette théorie affirme qu'il existe pour que ses énoncés puissent être vrais. La force existentielle d'une théorie scientifique doit être recherchée au niveau de ses variables quantifiées. Or, pour parvenir à saisir ses assomptions ontologiques, nous devons procéder, avant tout autre chose, à sa traduction dans une notation canonique basée sur la logique du premier ordre avec identité. Ce n'est que par ce biais, qu'il nous est possible de déterminer, par la suite, quels sont les objets qui tombent dans le parcours de ses variables liées.

6.5. Le critère d'engagement ontologique et le cas des théories mathématiques

Selon Quine, si nous appliquions le critère d'engagement ontologique aux théories mathématiques vraies, nous serons conduits à admettre l'existence d'objets mathématiques comme valeurs de variables de ces théories. Mais en quoi consiste avant tout un tel critère ?

Pour Quine, un énoncé est vrai si ce qu'il dit qu'il est, existe pour qu'il soit vrai. Or, étant donné que des énoncés peuvent avoir une même structure grammaticale mais une forme logique différente, nous devons élaborer une sorte de critère pour déceler leurs différentes « charges ontologiques ». Il n'y a pas seulement ce conflit qui motive la recherche de ce critère, mais il y a aussi la distinction entre les différents termes logiques. En effet, la distinction logique entre les termes singuliers (les noms), et les termes généraux ou prédicats (qui sont des syncatégorèmes) nous oblige à reconnaître un critère général d'admissibilité ontologique. Ce critère constitue une sorte de procédure nous permettant de cerner les

---

[164] Ibid, p. 80.
[165] Gochet (2006), p. 202.

différentes assomptions ontologiques que peuvent véhiculer les variables liées des théories scientifiques en général. L'une des présuppositions fondamentales de ce critère consiste dans le fait de considérer que seuls les signes de variable, dans un énoncé formalisé donné, peuvent posséder une portée référentielle. Les autres signes logiques, tels que les lettres de phrase et les lettres de prédicat en sont exclus. Or, pour définir la validité de ces derniers dans la théorie de la quantification, on les interprète comme ayant des valeurs de vérité et des extensions, alors que les variables auront les objets individuels de l'univers de la théorie pour expressions. Bien que de telles expressions puissent fonctionner en général comme des noms, Quine nous met en garde, dans ce cas précis, de confondre entre l'acte de nommer et celui de signifier. Le seul canal de référence reste pour lui, non pas le nom, mais la variable, puisqu'un nom propre ou terme singulier censé nommer toujours un objet individuel, peut ne rien nommer du tout. L'avantage avec les termes singuliers ne consiste pas dans leur disposition à nommer des objets, mais dans leur « substituabilité » à des variables dans des phrases ouvertes.[166]

L'importance des termes singuliers vient de leur capacité à figurer dans les emplacements réservés aux variables 'x', 'y', et, à maintes reprises, Quine suggère de procéder à leur élimination théorique complète en faveur des seuls prédicats. Une telle procédure joue un rôle très important au sein de sa philosophie.

En tout état de cause, le critère relie la vérité d'un énoncé ou d'une théorie complète aux objets que cet énoncé ou cette théorie supposent exister pour qu'ils soient respectivement vrais. Dans ce contexte, et sur la base de ce critère, les théories mathématiques requièrent pour leur part, que les objets mathématiques abstraits figurent comme valeurs de ses variables de quantification. Le mathématicien s'engage donc ainsi à admettre l'existence de tels objets, car elle est une conséquence directe de la vérité de ses théories mathématiques.

L'arithmétique ou n'importe qu'elle autre partie des mathématiques classiques ne peut être dite vraie si les objets qu'elle présuppose pour qu'elle soit vraie, en l'occurrence les nombres réels, n'existeraient pas.

[166] Dans Méthodes de Logique, Tra. Fr p. 226, Quine écrit ce-ci : « Un terme singulier est toujours censé nommer un objet, mais n'a aucun pouvoir pour garantir que l'objet présumé se présentera jamais ; témoin, « Cerbère ». »

La référence à de tels objets semble être nécessaire dans le contexte de nos théories mathématiques actuelles. Le fait d'élaborer une théorie mathématique qui, tout en étant une théorie vraie, ne s'engage pas ontologiquement sur un type d'objets, n'est rien d'autre qu'élaborer une sorte de théorie mathématique déviante. La question de la vérité mathématique devient intimement liée à l'existence d'un certain type d'objets bien particulier. Or, étant donné qu'il réduit toutes les mathématiques à la théorie des ensembles, la question de l'existence mathématique prend chez Quine l'expression suivante : quel type d'ensembles faut-il choisir pour que nos théories mathématiques soient vraies ? La « modélisation » de toutes les mathématiques classiques dans la théorie des ensembles constitue l'une des conditions d'application du critère quinéen d'engagement ontologique. L'autre condition consiste à imposer le cadre structurel de la logique des prédicats du premier ordre avec identité comme cadre dans lequel se décide la question des assomptions ontologiques de toutes les théories mathématiques ou non sans distinction.

Le critère repose sur donc sur ces deux conditions qui sont étroitement liées : le choix de la logique des prédicats du premier ordre comme système de représentation des concepts ensemblistes auxquels sont réduites toutes les parties des mathématiques telles qu'elles sont utilisées de nos jours dans les sciences de la nature.

Essayons d'examiner de plus prés ces deux conditions qui assurent l'applicabilité du critère quinéen d'engagement ontologique :

D'abord, la réduction des mathématiques à la théorie des ensembles, ensuite l'exigence que la théorie cible soit donnée dans le langage quantificationnel de la logique classique.

Certains antiplatonistes critiques de Quine pensent que si nous arrivons à réfuter l'une de ces deux thèses ou les deux à la fois, nous aurons conquis un grand pas dans l'élimination du platonisme. En effet, l'une des voies antiplatonistes possibles consiste à ne pas accepter la première condition posée par Quine, en l'occurrence l'idée selon laquelle la traduction des mathématiques dans la (les) théorie(s) des ensembles est la version ultime des théories mathématiques, et essayer, par conséquent, de développer des mathématiques sans ontologie. Or, une telle entreprise risque indéniablement de mettre en péril la vérité des énoncés et des théories mathématiques, car cette vérité est référentielle et présuppose nécessairement l'existence d'objets.

Pour Quine, il est possible de réduire tous les objets mathématiques aux ensembles, et donner finalement aux parties élémentaires et supérieures des mathématiques une version qui s'exprime, de manière ultime, dans le langage de la théorie des ensembles. Cette version reste sans doute sujette à l'indétermination de la traduction, puisqu'il existe plusieurs manières différentes de réaliser cette version, mais qui s'accordent toutes et sont, en quelque sorte, équivalentes. Ces théories des ensembles sont toutes vraies et acceptables, et donnent la même structure requise. La question de savoir laquelle parmi toutes ces différentes théories celle qui fournit la vraie version des nombres est une fausse question, puisque toutes ces théories peuvent faire le même travail.
L'argument antiplatoniste de Benacerraf concernant le problème de la multiple réduction des nombres naturels aux ensembles, aussi bien que l'argument qui met en doute la « modélisation » de l'arithmétique dans la théorie des ensembles sont neutralisés tous deux par Quine.
Les mathématiques nous engagent donc à reconnaître l'existence des ensembles comme objets ultimes de l'univers et auxquels nous pourrions réduire tous les autres objets mathématiques tels que les nombres et les classes. De ce point de vue, Quine ne voit pas comment le nominaliste peut accepter les assertions mathématiques et rester consistant par rapport à ses prémisses, car ces assertions assument sans remède les ensembles qui sont des objets abstraits. C'est le défi (challenge) que lance Quine à tous les nominalistes.

« (Le nominaliste), écrit Quine, doit insérer les sciences naturelles dans sa théorie sans pouvoir s'aider des mathématiques, parce que les mathématiques, à l'exception de certaines parties triviales comme l'arithmétique tout à fait élémentaire, sont irrémédiablement condamnées à quantifier sur des objets abstraits. »[167]

Une autre voie est possible pour rejeter le platonisme tel qu'il est défendu par Quine consiste à nier la deuxième condition d'applicabilité du critère en question, c'est-à-dire l'exigence que la théorie cible soit traduite dans une notation canonique ayant pour support la logique quantificationnelle du premier ordre. Nombreux sont les antiplatonistes qui cherchent à battre en brèche cette exigence en optant soit, pour une interprétation non standard des quantificateurs, soit en adhérant plutôt à une théorie

[167] Quine (1960), traduction P. Gochet, p. 369. 370.

substitutionnelle et non référentielle de la quantification où la question ontologique ne se pose plus.

Une telle voie est certes antiquiéenne par excellence, puisque Quine la rejette radicalement. D'abord, il est, pour des raisons épistémologiques, contre tout changement de notre cadre logique classique, car il jouit, en tant que tel, d'une énorme clarté et d'une grande simplification. Nous pouvons exprimer toutes nos théories scientifiques dans le langage de la logique classique du premier ordre sans aucune difficulté. Ensuite, il ne voit pas comment il est possible de fixer directement pour un système formel donné une interprétation de nature substitutionnelle pour la quantification sans l'avoir préalablement traduit dans un langage référentiel du premier ordre. Quine est d'accord sur le fait qu'une interprétation de ce type pour l'arithmétique ou pour n'importe quelle autre théorie ou partie des mathématiques, peut mettre en échec le critère d'engagement ontologique et peut nous faire éviter d'assumer des objets mathématiques. Mais peut-elle être élaborée authentiquement, et est-elle réellement indépendante de la version référentielle ? Quine ne le pense pas. Cette conception contient un concept d'existence, mais ce concept n'est pas authentique, car il est l'ombre pâle de celui contenu dans la conception objectuelle première des quantificateurs classiques. C'est là la réponse quinéenne au projet nominaliste et antiplatoniste de Dale Gottlieb.

Cela dit, le critère d'engagement ontologique appliqué au cas précis des théories mathématiques se construit sur la jonction entre le réalisme logique, scientifique et ontologique, à un point que nous pouvons dire qu'il est l'expression de la thèse platoniste dans sa totalité chez Quine, car cette thèse n'est rien d'autre que l'effectuation de la jonction dans les termes d'une rationalité pragmatique et holistique.

TROISIÈME PARTIE

ANTIPLATONISME ET CRITIQUE DE QUINE DANS LA PHILOSOPHIE CONTEMPORAINE DES MATHEMATIQUES

Mathematical realists like Quine who want to scotch all talk of mathematical necessity presumably need to recognize the conservativeness of mathematics; though doing so would force considerable qualifications on the Quinean view that mathematics is continuous with the rest of science and subject to revision in the same way that science is subject to revision.

Hartry Field, Realism, Mathematics and Modality, p. 241.

On our own view, this approach (the more recent holistic, quasi-empirical Platonism of Quine, according to which pure mathematics receives its justification through its empirical, scientific applications) has provided valuable insights, and, in fact, we will suggest adapting aspects of it to the interpretation to be developed below.

Geoffrey Hellman, Mathematics without Numbers, p. 3.

Quine, who more than any other philosopher is responsible for the currently widespread acceptance of Mathematical Realism.

Charles S. Chihara, The Worlds of Possibility : Modal realism and the Semantics of modal Logic, p. 323.

CHAPITRE 7
FIELD, HELLMAN, CHIHARA ET LA CRITIQUE DE QUINE

Mon objectif dans ce chapitre 7 consiste à mettre au clair les trois niveaux sur lesquels la philosophie quinéenne des mathématiques reste ouverte à des critiques et à des objections sérieuses :
(1) le niveau qui concerne la question de l'applicabilité des théories mathématiques et les arguments d'indispensabilité, (2) celui qui relève de la question du rôle que les modalités logiques sont invitées à jouer dans la philosophie contemporaine des mathématiques, (3) et enfin celui qui met en relief tout le débat philosophique sur les ressources que le structuralisme offre de nos jours aux philosophes des mathématiques pour traiter la question du réalisme.

Les programmes philosophiques des trois philosophes antiplatonistes critiques de Quine (Field, Hellman, et Chihara), s'élaborent à partir des insuffisances des solutions données par Quine sur ces trois niveaux de l'explication et de l'analyse philosophiques. Ceci ne veut pas dire que les solutions antiplatonistes données sur la base de cette critique ne soulèvent pas, à leur tour, d'autres difficultés aussi problématiques, voire intrigantes.

Chez Hartry Field, il est, en effet, question dans sa critique, de chercher à démontrer comment la thèse de Quine sur l'indispensabilité des mathématiques, malgré les arguments sérieux auxquels elle donne lieu en faveur du platonisme, reste irrémédiablement ouverte aux objections fictionnalistes et instrumentalistes du nominalisme modal moderne.

Avec Hellman, toute la conception platoniste des objets va être rejetée au profit d'une version modale et structuraliste de la théorie des classes ayant « le projet de nominalisation de la science physique » comme arrière-plan philosophique. Quant à Chihara, sa critique va surtout porter sur les thèses principales de Quine dans le domaine de l'ontologie de la science, la théorie canonique de la quantification, ainsi que sur les critères d'acceptabilité scientifique des entités propres aux théories. Chihara rejette, en premier lieu, le critère d'assomption ontologique, et sa prémisse, c'est-à-dire, la régimentation de toutes les théories de la science dans le langage formel de la logique du premier ordre. En deuxième lieu, il ne comprend pas le sens de la notion d'entité, et émet des doutes sur les critères d'acceptabilité scientifique chez Quine, et sur les solutions qu'il a données au problème de la vérification et de la confirmation[168]. En aucun cas, il nous est possible d'accorder à Quine que l'unique trait de simplicité d'une entité pour le système théorique où elle est placée et utilisée, peut se transformer en un critère d'acceptabilité scientifique et d'admissibilité ontologique. En déniant ces critères, Chihara rejette les entités mathématiques, et propose une ré-interprétation modale des mathématiques qui ne nous engage sur aucune entité, possible ou actuelle. La référence apparente, dans son système « constructibiliste », aux « mondes possibles » ou aux « manières selon lesquelles le monde aurait été » n'implique aucun type d'engagement ontologique sur leur existence[169]. Ces notions modales n'ont selon son point de vue qu'une valeur heuristique et explicative.

7.1. Le programme fieldien d'une philosophie modalo-fictionnaliste des Mathématiques et la critique du platonisme « indispensabiliste » de Quine

Il s'agit dans cette section du chapitre 7 d'étudier l'antiplatonisme de Hartry Field tel qu'il s'exprime dans sa philosophie modalo-fictionnaliste des mathématiques. Dans les termes de cette philosophie, le platonisme en général, et le platonisme dans sa version quinéenne en particulier, sont directement et ouvertement critiqués et rejetés. Contre Michael Dummett, Field ne voit pas comment la notion de vérité peut intervenir dans le débat sur le platonisme[170]. Le platonisme est avant tout, le réalisme de l'existence des objets mathématiques. Ce concept platoniste d'existence

[168]Chihara : « Quine and the confirmational Paradoxes », Midwest Studies in Philosophy 6/1982. p. 425-444.

[169] Chihara : « Modality without worlds », in Czermak (Eds) 1992 : « (For) those who accept some version of Quine's criterion of ontological commitment, it may seem that the analysis that I have given here presupose the existence of strange entities called 'ways the world could have been'. This is because, in various places, I seem to refer to such things. » p. 266

[170] Voir l'excellent article de Pataut Fabrice: « Peut-on être fictionnaliste ?, dans Granger Eds. (1993), p. 98 : Vérité mathématique et existence mathématique. Pataut dit simplement ce qui suit : « même si l'attaque fondamentale est une attaque contre **(A1)** (= Si les théories mathématiques sont utiles (parceque applicables), alors il existe des entités mathématiques), la position de Field sur la pertinence du rôle du concept de vérité dans le débat entre platonismes et nominalistes ne me semble pas entièrement claire. ». Cet article constitue avec la Dissertation de D.E.A du talentueux M. Paul Egré sur le concept de conservativité (malheureusement non publiée) deux excellentes références en français concernant la philosophie des mathématiques de Hartry Field.

signifie que ces objets là sont indépendants de nous. Le platonisme est donc, aux yeux de Field, toute théorie qui croit en l'indépendance ontologique des entités mathématiques en général, quelle que soit la méthode utilisée pour exprimer cette indépendance, et le projet modalo-fictionnaliste vise avant tout à nous débarrasser d'une telle croyance qui porte sur une « large réalité injustifiée (mensongère et sans motif) faite d'un autre genre d'entités, des entités qui ne ressemblent pas aux entités auxquelles nous croyons (en raison par exemple de leur manque de contact causal sur nous et de tout ce que nous pouvons expérimenter), et qui soulèvent des perplexités philosophiques subtantielles.»[171].

Bien que Field préfère ne pas aborder la question de l'existence des objets mathématiques à travers la simple question sémantique des conditions de vérité des énoncés qui portent sur eux, (ce qui semble être la méthode choisie par Dummett), l'un des principes de sa conception est, me semble-t-il, de présupposer un certain parallélisme entre la question de la vérité et celle de l'existence[172]. Ce parallélisme devient néanmoins urgent, car, contrairement aux autres philosophes des mathématiques, et parmi eux Dummett, Field ne propose pas d'interpréter logiquement (Frege) ou modalement (Hellman, Chihara) ou holistiquement (Quine) ou intuitionnistiquement (Brouwer, Dummett), ou structurellement (Shapiro, Resnik), etc., les affirmations existentielles contenues dans les théories mathématiques que la science physique (y compris celle des quanta) utilise, mais de les prendre telles qu'elles sont, c'est-à-dire, littéralement (at face value) en tant qu'elles concernent un domaine d'objets référentiel bien déterminé.

"Obviously I am not proposing that we replace the usual mathematics by a new mathematics that rejects all existential assertions and accepts all universal ones : such a body of assertions would be of no mathematical interest. What I am asserting, rather, is that what is of mathematical interest and what is true do not coincide. (...). Clearly there are many factors that go into deciding whether a given mathematical theory is a piece of good mathematics –e.g., richness in consequences, relevance to prior work in

---

[171] Field (1980), p. 98. : « ..a large realm of otherwise gratuitous entities.. ». Nous pouvons traduire l'adjectif "gratuitous" par injustifié, sans motif, aussi bien que par mensonger.

[172] Cette attitude de Field va, me semble-t-il, dans le sens de la définition que j'ai donnée du platonisme : car Field ne voit comment il peut nier l'existence des objets mathématiques, et continuer cependant de parler de la vérité des énoncés qui portent sur eux.

mathematics and in science, elegance and originality, to name just a few. But for the mathematical realist, one such factor is truth. What I am proposing is that the anti-realist should put conservativeness in place of this one factor ; I do not deny that the other factors should be operative as well."[173]

On comprend, dès lors, pourquoi il finit par adopter une définition de la vérité mathématique qui ne soit pas sémantique, c'est-à-dire, compatible avec le cadre véricondìtionnel classique et applicable à tous les énoncés quelle que soit la théorie en jeu, mais uniquement une vérité par rapport aux mathématiques standard.

« La question, écrit-il, de savoir si des énoncés mathématiques comme '7+5 = 12' et 'Il existe x (7 + x =12)'sont vrais simpliciter est très équivalente à la question de savoir si les nombres naturels existent. Car, si les nombres naturels n'existent pas, il serait difficile de voir comment '7+7=12' peut être vrai simpliciter. »[174]

Le platonisme mathématique n'a rien à voir avec la question du réalisme ou de l'antiréalisme logique, car il concerne exclusivement la notion d'existence telle qu'elle est appliquée aux objets abstraits dont traitent les mathématiques.[175] Sur ce point, Field se démarque nettement de Chihara et de Hellman, car, pour le premier, penser que les mathématiques sont vraies, ce n'est pas penser que quelque chose existe, mais seulement que certaines possibilités logiques sont ouvertes. Pour le deuxième, la théorie modalo-structuraliste utilise une notion de vérité mathématique au sens de la logique classique, bien qu'elle élimine modalement du discours mathématique toute référence à des objets ou à des collections abstraites d'objets.

Certainement, Field veut aller plus loin que certains antiplatonistes qui choisissent de dire que ces objets qui représentent le sujet d'étude des mathématiques existent, non pas indépendamment de nous, mais dans notre esprit et par rapport à notre vocabulaire scientifique. D'abord pour

---

[173] Field (1989), p. 239.240.

[174] Field (1993) p. 289.

[175] Je pense que Field est, malgré tout, d'accord avec Dummett sur la thèse de l'antiréalisme logique : tous deux rejettent la notion de vérité pour les énoncés mathématiques, et la remplacent (i) par la conservativité et (ii) l'assertabilité-prouvabilité. Or, ils ne sont pas d'accord sur les bases de leur antiplatonisme respectif : (i) des bases nominalistes d'un côté, et (ii) des bases qui relèvent de la philosophie du langage de l'autre.

deux raisons : (1) l'idéalisme mathématique, comme forme d'opposition au platonisme canonique, est inefficace, car le fait de dire que ces objets existent mais sont dépendants de l'esprit et du langage humains ne résout pas le problème auquel est confronté le platonisme, et (2) ce qui intéresse Field c'est surtout la question d'un système des mathématiques tel qu'il est possible de l'appliquer à la réalité extérieure.

En effet, Field cherche, par-delà l'option idéaliste (intuitionniste) qu'il ignore délibérément, à montrer que le platonisme est essentiellement la thèse réaliste selon laquelle certains croient littéralement que les objets qui constituent le sujet d'étude des théories mathématiques existent.

Le platonisme n'est rien d'autre que l'expression de cette croyance dans la littéralité des assertions mathématiques, et l'antiplatonisme c'est la théorie qui renonce à tenir une telle croyance. L'antiplatonisme ne se construit sur aucune notion, réaliste ou antiréaliste, de la vérité en mathématiques[176]. L'opposition au platonisme n'est donc pas logique, mais ontologique, et ce que cherche à faire Field c'est surtout de prouver la « dispensabilité » des mathématiques dans les théories physiques de manière à battre en brèche l'affirmation platoniste qui fait croire à quelques philosophes que les assertions mathématiques doivent être comprises littéralement, c'est-à-dire, en tant qu'elles postulent l'existence des nombres, des ensembles, des fonctions, et ainsi de suite.

La volonté de mettre en échec la plausibilité même du platonisme est accompagnée, chez Field, d'un travail hautement conceptuel et formel. Le recours à des logiques non standard s'avère d'une grande nécessité pour mener à bout une telle tâche.[177] En effet, il est question dans son

---

[176] Bien sûr, Field défend une conception antiréaliste de la vérité et de la signification, à savoir la conception déflationniste. Or, dans le cas précis des énoncés mathématiques, elle n'a pas un rôle direct à jouer, car les nombres n'existent pas, et donc ils sont tous faux. En outre, la vérité mathématique, même comprise dans les termes de cette conception défaltionniste, n'est pas importante. Ce qui est le plus important c'est que les mathématiques soient une sorte d'instrument utile pour la physique et pour sa nominalisation, et que ses applications soient seulement conservatives.

[177] Pour Field, le projet de nominalisation de la science, exige le choix des bases logiques sur lequel il peut être édifié. Sur ce plan, Field pense qu'il faut faire un choix, et trancher sur la question : quelle logique faut-il utiliser ? Le choix de Field va sans doute au-delà des outils que la logique du premier ordre met à notre disposition, mais attention, précise-t-il : nous devons toujours choisir ceux que le platoniste aurait acceptés aussi ! Field, ne lâche jamais des yeux le platoniste. Voir Realism, Mathematics & Modality, p. 52.

programme « fictionnaliste » des mathématiques d'utiliser des logiques déviantes, telles que la logique modale et la logique substitutionnelle, dans le but de donner une version nominalisée des sciences physiques, et montrer comment dans une telle version les mathématiques ne sont pas indispensables comme le prétend Quine. Le programme nominaliste n'a pas échoué, car nous pouvons s'aider des mathématiques sans pour autant accepter ni les classes ni les attributs, et nous pouvons démontrer qu'elles sont dispensables en vertu de leur nature profondément conservatives.

« Il semble, écrit Quine, que le programme nominaliste soit déjà achevé, et sans peine, si l'on peut faire intervenir ici l'élimination des classes opérée par Whitehead et Russell au moyen de leur théorie sur les symboles incomplets. Mais c'est là une illusion. Cette théorie n'accomplit pas cela, elle n'élimine les classes qu'en faveur des attributs. »[178]

Même s'il était parfois difficile de partager les mêmes vues que lui, nous pouvons constater la grande contribution du programme antiplatoniste de Field à enrichir philosophiquement et épistémologiquement le débat entre platonistes et antiplatonistes. Il a sans doute le mérite de chercher à nous faire douter de certaines thèses de Quine que nous acceptons parfois sans longue discussion, telle que son critère d'assomption ontologique.
En effet, Field semble être en désaccord avec Quine sur plusieurs points fondamentaux, particulièrement sur la question de la justification du platonisme via la place des mathématiques dans les sciences de la nature.
Pour Field, si nous arrivons à dissoudre les arguments d'indispensabilité sur lesquels repose le platonisme pragmatique de Quine, nous aurons fini une fois pour toutes avec le platonisme en général, car ils sont les arguments les plus sérieux et les plus forts en faveur de cette thèse.
Field veut, en effet, démontrer, contre Quine, que les théories physiques peuvent être élaborées, de façon satisfaisante, sans aucune référence ou quantification sur des objets mathématiques abstraits.
Le fictionnalisme mathématique de Field est essentiellement dirigé contre la thèse ontologique de Quine qui atteste que l'existence des objets mathématiques (qui sont des objets abstraits) s'explique surtout par le fait que la référence et la quantification sur ces objets est indispensable à la fois pour une bonne théorie physique, et pour les mathématiques que cette théorie utilise.

[178] Quine (1960), p. 370.

En continuité avec la position de Benacerraf, Field considère que les objets mathématiques sont causalement inertes. Il n'y a entre nous et de tels objets situés en dehors de l'espace et du temps aucune interaction possible.

« There are, écrit Field, no causal connections between the entities of the platonic realm and ourselves ; how then can we have any knowledge of what is going on in that realm ? And perhaps more fundamentally, what could make a particular word like 'two', or a particular belief sate of our brains, stand for or be about a particular one of the absolute infinity of objects in that realm ? It seems as if to answer these questions one is going to have to postulate some aphysical connection, some mysterious mental grasping, between ourselves and the elements of this platonic realm. »[179]

De ce point de vue, et si de telles entités n'existent pas, nous pouvons dire que les énoncés mathématiques qui les dénotent sont faux. Field accepte le raisonnement de Benacerraf, mais uniquement au niveau de ses prémisses et non pas au niveau de ses conclusions, car les énoncés mathématiques restent tous faux sous n'importe quelle ré-interprétation possible, et n'ont pas besoin d'être vrais pour être bons et utiles dans la pratique de la science.
L'absence de tout contact causal entre nous et ces entités abstraites et l'absence de faits proprement mathématiques nous motivent à chercher l'utilité et l'intérêt des mathématiques autrement que du côté de leur vérité, car de ce côté-là, les mathématiques sont entièrement fausses, puisque les nombres, les classes, les ensembles, les matrices, les catégories, etc., n'existent pas. Le paramètre de vérité doit être donc éliminé, et le réalisme logique devient, par conséquent, intenable dans le cas des énoncés mathématiques.
Ainsi, Field réduit tous les aspects réalistes des mathématiques tels qu'ils sont décrits dans les programmes des platonistes en général, et de Quine en particulier, à des aspects secondaires par rapport à l'aspect qui concerne la manière avec laquelle les théories mathématiques elles-mêmes sont appliquées au monde physique et utilisées dans les sciences. Cet aspect fondamental constitue, aux yeux de Field, l'aspect qui doit attirer l'attention du philosophe des mathématiques avant tout autre chose. L'une des conséquences directes de cette attitude est la formation d'un type spécial d'antiplatonisme ayant pour support le rejet du réalisme dans ses extensions les plus fondamentales, c'est-à-dire, le rejet de la

[179] Field (1989), p. 68.

vérité des énoncés mathématiques, de toute référence à des objets mathématiques abstraits et de tout caractère scientifique propre à la connaissance mathématique.

Les fondements du platonisme quinéen tels que nous les avons analysés, se trouvent donc directement remis en cause par le type d'approche développée par Field. Le réalisme dans la valeur de vérité est explicitement rejeté dans le sens où il est utilisé par Quine comme un argument en faveur de l'admission de certaines entités mathématiques abstraites. Field rejette cette option, car, pour lui, nous ne savons pas s'il y a ou non des nombres, des ensembles, etc., et dans tous les cas, nous n'avons pas du tout besoin d'une telle hypothèse pour décider de l'utilité ou non des théories mathématiques. En vérité, ces théories sont quasi équivalentes aux contes fictifs de la littérature imaginaire, et de ce point de vue, nous pouvons mettre sur le même plan les entités mathématiques et les traits de ces contes, comme étant des fictions tout simplement. Ces théories ne sont pas plus vraies et plus objectives que toute la mythologie des contes littéraires.

Les affirmations mathématiques contenues dans ces théories ne sont pas référentielles en raison du fait que les objets qu'elles portent sur eux n'existent nulle part. Dans ce cas, chercher à répondre à des questions qui relèvent de la vérité et de l'objectivité des hypothèses mathématiques autour d'un problème quelconque est quasi semblable au fait de chercher à répondre à la question qui porte sur le nombre exact des cellules dans le corps du père Noël aujourd'hui.[180]

Ainsi, l'alternative que propose Field consiste à remplacer la vérité des mathématiques par une notion qui relève plutôt de leur disposition à être appliquées dans les sciences, à savoir la notion de conservativité. Cette revendication fait déjà le propos du premier ouvrage de Field : *La Science sans les Nombres*, où il est question de montrer comment l'utilité des outils mathématiques pour les théories physiques confirmées joue en faveur de l'élimination non seulement des objets mathématiques mais surtout de la vérité des énoncés qui portent sur eux.

La propriété que les énoncés mathématiques contenus dans les théories physiques doivent posséder à la place de la vérité, Field l'appelle : la conservativité.

Qu'est-ce qu'une théorie mathématique conservative aux yeux de Field ?

---

[180] Voir Field (2001), p. 315.

« Une théorie mathématique S, répond Field, est conservative, si pour toute assertion nominaliste A et pour tout corps de telles assertions N, A n'est pas une conséquence de N+S à moins que A ne soit une conséquence de N uniquement. »[181]

Pour saisir le sens de cette définition, nous avons besoin de comprendre ce que Field veut dire par une assertion nominaliste. Selon ses propres termes, c'est une assertion dont les variables sont explicitement limitées aux entités non mathématiques. En ce sens, le rôle que les théories mathématiques sont autorisées à jouer est donc celui d'être des instruments au service de telles assertions, qui permettent de les dériver les unes des autres, n'obéissant, par-là, qu'à une seule règle qui est celle de la consistance logique. La conservativité des théories mathématiques signifie que les assertions nominalistes qui servent de conclusions, au sein d'une théorie physique donnée, à d'autres assertions de même nature, et qui sont dérivables, au moyen de ces théories mathématiques elles-mêmes, peuvent l'être aussi sans leur aide, ce qui rend la question de leur vérité complètement déplacée. Dans le cas d'une théorie mathématique pure, c'est-à-dire, d'une théorie dont le parcours de variables quantifiées est formé uniquement d'entités mathématiques, la conservativité ne peut être qu'une conséquence de sa consistance au sens logique. Dans le cas d'une théorie mathématique non pure, telle que la théorie des ensembles, qui est une théorie dont le parcours de variables liées peut comporter des entités mathématiques aussi bien que non mathématiques, la conservativité est un cas de consistance logique plus fort. De ce point de vue, les théories mathématiques qui ne sont pas conservatives, seront tout simplement éliminées. Au moyen d'une telle théorie, Field veut prouver la possibilité de reformuler toute la physique théorique de la gravitation ou des champs magnétiques, etc., sans aucune référence à des objets mathématiques et sans aucune quantification sur des entités abstraites.

Field est, sans doute, d'accord avec le platoniste lorsque ce dernier pense que l'indispensabilité théorique des mathématiques dans les sciences physiques constitue un argument fort en faveur de leur vérité. Mais, si nous regardons les choses de plus près, cette indispensabilité théorique des mathématiques dans les sciences empiriques n'aboutit à affirmer ni la vérité, ni la consistance des mathématiques, mais uniquement leur

[181] Field, H (1989), p. 125.

conservativité. Field reconnaît donc le caractère d'indispensabilité des mathématiques, mais refuse l'inférence platoniste selon laquelle cette propriété implique leur vérité, et donc par-là, l'existence des entités mathématiques : nous avons la possibilité d'utiliser les mathématiques dans la science sans nous engager ontologiquement sur aucun univers d'objets abstraits La conservativité des mathématiques est une réponse aux objections formulées par Quine contre le nominalisme.

Selon Field, les arguments d'indispensabilité sont les arguments les plus sérieux en faveur du platonisme, et l'objectif principal de son programme modalo-fictionnaliste consiste à « briser » de tels arguments. Pourquoi Field considère-t-il ces arguments comme les seuls arguments à prendre au sérieux et qui pourraient vraiment mettre l'alternative fictionnaliste en difficulté ?

Pour Field, l'analyse de la manière avec laquelle les mathématiques sont appliquées au monde physique doit être considérée comme première par rapport aux questions qui concernent leurs aspects logiques, ontologiques et épistémologiques.

En effet, les arguments d'indispensabilité, qui sont les plus connus parmi les arguments qui plaident en faveur du platonisme, sont basés sur le rôle que jouent les mathématiques dans les sciences de la nature, et sur le fait que les mathématiques représentent une partie essentielle dans toute théorie scientifique vraie et réussie concernant le monde extérieur. Comme nous avons eu l'occasion de les analyser longuement, surtout tels qu'ils sont compris et employés par Quine, ces arguments nous obligent à quantifier sur les entités mathématiques abstraites, et par-là, à admettre leur existence.

Field veut s'attaquer au cœur de ces arguments, c'est-à-dire, à la thèse selon laquelle le rôle des mathématiques est indispensable pour les théories de la science, en se posant la question suivante :

Quelle est exactement la fonction des mathématiques dans les sciences ?

La réponse de Field est que les théories mathématiques peuvent être seulement « conservatives » pour toute théorie scientifique nominaliste, et nous pouvons, par conséquent, nous débarrasser de la vérité et de l'existence mathématiques.

Le concept métamathématique de conservativité permet de montrer comment les mathématiques sont éliminables de certaines parties de la science, telles que la théorie newtonienne de la gravitation universelle et la théorie de la relativité restreinte. Sa fonction principale consiste à

montrer comment ces théories scientifiques peuvent être formulées sans faire aucune référence aux nombres et aux fonctions mathématiques.
Or, pour Field, l'éliminabilité des mathématiques de certaines parties des sciences physiques, ne signifie pas pour autant qu'elles ne soient pas utiles pour la science.
L'utilité des théories mathématiques doit être saisie par-delà les conclusions du platoniste qui s'en sert pour admettre l'existence d'un domaine d'objets. Le rôle utile des mathématiques dans le système des sciences ne doit pas devenir une raison pour attribuer aux mathématiques elles-mêmes un pouvoir d'admissibilité ontologique.
Tout l'effort de Field va se concentrer sur le caractère d'applicabilité propre aux théories mathématiques, et va consister à démontrer comment il est possible d'analyser ce caractère sans inférer l'existence d'aucune entité mathématique.
Nous remarquons donc que le programme de Field repose sur deux concepts intimement liés : le concept d'une science nominalisée, et celui d'une conception instrumentaliste selon laquelle les mathématiques n'ont pas besoin d'être vraies pour que leurs applications soient utiles. Le fait de démontrer que les mathématiques sont conservatives, présuppose la possibilité de fournir une version nominaliste pour chaque théorie physique réussie. C'est dans ce sens que Field utilise une logique plus large que celle du premier ordre[182], enrichie par ce que nous pouvons appeler la logique complète des sommes goodmaniennes (« complete logic of Goodmanian sums »). En outre, il utilise des opérateurs modaux non classiques, et même la notion d'une conjonction infinie qui joue le rôle d'un quantificateur non standard.
Le but recherché est incontestablement une version nominaliste des diverses parties de la science physique (mécanique aussi bien que quantique) qui ne nous engage sur aucun objet n'étant pas un individu ou une collection d'individus.
Il est sans doute très important d'expliquer la nature des liens entre les notions de vérité, de consistance et de conservativité dans le cas du

---

[182] Ici, nous caractérisons sa tentative de donner une version nominaliste telle qu'elle est élaborée dans (Field 1980). Or, dans sa deuxième tentative (Field 1989), il choisit de formuler cette version dans la logique du premier ordre. Il est obligé de le faire pour sauver la conservativité déductive de sa version sous le coup de la critique de Shapiro et du théorème d'incomplétitude de Gödel.

programme de Field[183]. Les relations entre ces deux dernières notions sont très étroites, car le rôle que joue la conservativité au sein de ce programme peut être comparé à celui de la consistance dans le programme formaliste de David Hilbert. Il est sûr qu'il y a, au moins, un point commun entre ces deux programmes : c'est le rejet de la vérité des mathématiques. Dans les deux cas, les mathématiques n'ont pas à être vraies pour être acceptées, et nous pouvons nous passer de cette propriété si nous prouvons que les mathématiques sont consistantes (Hilbert) ou/et conservatives (Field) . Chez Hilbert, la vérité est définie dans les termes de la propriété de dérivabilité formelle en tant que simple propriété syntaxique. Nous parlerons désormais non pas de vérité tout court, mais de vérité-dans-S, où S est un système formel particulier. Le prédicat de vérité n'est défini que syntaxiquement, et n'est pas du tout expliqué dans les termes d'une sémantique qui utilise les notions réalistes de référence, de dénotation et de satisfaction.

Pour sa part, Field cherche à bien préciser la nature des relations entre les deux notions de conservativité et de consistance, dans le but d'éviter que son programme soit confronté au même type de difficultés métalogiques que fait surgir le théorème d'incomplétude de Gödel et auxquels s'est heurté irrémédiablement le système formaliste de Hilbert[184].

Pour Field, l'alternative qui consiste à remplacer la notion de vérité en mathématiques par celle de consistance ne tient pas. Il rejette donc cette alternative, et considère que la consistance d'une théorie mathématique quelconque ne suffit pas pour qu'elle intéresse réellement le mathématicien et pour qu'elle soit acceptée comme une théorie utile pour la science.

Fiel va plus loin et pense qu'une théorie de ce type peut impliquer des conclusions complètement fausses concernant les phénomènes du monde extérieur, et donc, peut ne pas être utile du tout dans l'application. D'où l'urgence, selon lui, de distinguer entre les théories scientifiques et les théories mathématiques, en ce que les applications de ces dernières n'acheminent pas une information substantielle réelle sur les observables, et ne sont utiles que parce qu'elles nous permettent tout simplement de

---

[183] En effet et il est urgent même, car la notion de conservativité est une notion formalo-logiciste : elle est intermédiaire entre la 'consistance' chez Hilbert, et la vérité au sens logique chez Frege.

[184] Voir à propos de cette question l'article de S. Shapiro : « Conservativeness and Incompleness », Journal of Philosophy.

faire des déductions à partir d'un système nominaliste donné. Toute inférence qui va de prémisses nominalistes vers une conclusion nominaliste et qui peut être faite avec l'aide des mathématiques, peut aussi être faite sans cette aide. C'est la réponse de Field au défi de Quine.

« His (Field) view, écrit Tiles, is that the difference between scientific and mathematical theories, loosely stated, is that a good scientific theory, when applied to a body of statements concerning observables, will yield genuinely new claims about observables, wheras a good mathematical theory, when applied to the physical world, yield no genuinely new claims about observables. »[185]

Pour Field, les notions modales rejetées par Quine peuvent être utiles dans une tâche qui consiste à rendre compte des mathématiques dans cette direction. Mais cette utilité doit être relativisée, car les modalités n'ont qu'un rôle partiel à jouer au sein de la philosophie des mathématiques. L'explication fictionnaliste des mathématiques ne serait pas complètement satisfaisante sans un usage partiel de ces notions modales. Field cherche donc à introduire ces notions dans un contexte moins polémique que possible, puisqu'il est favorable à leur usage. Dans un sens bien précis, il ne voit pas comment il nous est possible d'échapper à un tel sort qui est celui de dépasser les limites de la logique du premier ordre en utilisant les notions modales. Même le platoniste a, en vérité, besoin de ces outils logiques qui vont au-delà de la logique du premier ordre, et est obligé d'introduire dans son vocabulaire logique une conjonction non canonique, à savoir la conjonction infinitaire restreinte, et, parfois, de comprendre la « consistance » comme une notion primitive[186], et finalement comme une notion modale.[187] Mais, Field insiste cependant sur le fait que la modalité ne joue en philosophie des mathématiques qu'un rôle limité. L'antiplatonisme modal de Field est donc une forme partielle de modalisme, et les modalités ne doivent pas être comprises comme un substitut à l'ontologie platoniste. Ceci veut dire que l'antiplatonisme modal est saisi par Field autrement que comme une substitution au platonisme et à son ontologie.

---

[185] Mary Tiles : « Mathematics : The langage of science ? », The Monist, 67/1984, p. 4.

[186] Comme beaucoup d'antiplatonistes, Field accepte de poser les opérateurs logiques non canoniques comme primitifs afin d'éviter les implications ontologiques de l'emploi des définitions de la théorie des ensembles.

[187] Realism, Mathematics & Modality p. 48-49 : « Even the platonist must understand consistency as a primitive notion (in effect, a modal notion).. »

En vérité, Field ne se situe pas dans le courant modaliste moderne qui vise à traduire l'ontologie des mathématiques moyennant l'interprétation modale de la classe des énoncés qui assertent l'existence d'entités mathématiques, tout en tenant pour vraies les assertions connectées à des quantificateurs universelles. Comme nous l'avons vu, les énoncés existentiels en mathématiques sont, pour lui, tous faux sous n'importe quelle interprétation, non pas parce que l'analyse sémantique réaliste du langage mathématique est défectueuse, mais parce qu'il nous est complètement impossible de trouver dans la réalité un domaine qui contient des objets mathématiques abstraits, pas plus que des domaines qui contiennent des extraterrestres, des anges ou des fantômes.

« Certes, écrit Field, je ne propose pas de remplacer les mathématiques ordinaires par des nouvelles mathématiques qui rejettent toutes les assertions existentielles pour accepter seulement celles qui sont universelles : un tel corps d'assertions serait d'aucun intérêt mathématique. »[188]

Field ne propose pas, dans son programme fictionnaliste, de réinterpréter les mathématiques classiques. Il propose plutôt de montrer comment les mathématiques appliquées au monde physique peuvent ne pas contenir du tout des références à des entités mathématiques abstraites. Dans le cas des parties pures des théories mathématiques, Field propose d'adopter le fictionnalisme, c'est-à-dire, la thèse qui dit que toutes les parties non appliquées des mathématiques classiques sont fausses. En effet, l'objectif de Field ne consiste pas, contrairement à Hellman (1989), à donner une nouvelle traduction modale des mathématiques, selon laquelle toutes les affirmations existentielles des théories mathématiques doivent être ré-interprétées de manière à ce qu'elles n'impliquent plus aucune référence à des entités abstraites. Une fois que les mathématiques sont traduites dans le langage éliminatif de la logique modale, comme le veut Hellman, deviennent-t-elles pour autant spécifiquement objectives ? La réponse de Field est négative pour deux raisons : (1) il y a une variété de schémes pour satisfaire modalement les demandes ensemble-théoriques, et (2) les traductions modales emploient en général des notions logiques fortes dont le statut objectif reste lui-même douteux.[189]

---

[188] Field (1989), p. 239.
[189] Voir Field (2001), p.321.

Les mathématiques n'ont pas besoin d'être vraies pour être objectives et intéresser les scientifiques d'une manière générale : elles ont besoin d'être logiquement correctes et scientifiquement utiles. La vérité en mathématioques ne fait qu'exprimer ces deux revendications, et n'a pas de valeur en soi. La vérité avec ou sans objets abstraits, ne joue spécifiquement aucun rôle dans la mise au point d'une objectivité propre aux mathématiques. Des énoncés mathématiques tels que : « Il existe un nombre premier supérieur à un million » ou « Il y a une infinité de nombres premiers » peuvent être déclarés comme des énoncés faux tout en étant mathématiquement corrects et utiles pour les sciences de la nature.

« We seem then, écrit Field, to have an argument that on any view of mathematical truth, whether in terms of mathematical objects or not, mathematical truth does not give rise to specifically mathematical objectivity, and plays no role in accounting for the kind of mathematical objectivity that there is. »[190]

Field cherche donc à se passer complètement de tout concept de vérité appliqué aux mathématiques pour deux raisons : d'abord, les théories et hypothèses mathématiques, qui sont équivalentes aux fictions, ne peuvent être dites vraies (ou fausses) que conformément aux mathématiques standard, et non pas conformément à une conception sémantique de la vérité du genre que le réaliste propose, ensuite, les mathématiques n'ont pas besoin d'être vraies pour être utiles et prises au sérieux par les scientifiques.
Il est clair que Field établit, en premier lieu, une sorte de parallélisme, difficile à accepter, entre les deux prédicats suivants :
« être-vrai-conformément-aux-mathématiques-standard »
« être-vrai-dans-le-contexte-d'une fiction. »

« Le sens, écrit Field, selon lequel '2+2= 4' est vrai est très proche de celui dans lequel 'Oliver Twist vivait à Londres' est vrai aussi : le second est vrai seulement dans le sens où il est vrai par rapport à un conte très connu, et le premier est vrai seulement par rapport aux mathématiques standard. »[191]

[190] Ibid, p. 322.
[191] Field (1989), p. 3.

Il est certain que pour un réaliste logique comme Quine (ou même Hellman ou Chihara), ce parallélisme exprimé dans cette citation est intenable. Quelle que soit la nature du désaccord entre Quine et Field au sujet de la vérité des phrases mathématiques, la question qui les sépare vraiment, c'est celle de l'indispensabilité des entités mathématiques dans l'activité de la science. Bien que Field trouve cette indispensabilité incertaine, il est d'accord avec Quine sur les conséquences qui découlent de leur admission, mais ces conséquences n'ont aucune raison d'être.

7.2. La critique du platonisme des objets et le programme hellmanien d'une philosophie modalo-structuraliste des mathématiques

Par opposition à Hartry Field, et en parfait accord avec la thèse du réalisme logique de Quine, Geoffrey Hellman conserve la notion de vérité dans le cas des énoncés mathématiques, sans adopter pour autant une théorie sémantique de leur référentialité selon laquelle ils sont vrais ou faux par rapport à un domaine autonome d'objets abstraits. Il tient l'ensemble de ce que les mathématiciens pratiquent aujourd'hui comme ayant un statut objectif, indépendant de l'esprit, et produisant des vérités qui ne sont pas seulement des vérités par convention. Hellman n'est pas un instrumentaliste comme Field qui considère les mathématiques comme un simple outil : elles n'assertent aucune vérité et ne véhiculent aucune information sur les observables. Mais le réel défi que Hellamn cherche à relever ce n'est pas de combattre l'instrumentalisme de Field mais de démontrer comment le platonisme quinéen est intenable dans sa manière de comprendre la vérité des mathématiques comme étant à propos d'un univers ensembliste réel.
Dans sa critique de Quine, Hellman utilise des ressources logiques modales et strcuturalistes pour aller au bout d'une interprétation non platoniste des mathématiques, où aucune présupposition de nature ontologique n'est posée. Il y a ici un autre point sur lequel Hellman est loin d'être d'accord avec Field : l'idée d'interpréter le corps des mathématiques et d'éliminer toute référence à des objets abstraits. Pour Field, tous les énoncés mathématiques pures sont faux sous n'importe quelle interprétation. Ce n'est pas le concept de leur vérité qui importe le plus, mais plutôt leur utilité dans la pratique de la science. Outre l'antiréalisme logique et le rôle que joue la ré-interprétation des

mathématiques, Hellman rejette également la thèse de Field selon laquelle les mathématiques sont, non seulement ontologiquement vides, mais surtout vides de toute connaissance informative réelle. Pour Hellman, les mathématiques ne sont pas seulement vraies, mais constituent aussi une science à part entière. Ces résultats peuvent être aisément démontrés et obtenus au moyen de l'application de la méthode modalo-structuraliste qui met en place une ré-interprétation non platoniste des mathématiques, débarrassée de toute référence à des objets abstraits. Cette méthode utilise donc deux outils distincts :
(1) le structuralisme et (2) le modalisme.
C'est au niveau de l'interprétation des théories mathématiques de second ordre (c'est-à-dire, les théories des classes et des ensembles), que la fusion de ces deux outils devient nécessaire, et c'est sur elle que la réussite (ou l'échec) de tout le programme antiplatoniste va reposer. En effet, le structuralisme, même s'il est saisi ici « antiplatonistiquement » selon le style de Benacerraf et de tous ceux qui l'ont suivi, ne suffit pas pour incarner un argument authentique contre la version platoniste de la théorie des classes. Il est certes possible d'utiliser un type de structuralisme sans modalité pour rendre compte du contenu des théories arithmétiques et le libérer ontologiquement : les nombres seront ainsi compris comme des points dans une structure sans aucune identité et avec un statut ontologique vide. Mais cette solution est inapplicable dans le cas des énoncés qui portent sur les classes et les ensembles, étant donné que ces derniers sont compris comme des objets absolus qui contiennent d'autres objets, et donc qu'ils ne peuvent pas être des points dans des structures.
Pour Hellman, nous ne pouvons pas réussir à mettre en exécution tout le programme, particulièrement en connexion avec les ensembles, si nous n'avons pas au préalable dé-construit l'image platoniste canonique des ensembles qui les traite comme s'ils avaient une nature bien déterminée. Cette tâche peut être faite au moyen de la modalité qui fait que notre discours sur l'existence des ensembles soit simplement un discours dérivatif[192].
Malgré ce recours aux modalités logiques et mathématiques pour rejeter le platonisme et démonter ses arguments, Hellman reste, contrairement à Field, réaliste sur deux plans : d'abord sur le plan logique, puisqu'il

[192] Hellman (1989), p. 59.

soutient que les énoncés mathématiques possèdent des conditions de vérité[193], ensuite sur le plan de l'épistémologie, puisqu'il accorde aux mathématiques une valeur réelle pour la connaissance scientifique.
Bien qu'il impute à Quine cette image platoniste défaillante, Hellman se montre d'accord avec lui contre Field sur deux points : d'abord, sur la vérité et, ensuite, sur la nature non logique des assertions mathématiques. Les énoncés des mathématiques ne sont pas, pour Hellman, comme le prétend Field, tous faux : Certains sont faux, d'autres sont vrais. D'autre part, et pour mieux se démarquer des alternatives déductivistes[194], il assume modalement l'existence mathématique.

« (La théorie modale), écrit-il, incorpore aussi une assomption fondamentale d'existence mathématique, fixée modalement. (...). Nous tenons une telle assomption catégorique comme implicite dans la pratique mathématique classique.
Elle est irréductible à aucune sorte de convention linguistique, et sert à distinguer le structuralisme modal de toutes les variétés de « if-thenism. » »[195]

A l'instar de Quine, Hellman adhère à la thèse d'indispensabilité, mais refuse tout argument favorable au platonisme tiré de cette thèse. L'indispensabilité évidente des théories mathématiques dans les sciences qui étudient le monde réel, n'a rien à voir avec la justification du platonisme, et il est tout à fait possible, non seulement de l'adapter à l'antiplatonisme, mais aussi à l'emploi de la méthode « modaliste » dans l'explication de la connaissance mathématique. En effet, cette thèse ne joue pas le rôle d'un argument en faveur du platonisme, et Hellman veut prouver comment elle peut s'adapter aux réquisits de son antiréalisme ontologique.

« (...) Le langage mathématique, écrit Hellman, peut être indispensable pour toute description précise et détaillée, surtout celle qu'il nous est possible d'utiliser dans une théorie pour satisfaire des fins de prédiction et d'explication. Cependant, cette indispensabilité reflète notre propre langage, probablement nos capacités. Elle ne veut pas dire, par exemple, que les objets mathématiques abstraits participent littéralement avec les objets non mathématiques dans la construction de la réalité matérielle. »[196]

---

[193] Dans un sens oui, mais dans un autre sens, non, car il utilise des opérateurs modaux et des axiomes qui n'existent pas dans la logique canonique réaliste.
[194] Ou ce qui est convenu d'appeler en philosophie des mathématiques le « if-thenism ».
[195] Hellman, (1989), p. 57.
[196] Hellman (1989), p. 127.

La question fondamentale de la philosophie des mathématiques consiste à déterminer la version des mathématiques dont les sciences ont besoin aujourd'hui, et pour Hellman, la version platoniste qui postule l'existence d'objets abstraits ne convient pas. Il rejette donc toute forme de platonisme, particulièrement celle qui a pour support des arguments tirés de la thèse d'indispensabilité. L'horizon général de tout le programme consiste à comprendre, dans des termes entièrement nominalistes, toutes les articulations de la version non platoniste des mathématiques modernes, de manière à ce que cette version soit compatible avec l'esprit qui anime les sciences de la nature. De là, tout le programme a pour tâche la réalisation des deux objectifs suivants : (1) d'abord, rejeter la version platoniste des arguments d'indispensabilité, car ce sont bel et bien eux qui sont à l'origine de notre discours sur les classes et les relations, (2) ensuite mettre au clair la grande différence entre le constructivisme et le nominalisme.

En comparaison avec le programme (nominaliste) de Field, le nominalisme de Hellman est plus direct[197]. Cette exigence nominaliste forte va lui imposer deux règles pratiques : d'une part, il utilise parmi les structures, celles qui sont compatibles avec le nominalisme, et d'autre part, il choisit la logique complète des sommes nominalistes de Goodman[198], pour mettre au point son interprétation nominaliste. Ce recours au calcul formel des individus de Goodman[199] n'est pas, selon lui, la seule construction envisageable, car d'autres peuvent également réaliser cette tâche nominaliste, dont celle de la quantification plurielle de la logique monadique du second ordre de Georges Boolos[200].

Cette version trouve dans la méthode modalo-structuraliste sa meilleure expression. Le déploiement de cette méthode marque des points de divergence majeurs, non seulement avec Quine, mais surtout avec les méthodes fictionnaliste et constructibiliste de Field et de Chihara. Bien que toutes ces méthodes antiplatonistes aient comme point commun la

---

[197] Hellman (1989), p. 47. Note 35.

[198] Goodman, N. (1977) : Field utilise aussi cette logique, ou ce que nous appelons le calcul des individus. Mais Hellman va ajouter à ce calcul un autre axiome : l'axiome d'atomicité. Voir Hellman (1989) p. 47-48-49.

[199] Dans ce type de calcul utilisé par Hellman et Field, la notion de base est la relation Partie-Tout.

[200] Boolos (1985).

critique des idées antinominalistes et antimodalistes de Quine, il nous est difficile de les réconcilier lorsqu'il devient question d'étudier les concepts et les moyens logiques employés pour mettre en application une telle critique.

Or, le fait de critiquer le platonisme de Quine ne signifie pas, pour l'ensemble de ces programmes et ces méthodes, le simple rejet de la totalité des thèses philosophiques élaborées et défendues par Quine. Même si le type de platonisme holistique et pragmatique que défend Quine était interne à l'ensemble de la philosophie quinéenne, il recèle néanmoins des éléments qui sont compatibles avec une démarche d'ordre nominaliste et antiréaliste. Il n'est pas donc rejeté en bloc, et garde, dans certains cas précis, une utilité conceptuelle indéniable.

L'objectif de Hellman consiste à essayer d'élaborer une construction formelle et structuraliste des mathématiques, en s'inspirant des idées de Dedekind, Ernst Zermelo et Hilary Putnam (dans son « Mathematics without foundations »[201]) concernant le fait que le langage mathématique, contrairement aux suppositions des platonistes, ne réfèrent pas à des éléments d'un certain domaine d'objets fixe, mais à des sortes de positions qui ne peuvent être expliquées que par rapport aux relations qu'elles entretiennent entre elles dans une certaine structure. En outre, une grande partie des problèmes que les platonistes sont incapables de résoudre (particulièrement celui de l'identification des mathématiques avec la théorie des ensembles) peut être surmontée en réinterprétant les mathématiques dans un langage modal dans lequel une certaine notion de 'possibilité' logique est tenue pour primitive.

Hellman cherche à concilier son structuralisme-modal avec ses positions concernant le réalisme logique et scientifique. En d'autres termes, le système recherché doit résoudre le problème de l'applicabilité des mathématiques, c'est-à-dire, la nature de leurs relations à la physique et à la réalité, et doit ensuite conserver la notion de vérité logique pour toutes les assertions mathématiques.

« (..) Dans les mathématiques modales appliquées, écrit-il, nous observons que l'idée de "matérialité" de la réalité possède un intérêt, comme un moyen général et schématique pour nous aider à savoir ce que nous faisons lorsque nous décrivons mathématiquement le monde.»[202]

---

[201] Putnam (1967).
[202] Hellman (1989), p. 128.

L'auteur de *Mathematics without Numbers* donne une attention particulière à ces deux questions cruciales :
(1) le fait de considérer que les énoncés mathématiques doivent être traités dans les termes du vrai et du faux selon les prescriptions du réalisme logique où la vérité est tenue pour indépendante de nos constructions et transcendante par rapport à nos preuves,(2) l'adaptation de ce système modalo-structuraliste des mathématiques au programme épistémologique réaliste qui cherche à rendre compte de la manière avec laquelle les mathématiques sont appliquées dans les sciences et dans le monde environnant, et comment elles participent positivement, avec celles-ci, dans l'acheminement des vérités, des croyances, et des informations scientifiques.
D'une part, Hellman est un structuraliste, mais son structuralisme est doublement dépendant : de la modalité, d'abord, et du nominalisme, ensuite. D'autre part, il est un réaliste au sens logique et scientifique, mais refuse de comprendre littéralement les assertions d'existence en mathématiques. Pour lui, les objets mathématiques n'existent pas, car il accepte l'argument de Benacerraf sur l'absence de tout lien causal entre nous et ces objets. Le fait qu'il n'existe aucune interaction causale entre nous et les objets abstraits, présente une raison valable pour procéder à leur élimination moyennant une ré-interprétation du système platoniste classique. Cette ré-interprétation des mathématiques a pour point de commencement le fait de constater que le discours platoniste, qui traite les classes et les ensembles comme s'ils étaient des objets identiques, repose sur un simple acte de réification des résultats des procédures de sélection. Or, avec le modalo-structuralisme, les ensembles deviennent, selon une expression de Putnam[203], « des possibilités permanentes de sélection. » La modalité nous libère ainsi de l'obligation de spécifier, selon les manoeuvres du platoniste, une seule procédure de sélection : nous pouvons parler plutôt de toutes les voies possibles pour sélectionner des objets d'un genre donné.
Contrairement à Field (qui lui ne cherche pas à ré-interpréter les mathématiques), et en plein accord avec Chihara, Hellman suggère donc d'utiliser les notions modales de possibilité et de nécessité logiques afin d'éliminer la version platoniste, et les combiner avec le structuralisme

[203] Punam (1975).

pour donner lieu à une nouvelle interprétation des mathématiques standard complètement débarrassées de toutes les entités abstraites.
Sa philosophie antiplatonsite des mathématiques se présente, avant tout, comme une combinaison entre le structuralisme, le réalisme (logique aussi bien que scientifique) et le modalisme, et achemine vers une conception selon laquelle la connaissance mathématique ne peut être qu'une connaissance de certains types de possibilités et de nécessités.
Contrairement à un platoniste comme Quine qui continue à croire que la logique classique du premier ordre est la logique qui convient le mieux aux mathématiques, et qu'admettre des ensembles est moins dangereux que de recourir aux modalités, Hellman utilise des opérateurs modaux pour traduire tous les énoncés mathématiques dans le langage propre à son système structuraliste, et les pose comme primitifs, de manière à ce que les affirmations d'existence en mathématiques soient remplacées par de simples possibilités logiques, et que toute référence à des objets peut être ainsi éliminée à tout moment. A ce stade, Hellman semble être d'accord avec Chihara sur l'acceptabilité d'une sémantique ensemble-théorique pour les modalités, mais la version modalo-structuraliste de la théorie des ensembles qu'il propose exige cependant que sa notion modale de possibilité logique lui soit propre, ce qui n'est pas toujours le cas, comme nous allons le voir, dans la théorie constructibiliste.

> « (La possibilité), écrit-il, fonctionne comme une notion primitive et nous n'avons pas à penser de cette notion comme si elle demandait une sémantique ensemble-théorique pour qu'elle soit intelligible (..). Nous pouvons plutôt donner des axiomes modaux. »[204]

La traduction modale de la théorie des classes est donc le fondement même de son programme antiplatoniste.
Le recours aux opérateurs modaux en question et à toute la logique modale du second ordre, semble être, à ses yeux, un des meilleurs moyens pour mettre au clair les vertus indéniables du structuralisme, qui autrement, peuvent rester cachées. Le structuralisme et la logique modale sont étroitement liés, et si le structuralisme peut donner lieu à une philosophie antiplatoniste des mathématiques qui irait au-delà des aberrations du platonisme des objets, et qui rendrait parfaitement compte de la nature du travail mathématique, c'est parce qu'il s'harmonise aussi

[204] Hellman (1989), p. 59-60.

avec l'utilisation de la sémantique des mondes possibles et de toute la logique modale de second ordre.
Cette harmonisation permet, sans nuances, de montrer dans quelle direction nous pouvons comprendre comment les théories mathématiques peuvent être appliquées à la réalité physique, et saisir sous quelles conditions elles sont réalisables, en tant qu'elles sont constituées de simples possibilités logiques, dans des structures concrètement actualisées.
Le structuralisme avec modalité de Hellman a pour tâche principale de remédier aux imperfections du platonisme, et d'esquisser les traits d'une nouvelle compréhension des relations entre connaissance mathématique et connaissance physique.
La réalisation d'un tel programme possède deux phases : montrer, d'abord, comment nous pouvons traduire les structures de l'analyse, de la théorie des nombres et de la théorie des ensembles classiques dans le langage du système modalo-structuraliste, et montrer, ensuite, comment ces structures pures sont réalisables dans la réalité concrète.
Au cours de ces deux phases, l'objectif consiste, à éviter, selon des règles nominalistes, de poser ou de se référer à des objets abstraits, tout en cherchant à réhabiliter, contre Field, la vérité et l'objectivité des assertions mathématiques dans le sens déjà utilisé par Quine, c'est-à-dire, dans le sens du réalisme épistémologique et logique[205].

« Par Objectivité ici, écrit Hellman, je veux dire détermination quant à la valeur de vérité (...) Une telle (notion) de vérité doit être comprise selon le sens classique comme impliquant l'indépendance par rapport à des agents mathématiques particuliers ... »[206]

Hellman veut rejeter le platonisme tout en conservant le réalisme relatif au concept de vérité mathématique. Il arrive à distinguer, contrairement à Field, entre ce type de réalisme et le platonisme. Pour ce dernier, le platonisme est le réalisme ontologique, c'est-à-dire, la croyance en l'existence d'objets mathématiques, et voit mal comment la notion de vérité peut intervenir dans la fixation du sens du platonisme. Hellman

[205] Hellman (1989) p. 47-48 note 35 : « (My) nominalization strategy is far more direct that of Field (1989), and it respects the truth of (pure) classical analysis, in sharp contrast with Field's instrumentalism. ».

[206] Hellman, G (1989), p. 2 : « By « Objectivity » here is meant determinateness as to truth value–true or false, ... ; moreover, such truth is to be understood classically as implying independance of the particular matimatical investigators .... »

cherche plutôt à éliminer le réalisme existentiel sans passer par l'élimination des autres aspects réalistes du platonisme canonique[207].

Il ne regarde pas uniquement la question du platonisme à travers l'existence ou non des entités mathématiques, mais aussi à travers les exigences de vérité et d'objectivité qui sont indispensables pour les sciences mathématiques.

Le défi qu'il propose de surmonter ne consiste pas à démontrer, comme c'est le cas avec le fictionnaliste, que nous pouvons nous passer du concept de vérité et prouver, par conséquent, comment la physique peut être construite selon des règles strictement nominalistes sans aucune forme de « mathématisation », mais seulement à dé-faire l'image platoniste d'un système qui serait doté d'un seul univers fixe d'objets individuels abstraits.

Hellman suggère de revenir à deux tentatives pour rendre compte des mathématiques et dépasser les insuffisances du platonisme classique : le structuralisme de Richard Dedekind[208], et l'utilisation des modalités pour interpréter les énoncés mathématiques par-delà tout langage logique « objectuel » (ou « objectal ») telle que nous la trouvons chez Hilary Putnam dans son article publié en 1967 et qui porte le titre de : « Mathematics without Foundations ».

Avant d'aborder l'analyse du projet « constructibiliste » présenté par Chihara comme une alternative originale au platonisme mathématique, je voudrais m'arrêter brièvement sur les aspects réalistes de la philosophie modalo-structuraliste de Hellman. Sur quelles questions affiche-t-il une attitude réaliste ? Comment exprime-t-il son réalisme sur ces questions, et, enfin, comment met-il en relation son réalisme avec son système antiplatoniste des mathématiques ? C'est donc à ces trois classes de questions que je chercherai à esquisser quelques éléments de réponse.

Concernant la question du statut exact des mathématiques : constituent-elles une véritable science ayant un contenu « cognitif » et informatif bien défini ou sont-elles tout simplement un instrument au service des autres sciences ? Je peux dire que Hellman n'est ni un logiciste ni un

[207] Dénier l'existence des ensembles ne conduit pas, chez lui, à croire que toute l'analyse est radicalement fausse.

[208] Voir l'excellent article de Mosconi Jean : « Quelques difficultés difficultés du structuralisme mathématique », publié dans Serfati Eds. : De la méthode : Recherches en histoire et philosophie des mathématiques.

constructiviste au sens de l'intuitionnisme moderne. Bien qu'il développe une philosophie antiplatoniste, il est un réaliste convaincu :
(D'abord sur le plan scientifique, car les descriptions et les conceptualisations de la réalité matérielle données par la science sont, à ses yeux, indépendantes de l'esprit. Ensuite, il est nettement réaliste sur le plan de la vérité et de l'objectivité des mathématiques elles-mêmes. Pour lui, la vérité reste, en effet, un concept fondamental dans la sémantique et dans la logique qui sont appropriées aux mathématiques.
Les tenants des alternatives logicistes aussi bien que constructivistes au platonisme ont tort lorsqu'ils cherchent à réduire la connaissance mathématique à une forme de connaissance purement déductive, ou lorsqu'ils tentent de supprimer le concept même de vérité pour le remplacer par la notion constructiviste de prouvabilité, traitant ainsi tous les objets mathématiques comme de simples constructions mentales. En vérité, les mathématiques participent positivement à notre connaissance scientifique du monde en véhiculant indubitablement des informations à son sujet.
A l'instar de Quine, son opposition à de telles alternatives dans la philosophie des mathématiques, vient de l'intérêt grandissant qu'il donne aux relations entre physique et mathématiques. Mais, contrairement à Quine, il pense que nous n'avons pas besoin de considérer les structures mathématiques abstraites comme faisant partie du monde matériel que nous étudions.

« (...) Nous n'avons pas besoin, écrit Hellman, de regarder les structures abstraites des mathématiques comme étant littéralement intégrées au monde actuel. Il suffit qu'elles soient conceptuellement possibles. En appliquant les mathématiques au monde actuel, nous faisons appel aux structures mathématiques comme une manière d'acheminer de l'information à propos de ce monde ... »[209]

L'interprétation modalo-structuraliste des assertions existentielles en mathématiques permet donc de rendre compte de l'applicabilité des mathématiques dans le monde physique, sans pour autant adhérer à des formes d'antiréalisme autre que celle qui a trait à l'existence.
La thèse d'indispensabilité, telle qu'elle est formulée et introduite par Quine peut s'adapter à un tel système des mathématiques, sans qu'elle

---

[209] Hellman (1989) p. 127.

joue évidemment le rôle d'une source d'admissibilité ontologique pour les objets mathématiques[210].

Bien qu'il soit un antiplatoniste convaincu, Hellman s'oppose nettement à trois théories sur les mathématiques qui sont de nature foncièrement antiplatoniste : (1) le fictionnalisme, (2) le constructivisme surtout dans son acception intuitionniste et (3) le constructibilisme.

Cette opposition ne va pas sans affecter son propre antiplatonisme, et le recours aux modalités n'est pas directement employé au service d'un projet de nominalisation de la science tel que nous le trouvons chez Field. L'un des points importants sur lesquels Hellman n'est pas d'accord avec toutes ces théories philosophiques sur les mathématiques, est la thèse de l'antiréalisme dans la valeur de vérité logique. Hellman soutient le réalisme logique dans le cas des énoncés mathématiques, et s'oppose, explicitement, à toute forme d'antiréalisme à propos de la vérité.

L'approche modalo-structuraliste cherche surtout à réaliser les objectifs philosophiques suivants : (1) résoudre le dilemme dit de Benacerraf ; (2) mettre au clair la dispensabilité d'une ontologie de nature platoniste pour l'ensemble des théories mathématiques applicables dans les sciences ; (3) séparer les énoncés mathématiques entre ceux qui sont nettement analytiques et ceux qui sont nettement synthétiques ; (4) éviter les classes propres ; (5) utiliser la logique modale sans tomber dans le piège d'un discours qui parle d'objets possibles et de mondes. C'est le piège dans lequel semble tomber Chihara avec sa théorie modalo-nominaliste sur les expressions formelles.

7.3. La théorie antiplatoniste des Types linguistiques constructibles de Chihara et la critique de Quine

Parmi nos trois philosophes antiplatonistes critiques de Quine, Ch. S. Chihara est celui qui cherche le plus à montrer les influences quinéennes sur sa pensée philosophique, et à afficher une réelle intention de s'en démarquer. Ainsi, dans l'ouvrage sur lequel je vais m'appuyer en grande

---

[210] Contrairemnt à Quine, Hellman est un nominaliste. Comme Field, il est tenté par un programme qui nominaliserait la physique. Il trouve d'ailleurs la stratégie de Field qui consiste à représenter toutes les mathématiques de la théorie de la gravitation universelle par des points et des régions d'espace-temps tout à fait intéressante, mais doute de la possibilité de l'étendre au domaine de la physique des quanta. Hellman (1989), p. 116.

partie pour mettre au clair les traits distinctifs de son projet antiplatoniste, à savoir *Constructibility and Mathematical Existence*[211], Chihara nous dit clairement qu'ayant été longtemps influencé par les idées antimodalistes de son maître de pensée, à savoir Quine, il ne pouvait pas conclure à une solution systématiquement satisfaisante aux problèmes épistémologiques et ontologiques liés aux mathématiques.

Chihara propose donc un système philosophique sur les mathématiques, directement opposé à celui tenu par Quine, étant donné que ce dernier écarte définitivement la possibilité d'utiliser, même de façon limitée et partielle comme le préconise à juste titre Field, les notions modales. Avant la rédaction de son ouvrage *Constructibility and mathematical existence*, la fidélité à Quine, sur ce plan, le contraignait à élaborer uniquement une approche de la connaissance mathématique qui ne tire pas entièrement profit de la richesse logique et philosophique de telles notions.

Nous pouvons dire qu'entre les quatre livres publiés par Charles S. Chihara, à savoir, *Ontology and the Vicious Cercle Principle* (1973), *Constructibility and mathematical existence*, *The Worlds of Possibility (*1998) et *A Structuralist Account of Mathematics (2004)*, s'effectue un mouvement évolutif dans l'utilisation des constructions modales, qui va d'une démarche « prédicative » partiellement modaliste, à une démarche « constructibiliste » qui cherche, au moyen de la logique modale et de la sémantique des mondes possibles, à éliminer toute interprétation platoniste, même structuraliste, des théories mathématiques.

Dans *Constructibility and mathematical existence*, Chihara commence à prendre une totale liberté dans l'utilisation des notions modales, et nous pouvons sans doute dire que tout le contenu de ce livre contient un programme antiplatoniste ayant pour objectif la dé-construction de l'autorité philosophique de Quine.

En vérité, le but de ma recherche ici ne consiste pas dans une étude des notions de continuité et de rupture dans la pensée philosophique de Chihara sur les mathématiques, ni d'analyser les traits de son évolution. Je chercherai plutôt à esquisser les traits et tracer les limites de son projet constructibiliste des mathématiques en tant qu'il s'oppose nettement aux interprétations données par les platonistes modernes tels que Quine.

---

[211] Clarendon Press, 1990.

En d'autres termes, je voudrais étudier les traits spécifiques de cette philosophie chiharienne des mathématiques que la méthode dite modalo-constructibiliste tend à résumer et à exprimer.
Pour l'ancien étudiant de la rue d'Ulm, le platonisme, sous toutes ses formes, reste intenable. Il écarte aussi bien le platonisme littéral de Frege et de Gödel que celui néo-classique de Quine et de Maddy. Le platonisme consiste en général dans la thèse qui assume ontologiquement les objets abstraits des théories mathématiques, et qui les traite sur le même plan que les objets ordinaires et les objets théoriques. De ce point de vue, la différence entre le platonisme des anciens et celui des modernes n'est que de forme, et n'altère pas le sens profond de cette théorie qui demeure le même. Chihara renvoie donc dos à dos les platonistes classiques (qui parlent d'un accès direct aux entités mathématiques, tel que Gödel), et ceux néo-classiques (qui parlent d'un accès indirect à ces entités, tel que Quine).
A l'instar de Hellman, son intention consiste à utiliser des ressources tirées en grande partie de la notion modale de possibilité logique pour ré-interpréter les mathématiques. Or, la méthode utilisée par Chihara n'est pas, structuraliste comme elle est représentée dans la théorie de Hellman, mais constructibliste. La théorie constructibiliste veut avant tout écarter la théorie des ensembles, car cette théorie pose les ensembles comme étant des objets existant, et cherche de surcroît à étudier les relations entre ces objets au moyen du prédicat d'appartenance. Au lieu d'être à propos des objets-ensembles, la théorie constructibiliste est une théorie qui porte sur les phrases ouvertes : elle nous dit quelles sont les phrases ouvertes d'un certain genre qui sont constructibles et comment ces phrases ouvertes constructibles sont reliées les unes aux autres au moyen de la relation de satisfaction[212]. Sur le plan formel, la théorie constructibiliste utilise un langage logique qui inclut à côté des quantificateurs existentiel et universel de la logique du premier ordre des quantifiacteurs de constructibilité qui sont selon les termes de Chihara « des séquences de symboles primitifs. »[213].

« The basic idea of the approch to be taken in this work, écrit Chihara, is to develop a mathematical system in which the existential theorems of tradional mathematics have been replaced by constructibility theorems : where, in tradional mathematics, it is

[212] Chihara (2004), p. 170.
[213] Ibid, p. 170.

asserted that such and such exists, in this system it will asserted that such and such can be constructed. Now it is clear that I wil need a more powerful notion of onstructibility than that of the Intuitionists if I am to obtain anything like classical mathematics."[214]

Cette méthode met donc au point une compréhension non littérale des assertions d'existence en mathématiques, en interprétant « modalement » ces assertions.
En effet, Chihara propose, non seulement de critiquer le platonisme et ensuite de rejeter, par conséquent, tout le réalisme ontologique qu'il implique, mais aussi d'élaborer un système formel nouveau qui a pour fonction de fournir un substitut, à la fois conceptuel et philosophique, au système platoniser classique[215]. Ce système veut également représenter une forme d'antiplatonisme qui soit conceptuellement indépendante des autres alternatives. Il cherche à incarner à la fois une critique philosophique de l'interprétation platoniste, et une ré-interprétation des mathématiques dans laquelle toutes les entités abstraites, telles que les nombres, les classes, etc., sont complètement éliminées.
Comme je l'ai précisé, les conditions de cette ré-interprétation se trouvent dans une utilisation non standard des modalités logiques, et dans une révision partielle des lois de la théorie de la quantification classique.
En effet, selon Chihara, le platoniste a tort en donnant à l'existence mathématique les mêmes mérites que l'existence empirique. A l'origine de cette erreur, il y a la confusion entre la notion d'objet physique et celle d'objet mathématique. En mettant ces deux types d'objets sur le même plan logique, le platoniste est conduit à traiter les nombres, les classes, etc., et les objets physiques comme s'ils étaient dotés d'une même nature. Cette confusion dans la philsophie de Quine entre l'objet physique concret et l'objet mathématique abstrait, est désignée par Chihara, comme étant la racine même du platonisme.

« Sets for Quine, écrit-il, are unchanging abstract objects the existence of which it is reasonable to postulate. For we have the same sort of reasons for postulating the

---

[214] Chihara (1990), p.25.
[215] Chihara (2004), p. 169 : "(...) the term of 'constructibility theory' is used ...ambiguously : sometimes to denote my general theory of constructibility..., and sometimes to denote the formal theory of constructibility..". Il fait remarquer que cette ambiguïté est similaire à celle qu'on trouve exprimée dans la théorie russellienne des types. Note 1, p. 169.

existence of sets, he believes, that we have for postulating the existence of molecules : basically, we have a kind of scientific evidence for the existence of sets."[216]

Selon l'alternative « constructibiliste », toute affirmation d'existence en mathématiques doit être comprise, non pas littéralement (at face value), mais modalement. Dans les termes de cette compréhension, nous n'assumons l'existence d'aucun type d'objet abstrait, et le langage des mathématiques cesse d'être un langage référentiel au premier degré.
Cette méthode modalo-constructibiliste peut être caractérisée, sans doute, comme une nouvelle version de la théorie des types simples de Russell. En effet, à l'instar du père de la philosophie analytique, Chihara n'accorde, dans son système, aucune place ni pour les ensembles, ni pour les classes. Nous pouvons sans doute affirmer que la théorie modalo-constructibiliste est une « no-Class theory », c'est-à-dire une théorie, comme celle de Russell, sans classes ni ensembles. C'est pour cette raison que nous avons appelé la théorie que propose Chihara par théorie des types constructibles.
Pour un platoniste comme Quine, cette situation est inacceptable, car comment peut-on éliminer ces objets que sont les classes sans mettre en question les mathématiques elles-mêmes ? A l'antipode des théories sans classes de Russell et de Chihara, le philosophe de Harvard élabore une théorie que nous pouvons qualifier de « Class theory », et c'est par opposition à une telle théorie qu'il juge foncièrement platoniste que Chihara cherche à éliminer toute référence aux classes et aux ensembles, même indirecte. Le fait d'admettre le langage de la théorie des classes ou de retraduire ce même langage dans un autre qui n'est référentiel qu'en apparence, ne résout pas le problème.
La stratégie que Chihara juge efficace, consiste dans l'élimination de toute référence aux entités abstraites moyennant l'élaboration d'une théorie dans laquelle on parle plutôt de la constructibilité des phrases ouvertes selon des règles formelles quantificationnelles nouvelles. Tout le programme de Chihara repose sur le principe suivant : la propriété de « constructibilité » pour chaque type de phrases ouvertes peut faire aisément tout le travail de la théorie platoniste des ensembles, ce qui nous dispense, par conséquent, de nous référer à ces entités abstraites qui sont absolument douteuses et qui posent un certain nombre de problèmes sur le plan épistémologique. De cette manière-là, nous pouvons formuler les

[216] Chihara (1990), p. 6.

théories physiques que les scientifiques contemporains admettent sans pour autant être obligés de nous engager sur l'existence des nombres, des classes, ainsi de suite.
Or, pour Quine, et du point de vue de ses arguments d'indispensabilité, cet espoir chiharien est vain, car nous ne pouvons pas nous passer, dans une telle tâche, de quantifier sur ces objets abstraits, et par conséquent, de nous engager ontologiquement sur leur existence qui est du même ordre que celle propre aux objets ordinaires du sens commun et de ceux physiques tels que les atomes ou les particules microscopiques de la physique des quanta.
Un des traits distinctifs du système « constructibiliste » c'est sans doute son caractère non-constructiviste. Il ne s'inscrit pas dans le même registre que les alternatives antiplatonistes formulées par les intuitionnistes et les constructivistes en général, tels que Brouwer, Dummett, Bishop et bien d'autres. C'est un système hautement « imprédicatif » qui s'inspire directement de la théorie des types simples de Russell, et peut être mis au même niveau que la théorie des ensembles de Zermelo.
Comme l'a fait savoir Hellman dans un commentaire critique du livre de Chihara (1990), la notion de « constructibilité » a un sens bien différent de celle que nous trouvons dans le « constructivisme » :

« Le terme de « constructibilité », écrit Hellman, a un sens tout à fait différent, faisant référence simplement à la possibilité de « formuler (« de construire ») des phrases ouvertes, les objets de base de la théorie. Le raisonnement logique demeure classique, et des axiomes hautement non-constructivistes sont adoptés. »[217]

Dans un tel système, il n'y a, en revanche, aucune place pour des assertions d'existence. Pour parvenir à ce résultat, Chihara situe son propre programme dans le contexte réductionniste des théories de Frege et de Russell. Tout en partant du principe qui atteste la possibilité de réduire tous les nombres aux nombres naturels, c'est-à-dire, qui atteste la possibilité d'obtenir à partir de ces seuls derniers tous les autres nombres, il cherche à aller plus loin que Frege et Russell dans ce travail d'élimination ontologique. En effet, Chihara se dit poursuivre, avec le même esprit, ce processus qui permet de se débarrasser des entités abstraites. Pour cela, la théorie de Russell, qui est admissible quant à sa

[217] Hellman : « Review of Constructibility and Mathematical Existence », Philosophia Mathematica (3), 1993, p. 77.

méthode générale, doit être améliorée et enrichie grâce aux nouvelles possibilités que la logique modale moderne offre pour le traitement des questions qui relèvent de la l'ontologie des mathématiques. Il est vrai que nous comprenons mieux l'orientation philosophique générale du système de Chihara une fois que nous l'avons comparé aux analyses logiques de l'arithmétique élaborées respectivement par Frege et Russell, et c'est Chihara lui-même qui trouve utile de procéder directement à une telle comparaison.[218]. Chihara prend comme exemple l'énoncé de cardinalité suivant :

« Il y a cinq pions sur la table ».

Cet énoncé a été analysé par Frege comme étant un énoncé qui postule les quatre types d'objets suivants :

(i) Des objets ordinaires tels que les pions.
(ii) Des objets linguistiques tels que les prédicats et les phrases ouvertes.
(iii) Des objets abstraits qui sont les références des prédicats et des phrases ouvertes, à savoir des concepts.
(iv) Des extensions et des concepts.

L'analyse logique de ce type d'énoncé postule, selon Frege, que les mathématiques ont besoin des extensions et des concepts pour réduire tous les nombres aux nombres naturels, et donc nous devons admettre les objets abstraits comme des objets ultimes, étant donné que les extensions des concepts ne peuvent être constituées que par des classes et des ensembles. Ces extensions des concepts arithmétiques que sont les classes ou les ensembles sont pour Frege des objets logiques. Pour sa part, Russell est amené, par sa fameuse « no-class » théorie, à mettre en cause les conclusions de Frege à la lumière de ce qu'il a décelé comme paradoxes au niveau de la théorie des ensembles, et propose d'éliminer l'analyse en termes de concepts et d'extensions de concepts au profit de celle qui n'admet que les fonctions propositionnelles comme objets abstraits admissibles.

---

218 Chihara : « Modality Without Numbers », article publié dans : Philosophy of Mathematics, Proceeding of the 15TH International Wittgenstein-Symposium. Verlag Hölder-Pichler-Tempsky, Vienna 1993. pp. 253-268

Pour Chihara, il s'agit d'appliquer plus radicalement la méthode russellienne pour écarter les objets fregéens non pas au profit des objets préconisés par Russell, mais au profit des phrases ouvertes elles-mêmes. En considérant que les phrases ouvertes sont en quelque sorte les objets « basiques » de sa théorie, il s'agit bien plus que d'une simple substitution de tels objets aux concepts (et à leurs extensions) fregéens ou aux fonctions propositionnelles de Bertrand Russell, en tant qu'ils appartiennent au domaine des objets abstraits, puisque nous sommes obligés conjointement de procéder à un remaniement partiel de la logique de la quantification classique, en introduisant des quantificateurs de constructibilité, qui sont des nouveaux quantificateurs non classiques, censés combler le vide logique que crée le nombre limité des phrases ouvertes qui sont à notre disposition.

« Il semble qu'un problème apparaît avec la substitution des phrases ouvertes aux concepts, qui consiste dans le fait qu'il n'y a pas assez de phrases ouvertes pour former une théorie acceptable des mathématiques. Pour résoudre ce problème (apparent), j'ai introduit des quantificateurs de constructibilité, de façon à ce que, là où Frege affirme l'existence d'un concept, j'affirme, pour ma part, la constructibilité d'une phrase ouverte appropriée. »[219]

L'idée centrale de Chihara consiste donc à utiliser le genre de formalisme que propose la théorie russellienne des types simples pour éliminer toute quantification sur les classes, et essayer, en se débarrassant de la relation ensembliste d'appartenance, considérée comme un prédicat platoniste fort, de quantifier modalement sur les phrases ouvertes elles-mêmes. Grâce à ce type de quantification modale et à la relation de satisfaction qui prend finalement la place du prédicat d'appartenance, Chihara peut se vanter d'avoir réussi à éliminer les ensembles de l'ontologie de la théorie des types simples, et par-là, à éliminer tous les objets abstraits de l'ontologie des mathématiques en général.
Nous avons pu voir comment la théorie de Chihara pouvait être caractérisée comme une version de la théorie des types de Russell, particulièrement dans le sens où elle est une théorie sans classes (no-class theory). En effet, l'un des points communs entre le système qu'élabore Chihara et la théorie des types simples de Russell, consiste dans leur refus de donner une place aux classes et aux ensembles.

---

[219] Chihara (1990), p. 255.

Or, comme nous l'avons précisé, Chihara cherche à aller plus loin, et veut éliminer la théorie des ensembles sous toutes ses traductions.
En ce sens, nous ne trouvons, dans son système, aucune intention de traduire les ensembles dans les termes d'autres entités moins fortes ontologiquement. En effet, alors que Russell et Field construisent (pour des raisons radicalement différentes) des règles de traduction qui permettent de former des énoncés, n'ayant pour références que des individus ou des fonctions propositionnelles, Chihara veut éliminer toute référence aux ensembles, même apparente, et élabore un langage formel dans lequel nous parlons uniquement de la constructibilité des phrases ouvertes qui fonctionnent, il est vrai, comme des ensembles.
Pour Chihara, les phrases ouvertes constructibles sont considérées comme les substituts des ensembles, et pour cela, il exploite le trait principal des ces derniers dans la théorie platoniste elle-même, à savoir l'extensionnalité. Par-là, tout son programme consiste à déterminer les conditions philosophiques sous lesquelles la substitution de la théorie des phrases ouvertes constructibles à la théorie des entités ensemblistes abstraites peut s'opérer. En effet, il n'est pas question dans le système de Chihara d'éliminer les quantificateurs de la théorie extensionnelle standard et de leur substituer ceux de constructibilité. Son système contiendrait les deux types de quantificateurs : les quantificateurs modaux et les quantificateurs standard, et c'est aux premiers que revient la tâche d'exprimer la notion d'existence mathématique. Or, le système logique de Chihara a besoin des ressources logiques de la sémantique des mondes possibles. Sans cette théorie modaliste, l'usage des nouveaux quantificateurs non classiques de constructibilité ne serait pas bien défini.
Je vais essayer ici de comprendre comment Chihara va-t-il réussir à harmoniser, au sein de son système, son antiplatonisme et son réalisme ?
En vérité, bien qu'il soit un farouche adversaire du réalisme existentiel dans le cas des entités mathématiques abstraites, il défend, contre un instrumentaliste et un déflationniste comme Field, une conception dans laquelle les mathématiques constituent une science vraie indépendante de la logique et de la physique. Comme nous avons pu le constater, pour Field les mathématiques sont fausses et n'affirment rien qui ne soit pas déjà impliqué dans la logique (sans la théorie des modèles) et dans la physique.
Pour Chihara, la philosophie « fictionaliste » de Field est une forme d'instrumentalisme qui met en question les aspects réalistes de la science

au niveau de sa valeur pour la connaissance et de son objectivité. Les mathématiques ne se contentent pas d'être uniquement un instrument au service des objectifs de la science physique ou d'une autre science. L'exigence de conservativité comme condition requise par Field pour décider de l'acceptabilité des théories mathématiques, et sa conclusion fictionnaliste au sujet de tous les théorèmes, ne tiennent pas.
Contre Field, Chihara défend la thèse du réalisme épistémologique dans le cas des mathématiques. Or ce type de réalisme ne signifie pas la même chose que celui admis par Quine et que nous trouvons à la base de son platonisme. Autrement dit, le réalisme épistémologique ne veut pas dire pour lui l'assimilation du mode de connaissance en mathématiques à celui que nous trouvons dans la science physique, c'est-à-dire, un mode de connaissance qui se base sur l'observation et l'expérience. En effet, pour Quine, nous obtenons la connaissance des objets physiques et celle des objets mathématiques selon la même méthode, c'est-à-dire, à travers l'expérience. Ce type de réalisme épistémologique justifie le platonisme dans le sens où il lui procure un type d'évidence scientifique. Chihara s'attaque directement à cette connexion entre le platonisme et le réalisme épistémologique, et cherche à battre en brèche l'hypothèse quinéenne. Même si nous regardons la nature de ce type d'évidence d'un point de vue strictement pragmatique, comme nous invite Quine à le faire, il nous serait très difficile de valider la thèse du platonisme.
L'un des points fondamentaux sur lesquels Field et Chihara ne sont pas d'accord, c'est la question de la vérité des énoncés mathématiques. Contrairement à Field qui croit que les mathématiques n'ont pas à être vraies pour être bonnes, et bien que ces dernières n'affirment rien d'existentiel et n'ont pas de sujet d'étude autre que des possibilités de formuler et de construire un espace (logique) propre aux phrases ouvertes, Chihara croit fermement que les mathématiques découvrent des vérités, et que ces vérités sont aussi objectives que toutes les autres vérités scientifiques.
Pour lui, le déflationnisme du concept de vérité et le caractère déductif des notions de connaissance et d'information en mathématiques ne tiennent pas. Comme nous l'avons pu le constater, Field conclut sur la base de l'absence de faits proprement mathématiques à l'absence même de toute connaissance mathématique. Chihara n'accepte pas cette conclusion, car nous pouvons prouver, même s'il n'y a pas de faits mathématiques, qu'il y a une connaissance purement mathématique qui

ne soit pas réductible à aucune forme de connaissance logique (dans le cas de Field) ou de connaissance physique (dans le cas des physicalistes, y compris probablement une certaine facette de Quine.)

"That positing mathematical objects is to be justified in the same way that physicists justified their positiong of moolecules is intimately linked to another idea that emerges from quine's writings on this topic : it is suggested that which mathematical theory we should take to be true should be determined empirically by assessing the relative scientific benefits that would accrue to science from incorporating the mathematical theories in question into scientific theory. It si as if the mathematician should ask the physicist which set theory is the true one ! I do not believe that many mathematicians find this Quinian picture very appealing."[220]

[220] Chihara (1990), p. 15.

CHAPITRE 8

LE DÉBAT QUINE/FIELD, HELLMAN ET CHIHARA, ET LA PHILOSOPHIE CONTEMPORAINE DES MATHÉMATIQUES

8.1. Le débat général du réalisme et la philosophie des mathématiques

J'ai essayé, tout au long de ce travail, de montrer comment le concept de réalisme est équivoque, et comment il devient important aujourd'hui de cerner ses multiples extensions afin de mieux comprendre le sens du platonisme mathématique dans la philosophie de Quine.

D'abord, le réalisme a un sens philosophique général que je peux résumer dans ces termes : il consiste dans le fait de croire dans la réalité d'un objet ou d'un système d'objets et de relations en tant qu'il existe indépendamment de l'esprit et du langage. Tel est le cas du monde extérieur, lorsque nous affirmons sa réalité matérielle. Le réalisme consiste donc à croire en l'existence de phénomènes de force, de mouvement, d'énergie, etc., comme étant indépendants de nos formules et nos concepts. Nous pouvons appeler ce type de réalisme, le réalisme scientifique, car il consiste à dire que la tâche de la science est l'étude d'un monde matériel doté d'une certaine autonomie ontologique par rapport à l'esprit[221]. Bien qu'il présente des avantages au niveau de l'objectivité de la théorie, ce type de réalisme se heurte au problème suivant : dans quel sens le monde extérieur, tel qu'il est décrit par la science, est-il vraiment indépendant de nos concepts ? Sur ce plan, le réaliste radical est celui qui met en doute l'apport des conventions et des choix pragmatiques dans la constitution des vérités scientifiques sur le monde environnant, et défend une conception « essentialiste » de l'objectivité selon laquelle la science dévoile l'état du monde tel qu'il est en soi. Il est tout à fait possible, bien sûr, de soutenir la thèse du réalisme scientifique sans pour autant adhérer à cette vision de l'activité de la science. Le réalisme scientifique doit être relativisé, car il n'existe pas une seule manière de décrire scientifiquement le monde. Plusieurs

---

[221] Il faut distinguer bien sûr entre ce type de réalisme et ce que nous avons appelé le réalisme épistémologique.

explications d'un même phénomène physique sont acceptables, même si elles étaient incompatibles entre elles du point de vue conceptuel.
Il est possible d'accepter la réalité matérielle du monde et son autonomie ontologique par rapport à nous, sans accepter corrélativement l'existence d'une seule manière de le décrire. La science est une affaire d'invention et de création avant tout, et son but ultime n'est pas de révéler la substance du monde ou les essences des choses. Des considérations pragmatiques aussi bien que conventionnelles interviennent dans le travail de la science, et la thèse de la matérialité de la réalité se définit dans les termes d'une diversité d'objets reliés entre eux par une variété de façons. La science doit être saisie, donc, comme une interaction entre nos prédicats et concepts et le monde, car c'est au moyen du langage et à travers notre schème conceptuel général que nous accédons, en définitive, à sa réalité et à sa matérialité.
La version empiriste que Quine propose est, indéniablement, une refonte des rapports qui relient la théorie scientifique à l'expérience (ou le langage théorique aux phrases d'observation) au sein d'une considération effective des conditions de leur connexion dans le schème conceptuel.
Il devient clair par-là que la thèse de l'incompatibilité entre le platonisme et l'empirisme n'a pas lieu d'être dans la philosophie quinquennal des mathématiques. Il est vrai que d'un point de vue strictement historique, les mathématiques ont été souvent associées à une épistémologie qui explique leur origine et leur nature dans des termes strictement empiriques et physicalistes. Le but escompté consistait à donner aux mathématiques une version qui montre très bien comment elles dérivaient de l'expérience, et à contredire par-là, la thèse platoniste qui considère que leur sujet d'étude est constitué d'objets abstraits dont la connaissance est définie analytiquement sans aucune relation à l'expérience.

« La fermeté, écrit Quine, de l'association des objets physiques avec la stimulation s'est trouvée,'être qu'un argument assez faible pour leur donner un statut préférentiel. »[222]

Or, l 'empirisme n'a pas toujours réussi à donner cette version que nous pouvons appeler « nominaliste » des mathématiques, et n'a pas su résoudre le problème de la justification empiriste de la connaissance

---

[222] Quine (1960).

mathématique et de leurs relations énigmatiques à l'expérience et au monde physique.

Il est certain que si l'on définit le platonisme comme la thèse qui dit que les mathématiques portent sur des objets abstraits, et si l'on considère l'empirisme comme la position qui dit que la connaissance mathématique provient directement ou indirectement des stimulations sensorielles, on ne voit pas comment il est possible de réunir ces deux affirmations (opposées en apparence) au sein d'un même système philosophique sur les mathématiques ?

En vérité, l'empirisme traditionnel et la doctrine platoniste classique se trompaient, selon Quine, sur la nature de la connaissance mathématique et mettaient en danger sa possibilité même. Contre les empiristes (dogmatiques), il soutient que la connaissance mathématique prolonge la connaissance empirique, même dans ses parties hautement pures et non appliquées.

D'un autre côté, et contre les " rationalistes ", il soutient que cette connaissance n'est pas de nature analytique, a priori ou nécessairement vraie. Les sciences logiques et mathématiques ne sont pas des sciences à part. Même si leurs principes et énoncés figurent au centre de notre organisation conceptuelle générale, et même si leur révision est, dans un sens bien spécial, différente de celle des autres catégories d'énoncés[223], elles possèdent néanmoins des liens avec l'expérience, mais ces liens ne peuvent pas être complètement compris selon l'empirisme traditionnel.

Comme nous l'avons constaté à maintes reprises, le réalisme est équivoque. Il est possible de défendre cette thèse sur plusieurs niveaux et avec une variété de méthodes.

Mon objectif était de classifier les extensions de la thèse du réalisme de manière à bien comprendre ces niveaux et ces méthodes. Or, comme il a été démontré tout au long de ce travail, la substance du réalisme est le platonisme. En d'autres termes, le platonisme est l'unité des extensions les plus fondamentales du réalisme, à condition bien sûr de saisir le platonisme comme une thèse qui concerne exclusivement les sciences mathématiques quant à son langage, son mode de connaissance et son domaine d'objets. Le platonisme est l'interconnexion authentique de trois formes de réalisme concernant un domaine bien précis qui est celui des

---

[223] Quine : Methods of Logic.

énoncés mathématiques. La mise en cause du réalisme philosophique sur l'un de ces trois niveaux aboutit à l'antiplatonisme, c'est-à-dire, à la thèse (réaliste ou antiréaliste) qui brise l'unité tridimensionnelle du platonisme.

Il faut insister sur un point important : le platonisme n'exclut pas la thèse antiréaliste en dehors des domaines de la vérité, de la « scienticité » et de l'ontologie. L'antiréalisme de Quine vis-à-vis des significations, des propositions logiques, des propriétés et des attributs, et son scepticisme général à l'égard des entités abstraites douteuses, montrent comment son platonisme mathématique reste compatible avec certaines de ses thèses antiréalistes. De même, l'antiplatonisme n'exclut pas la thèse réaliste en dehors ou à l'intérieur des trois domaines en question. C'était le cas des thèses des trois philosophes antiplatonistes critiques de Quine dont nous avons étudié les programmes.

A l'instar du réalisme, le platonisme est un concept équivoque. Il est possible de le défendre moyennant plusieurs méthodes qui peuvent être incompatibles entre elles. Le débat entre ces diverses versions du platonisme peut porter sur la façon de défendre le réalisme logique, épistémologique et ontologique en mathématiques.

Toutes ces formes de platonisme sont unanimes sur un point essentiel : il est difficile de défendre l'antiréalisme dans la valeur de vérité logique, l'antiréalisme en épistémologie, et l'antiréalisme ontologique, dans le cas des théories mathématiques, sans engendrer des contradictions. Elles peuvent être, par ailleurs, en désaccord sur les concepts et les méthodes épistémologiques et philosophiques à utiliser dans le but de défendre ce principe. Il nous est possible de voir comment le débat entre platonistes et antplatonistes est différent, dans un sens bien spécial, de celui qui oppose le réaliste à son adversaire antiréaliste. Le platoniste doit, avant tout, soutenir l'unité des aspects réalistes en tant qu'ils expriment des exigences propres à sa doctrine. Ainsi, si le platonisme peut prétendre assumer la tâche d'une philosophie acceptable pour les mathématiques, c'est parce qu'il incarne une sorte de théorie qui ne se contredit point avec tout ce qui peut être admis « réalistiquement », du point de vue de la science d'aujourd'hui, et ce qui peut être admis en tant que tel ce sont les trois extensions essentielles du réalisme philosophique : le réalisme de la vérité, celui d'un certain type spécial d'existence mathématique, et enfin celui qui exprime comment la science (quel qu'elle soit) doit impliquer

des vérités (objectives) et véhiculer des informations sur le monde extérieur.
A l'instar du réalisme, le platonisme, qui est une thèse qui concerne spécifiquement les mathématiques, peut être exprimé philosophiquement selon des méthodes et des systèmes conceptuels variés. Un système est dit platoniste s'il donne des solutions réalistes cohérentes aux divers aspects de la connaissance mathématique. C'est le cas de Quine, qui, comme nous l'avons constaté, apporte des explications réalistes authentiques aux questions qui relèvent de la vérité, de l'existence, et de la scienticité des mathématiques, mais c'est aussi le cas d'un certain nombre de philosophes des mathématiques contemporains qui sont, parfois, beaucoup plus en désaccord avec lui que certains de ses adversaires antiplatonistes. Gödel, Frege, et Maddy sont des platonistes selon un style bien différent de celui de Quine. Il est très intéressant d'étudier ces trois formes de platonisme, et montrer comment nous pouvons les distinguer, les uns des autres, eu égard aux concepts et aux méthodes utilisés. Gödel défend une conception de la connaissance des vérités mathématiques, et plus particulièrement, les vérités de la théorie des ensembles, selon laquelle nous avons un accès perceptif aux objets sur lesquels portent ces vérités grâce à l'intuition qui joue le rôle d'une faculté supra-sensible : nous percevons ces objets abstraits au moyen de cette faculté intuitive. La doctrine de Maddy peut être considérée à la fois comme une extension et une amélioration de cette conception platoniste littérale. Ce n'est pas donc par hasard si Chihara s'attaque au platonisme de Maddy en cherchant avant tout à briser la plausibilité de la thèse de Gödel, car tous deux défendent une forme de platonisme qui considère que notre connaissance des vérités mathématiques est basée sur un type de perception des objets ensemblistes en particulier.
A l'antipode de cette conception, nous trouvons le platonisme logiciste de Frege, pour qui les objets mathématiques ne sont rien d'autres que des objets logiques, et que notre connaissance des vérités mathématiques est une connaissance de pure forme logique.
Or, tous les trois défendent une notion qui n'est pas de type combinatoire de la vérité mathématique. Quine est d'accord avec eux sur ce point, mais rejette le caractère analytique de la vérité chez Frege, et la thèse selon laquelle nous possédons une faculté spéciale qui nous met en contact avec les objets abstraits des théories mathématiques et qui nous donne accès à leur domaine. Pour Quine, Kant a raison contre Frege, car les

vérités mathématiques sont synthétiques. Le type de platonisme défendu par Frege a des fondements logicistes. Les objets mathématiques ne sont pas des objets spéciaux accessibles uniquement à l'intuition. La théorie platoniste de Maddy s'inscrit dans le contexte général de la stratégie de Quine et Benacerraf qui consiste à naturaliser le platonisme. Bien qu'elle cherche à se démarquer des thèses non constructivistes et non naturalistes de Gödel, son platonisme est proche de celui soutenu par ce dernier.
La naturalisation du platonisme signifie, à la différence de la conception gödelienne, que nous pouvons entrer en contact avec les objets mathématiques dans des conditions spatiales et temporelles requises pour tout contact avec un objet scientifique déterminé. Selon une telle démarche, les objets mathématiques admis seront certains ensembles en tant qu'ils sont bel et bien des objets abstraits nettement distincts des objets physiques ou des agrégats, mais localisés dans l'espace et dans le temps et pouvant faire l'objet de notre perception. Pour Maddy, les objets mathématiques existent sous forme d'ensembles abstraits localisés dans l'espace et dans le temps, et sont néanmoins perceptibles. Alors que Gödel situe de tels objets abstraits en dehors du temps et de l'espace, tout en insistant sur la possession d'une faculté au moyen de laquelle, nous accédons aux vérités et axiomes de la théorie des ensembles en tant qu'ils portent sur ces objets, Maddy considère que ces objets sont perceptibles selon la même démarche que les objets matériels. Elle élimine ainsi, en la naturalisant, cette notion gödelienne d'une faculté spéciale, et prône l'identité « perceptive » de certains ensembles et des objets physiques : le caractère abstrait des ensembles ne nous empêche pas de montrer qu'ils peuvent faire l'objet d'une perception.
Nous avons vu comment, chez Benacerraf, l'argument « structuraliste » conserve la portée réaliste des mathématiques, même s'il fonde son activité essentielle sur une notion antiréaliste sur le plan existentiel qui est la notion de progression. Or, comme nous avons constaté, la majorité des philosophes contemporains des mathématiques partagent cet avis, c'est-à-dire, tiennent la notion de progression comme l'essence même de ce que nous pouvons comprendre de la notion de nombre naturel en général, sans pour autant donner à leurs programmes une orientation antiplatoniste. Nous avons aussi essayé d'esquisser une réponse à la question qui consiste à savoir à quel point la notion de progression peut former une condition suffisante dans notre compréhension de la théorie des nombres. En cherchant à répondre à cette question, Wetzel et Wright

ont abouti à des résultats quasi similaires concernant la justification structuraliste de l'antiplatonisme : comment l'argument structuraliste échoue à réfuter la thèse selon laquelle les nombres sont des objets dotés d'existence. Or, ce jugement est basé sur une certaine erreur qui consiste à séparer l'argument en question de l'autre argument de Benacerraf qui est l'argument « réductionniste » relatif au problème de la multiple réduction. En vérité, ces deux arguments ne sont pas distincts. Ils forment un tout. Wright parle de l'argument structuraliste qui aboutit à mettre en valeur la notion de progression au détriment de celle d'objet abstrait singulier, comme d'un argument antiplatoniste tout court. Or, un tel argument, ne suffit pas, à lui seul, à réfuter le platonisme. Il n'est dit réfuter le platonisme que dans la mesure où il fusionne avec l'argument que nous avons appelé « réductionniste », selon lequel il est faux qu'il existe une seule « modélisation » possible de la théorie des nombres naturels dans la théorie des ensembles. Le caractère fondamental qu'accorde Benacerraf au concept structurel de progression provient du fait que la ré-écriture ensembliste de la théorie des nombres ne peut être qu'arbitraire, puisque nous sommes incapables de « modéliser » la première dans les termes de la seconde d'une manière déterminée. L'argument de la multiple réduction des nombres aux ensembles atteste, selon Benacerraf, en faveur d'une compréhension « structuraliste » et non « objectuelle » des mathématiques, une compréhension dont nous avons commenté, en quelque sorte, l'arrière-plan épistémologique.

8.2. La place du structuralisme dans les recherches philosophiques sur les mathématiques

Dans l'état actuel des recherches philosophiques et épistémologiques sur la connaissance mathématique, le structuralisme occupe certes une place importante. Il s'implique à la fois dans ces recherches en tant qu'il est interne au travail mathématique, mais aussi en tant qu'il s'associe à l'interprétation « fondationnelle » des sciences mathématiques elles-mêmes. Comme nous l'avons vu au paragraphe 2 du chapitre précédent, le structuralisme n'est pas, chez un antiplatoniste comme Hellman, une simple doctrine philosophique sur la connaissance mathématique, car si nous nous contentons de ne considérer que sa vertu philosophique générale, il peut justifier le platonisme. Le structuralisme doit intervenir directement lorsqu'il est question de donner une interprétation des fondements mêmes des mathématiques, et c'est sur ce terrain que le platoniste peut être battu. C'est en totale harmonie avec ces deux principes qu' Hellman a élaboré son système structuraliste avec modalité, c'est-à-dire, éjecter le platonisme par la voix du structuralisme appliqué sur les fondements mêmes des mathématiques, et par un certain recours aux modalités logiques. Ce système rejette le fait que les ensembles, les nombres ordinaux, ainsi de suite, soient traités comme ayant une identité absolue ; ils sont considérés seulement en vertu de leur rôle dans une structure. Il exclut aussi toute notion d'une « totalité » : celle de tous les ordinaux, mais aussi celle de toutes les structures possibles, ainsi que celle de l'union de leurs domaines. Interne au travail mathématique lui-même, le structuralisme devient là un argument qui joue en faveur de l'antiplatonisme.

La question qui se pose consiste à savoir si toute interprétation des fondements des mathématiques qui engage le structuralisme d'une manière intrinsèque doit donner lieu nécessairement à une justification de l'antiplatonisme en mathématiques.

La réponse des philosophes structuralistes platonistes est certes négative : même compris du point de vue de ses liens étroits avec l'activité mathématique elle-même et la question des fondements logiques d'une telle activité spécifique, le structuralisme peut justifier la version platoniste.

Pour Hellman, une telle affirmation est fausse, car si nous admettons la possibilité d'un structuralisme strictement mathématique, et non pas philosophique, nous acheminons vers l'élimination systématique de toutes les entités abstraites que les platonistes tolèrent au niveau de l'arithmétique, et nous concluons, par conséquent, que la théorie des ensembles n'est que l'étude des structures d'un certain type admises comme des sortes de possibilités logiques. Cette image est à l'antipode de l'image platoniste d'un univers singulier fixe, qui fait que la théorie des ensembles soit l'étude d'une unique hiérarchie cumulative, et non pas d'une multiplicité de structures reliées entre elles[224]. Tout le conflit entre les deux versions du structuralisme repose donc sur la réponse donnée à la question de la dispensabilité ou de l'indispensabilité des objets mathématiques abstraits, et celle de la nature des relations entre les

---

[224] Hellman (1989), p. 57. Selon Hellman, cette image antiplatoniste va dans le sens des travaux de Zermelo et de Putnam.

aspects théoriques et philosophiques des mathématiques et leurs aspects purement « fondationnels ».

L'un des fervents opposants au point de vue de Hellman, est Michael Resnik. Dans « What is Structuralism ? »[225], il critique ouvertement la position du philosophe de Minosota, et cherche à démontrer comment le structuralisme, en tant que simple théorie philosophique, peut rendre de grands services.

Nous pouvons donc constater qu'il y a deux manières de comprendre le sens du structuralisme et sa place dans une tâche qui vise l'élaboration d'un système logique et philosophique des mathématiques modernes :

Il y a en premier lieu le type de compréhension représenté par Hellman, où il s'agit uniquement d'utiliser les ressources du structuralisme, et de les combiner avec celles de la logique modale pour éliminer les objets abstraits des théories mathématiques et n'assumer, par conséquent, que les objets physiques. Il y a ensuite le type de compréhension représentée par quelques néo-platonistes héritiers de la pensée de Quine, tels que Resnik et Shapiro, où il est question de chercher à intégrer les vertus du structuralisme mathématique dans une approche théorique plus générale de la connaissance. Les aspects platonistes de cette compréhension consistent, principalement, dans le fait de considérer les structures mathématiques comme des objets abstraits dotés d'une forme d'être. Le structuralisme doit, évidemment, être compris ici comme une variante du platonisme classique des objets, mais qui cherche, au contraire, à résister aux objections soulevées par le dilemme de Benacerraf.[226] Nous pouvons constater que les philosophes structuralistes, antiplatonistes et platonistes confondus, sont d'accord sur un point : l'interprétation structuraliste de la connaissance mathématique permet d'éliminer toute référence à des objets particuliers tels que les nombres ou les ensembles.

Le structuralisme consiste à traiter tous les objets mathématiques, sans exception, comme de simples points ou de simples positions dans des structures abstraites. Du point de vue du philosophe antiplatoniste, cela veut dire que les objets mathématiques n'ont aucune existence en dehors de ces structures, et que les seuls objets qui existent réellement sont les objets physiques, alors que pour Resnik, les structures ou « modèles »

---

[225] Publié dans : D. Prawitz et D. Westerstahl (eds), Logic and Philosophy of science in Uppsala, Kluwer Academic Publishers, Netherlands, 1994 p. 355-364.

[226] A la différence du platonisme des objets, le néo-platonisme structuraliste n'assume que les structures. Il est d'accord avec Paul Benacerraf sur tout le reste.

(patterns), sont des entités abstraites et existent indépendamment de notre vie mentale.

Le fait de refuser qu'une certaine séquence existe et préférer d'affirmer seulement qu'elle est possible, ne résout pas le problème. En vérité, le structuralisme consiste en général dans la thèse selon laquelle le sujet d'étude des mathématiques est les structures mathématiques, et non pas les objets. Le structuralisme est par définition, « éliminatif » : il élimine de l'ontologie des mathématiques toute référence à des objets ayant une identité, et traite la connaissance mathématique dans les seuls termes des structures et des modèles[227] abstraits. C'est une position commune à la majorité des philosophes des mathématiques quelles que soient leurs tendances platonistes ou antiplatonistes. Or, lorsqu'il devient question de statuer sur la nature de ces structures mathématiques, les idées divergent complètement.

En effet, au contact de la question sur le statut ontologique des structures mathématiques, le structuralisme perd son unité originelle, et devient une mosaïque de théories philosophiques. Cette unité signifie essentiellement que les mathématiques n'étudient pas des objets, mais les relations entre les objets, car la matière et le contenu leur importent peu et seule la forme qui les intéresse : ce caractère formalo-structuraliste leur permet, avec une prodigieuse concordance, de s'adapter à l'expérience sensible et à la réalité physique. Pour tous les philosophes (platonistes et non platonistes confondus) qui considèrent que le dilemme de Benacerraf est bien réel, le structuralisme peut contribuer amplement à résoudre ce dilemme. Il permet, sans grande difficulté, d'esquisser une explication de la manière avec laquelle nous arrivons à acquérir les connaissances (et les croyances) mathématiques de façon à ce que cette acquisition soit, eu égard à sa nature, en conformité avec l'épistémologie[228].

De ce point de vue, le structuralisme tend à offrir une réponse aussi satisfaisante que possible au problème soulevé par Benacerraf concernant l'origine et le mode d'acquisition de nos connaissances mathématiques, dès l'instant où les objets mathématiques se trouvent réduits à de simples points et à de simples positions dans des structures.

---

[227] Le terme modèle doit être compris ici dans un sens bien différent de celui de la théorie des modèles.

[228] Je ne dirai pas bien sûr, en conformité avec la théorie causale de la connaissance, car beaucoup parmi eux la rejettent expressément.

« En mathématiques, écrit M. Resnik, nous n'avons plus d'objets avec une certaine composition 'interne' arrangée dans des structures, mais nous n'avons seulement des structures. Les objets des mathématiques, c'est-à-dire, les entités que dénotent nos constantes et nos quantificateurs mathématiques, sont de simples points ou positions dans des structures. En tant que positions dans des structures, ils ne possèdent pas une identité ou des traits en dehors d'une certaine structure. »[229]

Avec le structuralisme, nous nous trouvons dans une perspective épistémologique nouvelle : les « modèles » mathématiques sont connus de la même manière que les modèles linguistiques ou musicaux.
Grâce à l'approche structuraliste, nous interprètons les différentes parties des mathématiques standard comme étant l'étude de certaines structures ou modèles abstraits. Ainsi, l'arithmétique consiste dans l'étude, non pas des nombres naturels, en tant qu'objets ayant une certaine identité, mais plutôt l'étude de leur structure telle qu'elle est illustrée dans la théorie des ordinaux de Von Neumann ou de Zermelo.
En dépit de ces aspects « éliminativistes » évidents que nous constatons dans le structuralisme, il nous est cependant difficile d'établir une définition du concept même de structure sans faire référence à des notions qui sont de nature foncièrement platoniste, telles que les notions de domaine, d'ensemble, de fonction, etc.[230].
En vérité, la question qui porte sur ce qu'est une structure nous fait revenir aux objets familiers qui forment le domaine des mathématiques standard dans la version platoniste. Nous risquons ainsi de nous trouver dans une sorte de circularité[231], puisque nous ne pouvons pas définir le concept de structure sans assumer, en quelque sorte, les mêmes objets qu'un antiplatoniste chercherait à éliminer par son recours théorique aux considérations structuralistes.

---

[229] Resnik (1981), p. 530.

[230] Nous comprenons là la thèse de Hellman, qui dit que le structuralisme ne suffit pas, et doit être complété par une théorie qui introduit la modalité, pour qu'il soit un argument contre le platonisme.

[231] Je me demande si cette circularité n'est pas du genre qu'évoque M. Caveing (2001, p. 48) lorsqu'il se pose la question sur l'existence d'objets, qui ne seraient pas construits, mais donnés. A ses yeux, la réponse à cette question « est susceptible d'orienter l'analyse de la relation entre les actes aux objets. Mais inversement l'étude de la façon dont les objets mathématiques sont construits, ou engendrés, ou crées est de nature à éclairer la question de savoir si certains d'entre eux échappent à cette activité constitutive. »

Cette circularité est exprimée clairement par Charles Parsons[232].

« D'habitude, écrit-il, ce qui est signifié par une structure c'est un domaine d'objets et certaines fonctions et relations sur ce domaine qui satisfont des conditions données. Les exemples paradigmatiques de structures élémentaires sont traités dans l'algèbre abstraite. Or, le langage dans lequel nous avons élaboré ces exemples, fait déjà référence aux objets familiers des mathématiques tels que les ensembles, les fonctions, les relations. »[233]

Nous pouvons voir comment la définition du concept de structure assume la notion d'objet « ensembliste », et peut impliquer une conception du structuralisme dans les termes de la théorie des ensembles. En ce sens, le structuralisme peut être aisément intégré dans la théorie réductionniste, c'est-à-dire, la théorie qui réduit tous les objets mathématiques aux ensembles (ou à un type d'ensembles plutôt qu'à un autre), et que, par là, le langage de la théorie des ensembles peut, à lui seul, exprimer tout ce qui est à dire des mathématiques canoniques.
A la question : *qu'est-ce qu'une structure* ?, nous constatons, donc, qu'il y a deux perspectives possibles de réponse : soit nous définissons les structures dans les termes de la théorie des ensembles, et nous admettons, par conséquent, l'identité du structuralisme et du réalisme des ensembles (tel qu'il est formulé, par exemple, dans le programme de Maddy[234]), soit nous généralisons la méthode structuraliste à l'ensemble des objets mathématiques, et dans ce cas, le concept de structure engloberait la notion de hiérarchie itérative qui serait le fondement ultime de la théorie des ensembles. Au contact de cette question, le structuralisme devient ambivalent quant à sa signification : il peut être à la fois intégré dans le travail mathématique lui-même, mais peut permettre aussi d'organiser conceptuellement, et d'encadrer philosophiquement ce travail.
La question du statut des considérations structuralistes dans toute philosophie acceptable des mathématiques doit prendre en compte cette ambivalence comme étant inséparable du structuralisme lui-même. La ligne de démarcation entre les doctrines structuralistes rivales par rapport au débat platonisme/antiplatonisme doit être plutôt tracée au niveau de l'assomption ou non d'un certain statut ontologique pour les structures

---

232 Parsons (1990), p. 303.
233 Parsons (1990), p. 305.
234 Maddy (1990), p. 171-172.

mathématiques. Ainsi, nous pouvons, soit assumer leur existence, soit assumer seulement leur possibilité, et ce choix comme l'autre, ne se construit pas sur une quelconque mise en question des liens intrinsèques entre le recours aux considérations structuralistes et la nature du travail mathématique.

En ce sens, nous pouvons constater qu'une doctrine structuraliste donnée peut avoir beaucoup de similarités avec des formes distinctes de réalisme et d'antiréalisme, telles que celles qui utilisent le langage du second ordre de la théorie des ensembles (platoniste) pour traduire, selon des critères « modalo-nominalistes » les mathématiques (Hellman) ou pour unir platonisme et naturalisme (Maddy[235]).

Geoffrey Hellman a bien montré comment nous pouvons résoudre, en ce sens, tous les problèmes ontologiques, sémantiques et épistémologiques soulevés par le platonisme. Maddy s'oppose, bien sûr, à la solution structuraliste et modale donnée par Hellman, car à ses yeux, le structuralisme permet, avant tout, de résoudre le problème posé par Benacerraf, en mettant les universaux que sont les structures à la place des objets mathématiques.

Nous pouvons donc dire que toute philosophie des mathématiques doit tenir compte de ces deux sens du structuralisme, et doit chercher, à tout prix, à expliquer les liens indissociables qui existent entre la nature de l'activité mathématique, comme activité sur des structures, et ses aspects métathéoriques et philosophiques. Pour mieux illustrer la conception qui insiste sur les aspects qui placent plutôt les considérations structuralistes à l'intérieur du travail mathématique lui-même, nous pouvons évoquer, sans doute, la conception des Bourbaki. En effet, les mathématiques sont définies et comprises par les Bourbaki[236] comme l'étude des structures en tant qu'elles constituent des systèmes de relations. Chaque structure mathématique est caractérisée par un ensemble approprié d'axiomes. Selon eux, les mathématiques, ainsi posées, se répartissent sur trois

---

[235] Maddy (1990), p. 174-175. Elle trouve qu'il y a beaucoup de « points de contact » entre son réalisme dans les termes de la théorie des ensembles (Set-theoretical Realism) et le structuralisme, mais refuse, bien sûr, de qualifier son programme naturaliste comme une forme de structuralisme.

[236] Nous trouvons dans leur ouvrage : *Eléments de Mathématiques* (Il s'agit d'un ouvrage collectif dont la rédaction a débuté en 19 39) un exposé de leur conception structuraliste des mathématiques. Voir aussi leur article : "Foundations of mathematics for the working mathematicians ", Journal for symbolic logic, 14 (1949) p.18.

grandes classes de structures : il y a d'abord les structures algébriques, ensuite les structures topologiques, et enfin les structures ordinales. La formation de ces classes de structures peut être obtenue à partir de règles de composition qui peuvent être des règles extérieures ou intérieures à la structure en question.

Il est intéressant d'étudier ici ce type de structuralisme mathématique, car il se démarque nettement, non seulement de ce que nous avons appelé le structuralisme philosophique, mais aussi de certaines autres alternatives en philosophie des mathématiques telle que l'alternative « logiciste » de Russell ou « platoniste » de Quine.

Le structuralisme comme philosophie est nettement différent de celui exposé et adopté par les Bourbaki.

Loin de diviser les mathématiques en trois grandes familles de structures, le structuralisme tel qu'il est employé dans les recherches actuelles, représente une option philosophique nouvelle dont le but principal serait d'encadrer philosophiquement les mathématiques. Une telle option trouve ses racines chez Benacerraf, Quine, et Dedekind.

Le structuralisme des Bourbaki est de nature strictement mathématique : il est interne au travail mathématique lui-même en tant qu'il repose sur des règles de composition, des procédures de calcul et des ensembles d'axiomes systématiquement bien définis. Or, bien que nous puissions voir dans les deux programmes de Shapiro et de Resnik la meilleure expression de cette compréhension philosophique du structuralisme en mathématiques, cette dernière constitue, néanmoins, un centre d'intérêt grandissant pour chaque système, et l'une des questions capitales qu'il doit résoudre. Le choix de ces deux philosophes s'explique par leur intention d'utiliser, d'une manière systématique, la méthode et les ressources du structuralisme dans le but de résoudre les divers problèmes qui relèvent de la connaissance mathématique. Cette intention va aboutir à un résultat philosophique important qui consiste à varier et à multiplier les possibilités philosophiques de cette méthode elle-même.

En effet, Shapiro et Resnik donnent lieu à des programmes qui montrent comment il est possible d'utiliser le structuralisme pour rendre la pensée philosophique sur les mathématiques plus riche et plus ouverte sur de nouvelles perspectives. Le structuralisme va engendrer, dans le cas de Shapiro, une sorte de théorie épistémique formulée sur des bases réalistes, alors qu'il va servir, dans le cas Resnik, à mettre au point une théorie des paradigmes (ou patrons) mathématiques qui résout toutes les

difficultés inhérentes à la version platoniste forte. Chez l'un comme chez l'autre, nous assistons à un emploi des méthodes structuralistes qui aboutit, en fin d'analyse, à l'élaboration de deux types irréductibles de néo-platonisme, ayant pour arrière-plan philosophique certaines thèses de Quine. Il existe cependant des points de divergence entre ces deux programmes, particulièrement le type de langage dans lequel nous pouvons formuler les axiomes des théories mathématiques.
Alors que Resnik préfère les formulations du premier ordre et pense que la théorie des nombres, par exemple, n'est rien d'autre que l'étude de n'importe quelle structure susceptible de satisfaire les axiomes du premier ordre tel qu'ils sont formulés par Peano, Shapiro[237] est tenté plutôt par une sorte de langage axiomatique de second ordre spécifiant l'arithmétique comme étant l'étude non pas de n'importe quelle structure, mais bien d'une seule structure particulière. Ils sont, néanmoins, d'accord sur l'idée de base dans le structuralisme, à savoir que les mathématiques ne portent plus sur des objets, mais sur des structures.
Pour Resnik, en effet, les mathématiques étudient non pas des objets particuliers mais des paradigmes ou des structures. Le trait distinctif de sa philosophie structuraliste des mathématiques, c'est de ne pas identifier ces « paradigmes » ou « patrons » ou « modèles » ou « structures » avec les structures ensemblistes de la théorie platoniste des modèles. Pour lui, le structuralisme n'est pas, contrairement au point de vue des Bourbaki, une théorie strictement mathématique, mais surtout une théorie philosophique.
En évitant,de manière délibérée, de comprendre le type d'explication structuraliste des mathématiques selon son traitement dans cette théorie, Resnik considère son structuralisme comme une variante du platonisme, mais qui se soustrait aux difficultés inhérentes au platonisme canonique. Ce type de néo-platonisme, traduit dans les termes du structuralisme des paradigmes, résiste, selon Resnik, aux différentes objections auxquelles s'est confronté le platonisme des objets mathématiques classique.
Notre connaissance de ces multiples structures mathématiques est quasi semblable à notre connaissance linguistique ou musicale : les modèles mathématiques sont connus de la même façon que les modèles linguistiques et musicaux.

[237] Voir surtout son article : « Second-order languages and mathematical practice », Journal of Symbolic Logic, 50/1985. P. 714-742.

« Le structuraliste, écrit Resnik, ne dit pas que toutes les structures sont perçues directement sans l'aide de l'expérience ordinaire. Il croit plutôt que les 'modèles' mathématiques sont connus de la même façon que les modèles linguistiques ou musicaux. (...). En mettant les mathématiques dans le même contexte épistémologique que la musique ou la langage, nous mettons fin au mystère qui enveloppe le platonisme canonique. »[238]

Le structuralisme de Resnik est, donc, différent de celui de Hellman. Bien qu'il réponde parfaitement à une demande métathéorique au sujet des mathématiques, le structuralisme de ce dernier s'inscrit dans le contexte de la tradition structuraliste de Dedekind et des Bourbaki. Il relève aussi bien du domaine des fondements des mathématiques que celui de la philosophie des mathématiques : c'est un structuralisme « fondationnel » et philosophique à la fois, qui prend directement en compte la nature interne du travail mathématique. Or, dans le cas de Resnik, le structuralisme ne représente pas une interprétation des mathématiques dans laquelle leurs fondements mêmes sont jetés, mais uniquement une explication philosophique. Sur une telle base, Resnik est prêt à assumer ontologiquement les structures comme des ensembles ou des objets d'un certain type, ce qui n'est pas du tout le cas de Hellman. Le structuralisme sans les modalités ne présente aucun intérêt épistémologique réel pour ce dernier. En vérité, sans un certain usage des modalités logiques, le recours au structuralisme ne peut pas justifier la mise en cause de l'image platoniste canonique qui fait que la théorie des ensembles soit à propos d'une unique totalité existante.

Tous les problèmes liés au platonisme peuvent être surmontés grâce aux ressources du structuralisme modal. D'abord, le recours au structuralisme permet de supprimer toute notion de détermination dans le cas des objets mathématiques, et le recours aux modalités logiques permet, ensuite, de réinterpréter les mathématiques dans un langage logique dans lequel une certaine notion modale, en l'occurrence la notion de possibilité logico-mathématique, est tenue pour primitive. Comment le structuralisme peut-il être transformé en un argument qui justifie ou dénie le platonisme ?

Pour Benacerraf, chacune des parties théorétiques qui constituent les mathématiques modernes porte sur un certain concept structurel, et non

---

[238] M. Resnik : « Mathematical Knowledge and Pattern Cognition », Canadian Journal of Philosophy 1975, p. 34-35.

pas sur un certain domaine particulier peuplé d'objets abstraits. Bien que son système ouvre sur des nouvelles perspectives pour le platonisme, il reste néanmoins motivé par une certaine conception nominaliste qui rejette les entités abstraites en général.

Les arguments qu'emploie Benacerraf ont pour tâche de résoudre le dilemme et battre en brèche toute justification de l'existence de tels objets qui s'appuie sur la nature du travail mathématique. Pour lui, si les nombres naturels étaient des objets singuliers, alors il serait logiquement possible de les réduire, selon un modèle unique, à d'autres objets (les ensembles). En vérité, un tel modèle unique n'existe pas. Le problème de la réduction des nombres nous met par là devant la difficulté suivante : soit nous arrivons à démontrer qu'une seule forme de réduction est vraie, soit que nous ré-interprétions la notion de référence objectuelle elle-même de manière à ce qu'elle ne présuppose plus l'existence d'objets mathématiques singuliers.

Ce que nous avons appelé le problème de « la multiple réduction » des nombres et leur interprétation « structuraliste » versus la notion de progression, sont intimement liés. Devant notre incapacité à dire exactement quelle est la construction ensembliste qui puisse rendre compte, d'une manière déterminée, de la nature ultime des nombres, il est préférable de conserver la richesse mathématique que nous procurent les différentes théories des ensembles, pour éliminer ensuite les notions platonistes fortes de référence singulière et de détermination logico-sémantique.

Nous devons, cependant, prendre directement en compte les aspects épistémologiques et sémantiques qui relèvent de la connaissance mathématique tels qu'ils sont compris par Benacerraf. Ce dernier veut éliminer les nombres, en s'attaquant à leur conception comme des objets. Le but recherché à travers une telle élimination est de mettre fin aux incohérences qui se dressent entre notre connaissance des faits physiques et celle des faits (!) mathématiques. Si Benacerraf finit par nier l'existence de ces derniers, c'est afin de mieux harmoniser la théorie qui explique comment nous arrivons à connaître les faits de la première catégorie.

Loin de « physicaliser » la connaissance mathématique, ou de la réduire à une simple syntaxe vide de tout contenu sémantique, l'approche de Benacerraf consistait en vérité à écarter, de notre compréhension des énoncés mathématiques, toute notion d'un domaine référentiel qui serait constitué d'objets arithmétiques ou ensemblistes, identiques. Or, le langage mathématique ne perd pas, pour autant, de sa référentialité, puisque cette dernière n'est plus expliquée, dorénavant, en termes d'objets abstraits singuliers et indépendants les uns des autres, mais en termes de structures. Nous cernons, dans le programme de Benacerraf, certains éléments qui nous poussent à penser que le structuralisme, tel qu'il est employé par lui, sert un objectif nominaliste général, mais qui peut aussi motiver des nouvelles versions du platonisme puisqu'il permet de sauver, en quelque sorte, l'intuition essentielle que nous trouvons dans le platonisme, en l'occurrence, la notion de référentialité, même si, cette fois, elle concernent seulement les structures.

8.3. Philosophie des mathématiques et modalités

Il existe aujourd'hui des programmes philosophiques dont la stratégie consiste, selon une expression de Quine, à gonfler l'idéologie de la théorie pour réduire son ontologie. Cette stratégie consiste à utiliser des opérateurs modaux et à les interpréter comme des quantificateurs ou à les poser comme primitifs dans le système en jeu. Le but recherché est d'éviter d'assumer des objets mathématiques. Comme nous l'avons étudié au chapitre 7, cette stratégie « modaliste » était partagée par Field, Hellman et Chihara, bien qu'elle donne lieu chez eux à des programmes sur les mathématiques complètement différents. Ces trois antiplatonistes sont en tout cas d'accord, contre Quine, sur le fait de dépasser les ressources formelles de la logique des prédicats du premier ordre pour rendre compte des mathématiques, et recourir aux notions modales de possibilité et de nécessité logiques ainsi qu'à la sémantique des mondes possibles.

Si la version modalo-structuraliste des théories mathématiques du premier ordre, permettait de saisir leur contenu dans les simples termes des relations structurelles que les nombres entretiennent entre eux, elle a besoin, dans le cas des théories mathématiques du second ordre, de quantifier sur les classes et les relations dans les contextes modaux, ce qui va à l'encontre de l'approche antimodaliste de Quine. Ce dernier peut accorder à Hellman d'avoir éliminé, au moyen du structuralisme, les nombres, et d'avoir accepté de quantifier sur les classes et les relations, mais rejette d'emblée la nature modaliste de cette quantification, car quantifier dans les contextes modaux conduit, inéluctablement, à

l'essentialisme (qui est une forme forte de réalisme ontologique au sujet des propriétés).
Les structures mathématiques des théories de second ordre ne peuvent pas être caractérisées sans un discours sur les classes et les relations (ce que nous avons appelée l'identité du structuralisme et de la théorie des ensembles) qui conduit à leur appliquer les règles de la quantification canonique.
Pour Quine, si nous pouvons donner une version antiplatoniste qui évite le réalisme ontologique concernant les nombres, nous sommes obligés de tolérer une certaine forme de réalisme concernant les classes, car même si nous réduisons toutes les collections de la logique du second ordre à un niveau abstrait singulier, l'admission de ce niveau serait en définitive, indispensable, et l'antiplatonisme serait, par conséquent, intenable. Le structuralisme modal est, en quelque sorte, une réponse à ce défi : il ne faut pas vendre la peau de la quantification modale avant de l'avoir tuer. En effet, il existe un moyen d'éviter le réalisme ontologique concernant les classes (et les ensembles), et qui consiste à se dispenser entièrement de ce niveau singulier abstrait, considéré à tort, par tous les platonistes qui ont suivi Quine, comme un niveau irréductible.
La place occupée par les modalités dans le champ de la recherche philosophique est de plus en plus importante, et les arguments de Quine contre leur utilisation, se heurte à de sérieuses objections. Ce modalisme est souvent exprimé dans un cadre nominaliste, puisque les opérateurs modaux sont introduits pour éliminer tous les objets abstraits douteux et démontrer comment l'ontologie des mathématiques est vide et libre.
Tous ces programmes qui ont recours aux modalités pour mieux mettre au point leurs intentions nominalistes, développent une critique de Quine (et de ses disciples) quant aux arguments qu'il donne en faveur de la logique non modale classique et la théorie des modèles. En effet, pour Quine, les énoncés mathématiques ne doivent pas être traités dans les termes de la possibilité ou de la nécessité. Cette position prolonge, sans doute, ses vues sur l'analyticité des mathématiques, selon lesquelles les énoncés mathématiques ne sont ni analytiques ni nécessaires, mais sont, à l'instar des énoncés physiques, de nature synthétique et empirique, révisables et falsifiables. Cette corrélation entre les deux types d'énoncés vient du fait que la théorie physique elle-même ne peut être développée sans la référence à des objets mathématiques. Et c'est cette corrélation que certains modalistes cherchent avant tout à briser.

Certains philosophes contemporains des mathématiques sont parvenus à tolérer l'explication de la théorie « modale » de la notion de conséquence logique, tout en évitant d'appliquer les implications ontologiques de cette notion telles qu'elles apparaissent dans l'ontologie de la théorie platoniste des classes.
Ces philosophes cherchent à éviter à tout prix tout engagement sur des objets en expliquant les mathématiques dans les termes de la possibilité logique.
Avec la question de l'interprétation des affirmations existentielles de manière à les désengager ontologiquement, la logique modale a pris de l'essor.
D'un point de vue épistémologique général, le but de ces philosophes consiste à montrer comment la science peut être « nominalisée », et dans le cas de quelqu'un comme Field, comment elle peut être faite sans les mathématiques : il suffit de démontrer comment les applications mathématiques dans les théories nominalistes sont conservatives, c'est-à-dire, déductibles par la seule voie de la logique. La conservativité doit être comprise ici comme une propriété intermédiaire entre la notion platoniste de vérité et formalo-logiciste de consistance.
A leur tour, les platonistes cherchent à critiquer ce courant modaliste, en expliquant comment tout recours à la notion de possibilité peut être éliminé grâce aux ressources de la théorie des classes.[239]
Nous pouvons dire qu'il y a, au sein de la philosophie contemporaine des mathématiques, deux modèles d'utilisation des modalités logiques : 1/ soit qu'on les utilise selon une méthode strictement syntaxique de façon à ce que les notions de possibilité et de nécessité apparaissent comme de simples opérateurs de phrase, 2/ soit qu'on les utilise selon la tradition sémantique de Kripke et Hintikka. Selon Quine, la logique modale a été conçue dans un esprit contraire à la science, car elle conduit, dans ses acceptions les plus inoffensives, à l'essentialisme, c'est-à-dire, à la thèse qui postule non seulement des objets possibles et des faits nécessaires, mais qui dit aussi que les objets possèdent des propriétés essentielles et que ces propriétés sont nécessaires.
Quine est évidemment hostile à l'emploi de la notion de propriété, car elle est loin d'obéir à son critère d'identité. Comme les attributs, les

---

[239] Comme le dit P. Engel dans : La Norme du Vrai, P. 179 : « Il y a néanmoins autant de raisons d'introduire les modalités en logique qu'il y en a de ne pas les introduire ».

propriétés n'ont pas un critère d'identité clair, et donc, elles ne sont pas admissibles. Toute logique modale de second ordre est exclue par Quine, car une telle logique pourrait conduire à admettre les propriétés et les attributs dans les emplacements réservés aux variables, et donc, à admettre leur existence. Le recours aux modalités conduit, selon Quine, à traiter les prédicats comme des noms de propriété, et à leur accorder, par là, une certaine réalité. Si nous traitions les attributs comme s'ils figuraient dans le parcours des variables de quantification, nous nous engagerons sur leur existence, ce qui est intolérable du point de vue de la science et de la théorie logique de son langage extensionnel.
Le recours aux modalités logiques constitue souvent la seule alternative qui permet d'élaborer un système des mathématiques capable de se substituer au système platoniste classique et d'assumer les mêmes tâches logiques et conceptuelles que lui. Or, la question à laquelle je voudrais répondre ici consiste à savoir si ce recours implique ou non d'une manière nécessaire des conclusions de nature nominaliste. Il est certain que les trois philosophes antiplatonistes critiques de Quine dont nous avons étudié les programmes sont parmi cette catégorie de philosophes qui utilisent les modalités afin d'éliminer les entités abstraites postulées par leurs adversaires platonistes.

8. 4. La question de l'applicabilité des mathématiques

L'une des questions qui doit tout particulièrement solliciter l'attention du philosophe des mathématiques aujourd'hui, est la question de la nature des relations entre expérience, monde physique et mathématiques.
Pour les philosophes qui défendent une conception physicaliste des mathématiques, les choses sont claires : les mathématiques dérivent de l'expérience, et leur domaine consiste dans l'étude des propriétés des objets physiques. Pour eux, il n'y a pas un domaine d'étude qui serait spécifiquement et exclusivement mathématique, et nous pouvons dire, sans doute, que pour eux le progrès des mathématiques et leur capacité à inventer de nouvelles théories et hypothèses ont été souvent motivés par la résolution de problèmes qui sont strictement physiques.
Comme nous avons eu, à maintes reprises, l'occasion de le constater au cours des précédents chapitres, Quine s'est posé la question du contenu empirique des mathématiques. Les travaux effectués par Quine au niveau des fondements de ces dernières, lui ont permis de conclure que les

fonctions et les opérations mathématiques ne peuvent pas être construites individuellement comme des sortes de généralisations à partir de l'expérience. Aucun énoncé, pris séparément, à l'exception peut-être des énoncés d'observation, ne possède un contenu empirique direct. Les énoncés et les théories ne peuvent acquérir un contenu empirique qu'à travers leurs conséquences observationnelles.

Cela dit, les assauts quinéens contre la distinction analytique/synthétique avaient aboutit au résultat épistémologique suivant : soumettre la connaissance mathématique (et logique) au même standard d'évaluation et de justification que la connaissance physique. De ce point de vue, les énoncés mathématiques ne sont pas analytiques : ils sont sur le même plan que les énoncés des sciences de la nature, et possèdent des liens indirects avec l'expérience. Cette origine quasi-empirique des théories mathématiques chez Quine signifie que le platonisme pragmatique qu'il accepte se démarque nettement de toute philosophie analytique (logique) ou physicaliste (empirique) des mathématiques.

« Le contenu empirique, écrit Resnik, s'attache indirectement aux contenus des énoncés mathématiques employés à l'intérieur des branches mathématisées de la science empirique telle que la physique et la biologie. »[240]

Or, l'explication quinéenne de l'origine empirique de notre connaissance du monde environnant constitue un progrès énorme par rapport à l'explication réductionniste de l'empirisme dogmatique.

Bien que Quine soit un physicaliste convaincu dans le sens où il érige le mode de connaissance physique en un modèle épistémologique premier, il ne défend pas une philosophie physicaliste des mathématiques. Pour lui, les ensembles sont des objets abstraits, et son platonisme repose bel et bien sur leur admission en tant qu'objets abstraits, et non pas en tant qu'objets physiques, capables d'être perçus (Maddy) ou semi-physiques. Comme nous avons vu, Quine cherche à frayer un chemin entre deux types de platonisme : celui qui pose les objets mathématiques comme des objets physiques, et celui qui les traite comme des objets abstraits n'étant accessibles qu'à une faculté supra-sensible qui serait l'intuition ou le génie mathématique. Essayons d'examiner de plus près la position de Quine en comparaison avec celles de Maddy et de Gödel.

---

[240] Resnik (1989), p. 129.

Quine est opposé à toute idée de perception directe en ce qui concerne notre contact avec les objets mathématiques. Pour Maddy, par contre, nous percevons les objets mathématiques, et ils existent dans la réalité en tant qu'ensembles d'objets, alors que pour Gödel, nous percevons tous ces objets par les yeux d'une faculté intuitive exceptionnelle réservée aux plus doués des mathématiciens. Quine se démarques de ces deux positions pour deux raisons essentielles : d'abord la perception directe ne joue, en général, qu'un rôle limité, c'est-à-dire, uniquement dans le cas des énoncés d'observation, ensuite, la science (même mathématique) n'est pas totalement coupée du sens commun et du savoir qui est déjà disponible pour l'homme de la rue. La science n'est pas le résultat d'un acte de génie ou le fruit d'une faculté réservée à quelques privilégiés parmi les scientifiques, mais une entreprise sociale. Notre contact avec les objets et notre accès à la connaissance et aux croyances scientifiques (mathématiques ou non mathématiques) ne présupposent aucune notion de perception directe. La notion de perception a un rôle insignifiant dans l'épistémologie de Quine.

Du point de vue de cette épistémologie, la connaissance mathématique n'est ni réductible à l'expérience dans le sens où l'entendait l'empirisme dogmatique, ni à la logique dans le sens où l'entendaient les logicistes. Nous n'avons pas besoin d'une autre source de connaissance pour expliquer les mathématiques, autre que l'expérience. Mais dans quel sens doit-on comprendre la notion d'expérience chez Quine ? La réponse est : selon le principe du holisme. En effet, nous ne pouvons assigner aux mathématiques une origine dans le champ de l'expérience sensible qu'à condition de refondre la compréhension traditionnelle des rapports entre expérience, esprit et connaissance dans la théorie « holiste ». C'est à la réalisation d'une telle condition que Quine s'est attelé dans « Les deux dogmes de l'empirisme ».[241]

L'empirisme sans les dogmes de Quine devient compatible avec un type de platonisme ayant les traits de l'holisme et du pragmatisme.

L'une des objections adressées au platonisme « indispensabiliste » était de ne considérer que les parties appliquées des mathématiques et de négliger leurs parties pures. En effet, si nous considérons les mathématiques uniquement par rapport au rôle qu'elles jouent dans les sciences et à leur applicabilité dans l'étude des problèmes physiques,

---

[241] Article publié dans : The Ways of Paradox and Other Essays.

nous risquons de comprendre toujours la connaissance mathématique par rapport à la science physique, et non pas en tant qu'elle est une discipline autonome, ayant son domaine d'investigations et ses propres exigences.
Il est certain que Quine ne met pas du tout en cause l'autonomie des mathématiques, même s'il insiste sur leur statut de sciences appliquées. Pour lui, elles ont un domaine bien défini, distinct de celui de la physique, et elles se développent par rapport à des exigences internes à la démarche mathématique elle-même, et non pas uniquement au contact de problèmes extra-mathématiques. Pour lui, les mathématiques et la physique entretiennent des relations très étroites, de telle manière que leur application dans l'étude des phénomènes naturels trouve un grand succès. Mais ce succès grandissant et cette place privilégiée des mathématiques dans la pratique scientifique, surtout au niveau de la prédiction[242], n'exclue pas le fait qu'il y a des vérités mathématiques pures. Or, même considérées de cet angle, les théories et hypothèses mathématiques se prêtent facilement à des applications très variées dans les sciences de la nature. Beaucoup de philosophes et mathématiciens se sont interrogés sur ce phénomène énigmatique et mystérieux, et la question des relations entre les parties pures des mathématiques et l'application est devenue une question fondamentale à laquelle il faut toujours répondre.

« L'applicabilité, écrit Caveing, apparaît comme une propriété indépendante de la forme prise par les mathématiques dans la première phase de leur histoire. Or, il ne s'agit pas d'une propriété mystérieuse. En effet, l'application des mathématiques s'effectue grâce à un processus médiateur qui consiste dans une préparation des phénomènes, que l'on nommera en général leur mathématisation. La forme la plus ancienne en était tout simplement la définition des grandeurs extensives caractéristiques du fait étudié, susceptibles de mesure, ce qui exigeait une élaboration conceptuelle précise. Depuis ces temps héroïques les formes de la mathématisation se sont complexifiées et diversifiées, selon les domaines de la connaissance, de la cosmologie aux sciences humaines ou sociales. On exprime cela communément en disant qu'il faut construire un « modèle mathématique » du phénomène. Il arrive que, dans certains cas, la mathématisation ne puisse s'effectuer sans l'intervention d'un processus corrélatif, à savoir le

---

[242] « Les mathématiques et la physique, écrit Paty Michel, entretiennent un rapport privilégié, dont témoigne le succès remarquable de l'application de théories mathématiques dans l'étude de problèmes physiques : succès dans le calcul de la reproduction théorique de phénomènes constatés, et, plus significatif encore, dans la prédiction de phénomènes jusqu'alors inobservés, ou inaperçus, ou même impensés. » Paty (1990), p. 73.

développement d'une théorie mathématique inédite et adéquate pour étudier les propriétés des objets figurant dans le modèle construit. C'est alors que l'on peut constater que les progrès dans l'abstraction, loin de réduire l'applicabilité des mathématiques, permettent au contraire de dominer la sophistication croissante des modèles exigés par l'évolution des connaissances. Ainsi ce qu'il y a de plus remarquable dans cette aptitude des mathématiques, c'est qu'elle n'est pas figée, ni donnée d'avance une fois pour toutes. Cette capacité de modéliser, et parfois de façon imprévisible, les phénomènes les plus divers est l'indication d'une plasticité inhérente à la mathématique dans ce qu'elle a de plus essentiel, et un tel constat pointe vers une interrogation de fond touchant ces êtres abstraits qui peuplent le monde du mathématicien. »[243]

Ce-ci dit, Frege, Quine et Field sont d'accord sur ce point capital : le trait d'applicabilité propre aux mathématiques doit être pris au sérieux dans toute réponse possible à la question qui porte sur la nature des objets mathématiques et sur leur origine. En effet l'adhésion à l'explication fictionnaliste d'une théorie ou d'une partie des mathématiques doit être accompagnée, impérativement, par le fait de montrer comment cette théorie ou cette partie est « dipensable » et non utile dans l'application. Partant de la thèse antiplatoniste qui dit que les objets mathématiques abstraits n'existent pas, la réponse fictionnaliste à la question de la nature des nombres et des autres entités mathématiques nécessite donc une théorie du caractère conservatif des théories mathématiques dans notre connaissance physique du monde. Comme il a été précisé précédemment, du point du vue du fictionnelle de Field, les mathématiques n'ont pas besoin d'être vraies pour être utiles, même si on applique à leurs énoncés un concept « décitationnel » de vérité. Mais quelle est la raison qui explique pourquoi Field rejette-t-il la notion de consistance comme substitut à la notion de vérité, et préfère celle de conservativité ? Je pense que cette raison est principalement liée chez lui à la question de l'applicabilité des mathématiques, car ce qu'il cherche c'est de ne pas mettre au point une conception des relations entre mathématiques et physique susceptible d'impliquer des conclusions fausses sur les objets observables.

Il semble sûr que la question de l'applicabilité est une question qui met dans l'embarras les antiplatonistes les plus farouches. Car comment peut-on expliquer ce lien extraordinaire qu'entretiennent les mathématiques

---

[243] Caveing (2004), p. 21.

depuis leur naissance dans les éléments d'Euclide [244](en tant que système théorique et non pas en tant que pratique, car en tant que pratique, les mathématiques existaient déjà chez les babyloniens et chez les égyptiens) avec l'espace physique sans pour autant aboutir à une théorie des objets mathématiques et sans conclure à la thèse de l'existence de tels objets en tant qu'objets utiles et indispensables à la science ?

En effet, ce défi auquel se heurtent les antiplatonistes est bien réel. Il est aussi réel que le dilemme de Benacerraf. Nous avons vu comment Field, Hellman et Chihara ont essayé, tour à tour, de résoudre ce problème crucial, et comment ils ont cherché à adapter à leurs systèmes antiplatonistes cette question de l'applicabilité, où ils ont essayé de montrer comment il est tout à fait possible d'expliquer cette question dans un cadre strictement antiplatoniste. La majorité des antiplatonistes ne peuvent pas mettre en doute la propriété d'applicabilité. Tous adhérent donc implicitement ou explicitement à une certaine forme de réalisme scientifique : les affirmations mathématiques s'appliquent au réel et sont aussi informatives que tout le reste. Or, certains antiplatonistes résistent à un tel aboutissement, et continuent à défendre l'antiréalisme même au niveau du statut « cognitif » et scientifique des mathématiques. Ainsi, pour un antiplatoniste de cette espèce, en l'occurrence Field, la différence entre un mathématicien et celui qui ne l'est pas du point de vue de leur connaissance des théories mathématiques elles-mêmes, est d'ordre strictement logique. Au lieu de faire participer les mathématiques dans le dynamisme scientifique général, il préfère conclure à leur conservativité par rapport à la science physique. Le physicalisme de Field a pour base épistémologique non seulement l'élimination des objets mathématiques, mais aussi de toute notion de « scienticité » qu'on peourrait attribuer aux mathématiques. Il élabore donc sa fameuse thèse sur la conservativité afin de garantir, à chaque démarche de la recherche théorique physique, son autonomie conceptuelle et ontologique par rapport aux services que

---

[244] « Le traité des *Eléments* d'Euclide, écrit Caveing, jouit d'un privilège en ce qu'il a servi de point de référence au cours de l'histoire pour le maintien de l'idéal d'apodicticité, même pour les périodes ou les secteurs de la recherche où la réalistaion de cet idéal – sur des matériaux nouveaux – dépassait les possibilités des mathématiques. Ce privilège épistémologique est aussi un privilège historique, car c'est au cours de l'élaboration du savoir qui a trouvé sa forme dans les Eléments que s'est constitué cet acquis premier dont le caractère perdurable a permis la transmission et l'accroissement de la mathématique dans son universalité de science théorique pure. » Caveing (2004), p.49-50.

les idéalités mathématiques sont capables de lui rendre, et qui lui sont d'une grande utilité. Field croit ainsi réussir à relever le défi de Quine : rendre compte de l'applicabilité tout en renoncant en bloc à quantifier sur tous les universaux mathématiques. Mais, a-t-il réussi à relever vraiment le défi ? Je pense que même si son programme fictionnaliste reste ouvert à de sérieuses objections, Field a cherché à expliquer l'applicabilité des mathématiques dans un cadre strictement nominaliste. Mais, comme l'a fait remarquer Chihara « il devient difficile de voir qu'est-ce qui pourrait motiver le nominalisme de Field dès l'instant où on se rend compte que la différence entre les régions de points d'espace-temps et les ensembles de points d'espace-temps n'est que petite. »[245]

[245] Chihara (1990), p. 160.

CONCLUSION

J'ai cherché, tout au long de ce travail, à mettre au clair quelques traits essentiels de la philosophie platoniste des mathématiques de Quine, et de pointer en direction des problèmes fondamentaux sur les quels cette philosophie reste ouverte, malgré ses forces et ses atouts, aux objections de l'antiplatonisme américain moderne. Ma démarche consistait à partir du dilemme dit de Benacerraf pour arriver à mettre en ordre les questions philosophiques sur lesquelles porte le débat actuel du réalisme et de l'antiréalisme.

Le débat entre Quine et ses critiques antiplatonistes contemporains (Field, Hellman, et Chihara) m'a été d'une grande utilité en tant que débat qui met face à face un platonisme pragmatique et des formes diverses d'antiplatonisme, dans mon intention initiale de comprendre l'unité des significations du réalisme et d'atteindre à son homogénéité initiale dans la conception platoniste originelle des mathématiques.

J'ai essayé de montrer à quel point l'étude du platonisme de Quine était inséparable de celle de la théorie de Paul Benacerraf et de son dilemme, et ceci dans un sens bien déterminé : tous les deux constituent un centre d'intérêt important et, je dirai, indépassable, pour les programmes de Field, Hellman, et Chihara. J'ose dire que la philosophie contemporaine des mathématiques est, conjointement, un ensemble de recherches philosophiques qui suscitent des questions intrigantes pour le platonisme (Benacerraf), et qui tentent de sauver les parties en lui, qui demeurent utiles, et compatibles avec l'esprit de la science d'aujourd'hui (Quine).

Quine et Benacerraf ont ouvert, en quelque sorte, dans le champ de la philosophie des mathématiques, des perspectives de pensée que personne ne peut ignorer aujourd'hui, car elles représentent des outils conceptuels et logiques nécessaires. En effet, nous trouvons chez l'un comme chez l'autre, une réflexion critique très structurée, et tout un travail méta-théorique important, sur les formes et les méthodes de la philosophie contemporaine des mathématiques.

Il est certain donc que l'intérêt donné par la plupart des philosophes contemporains des mathématiques, dont bien sûr nos trois antiplatonistes Field, Hellman, et Chihara, aux doctrines de Quine et de Benacerraf, devient un élément interne à l'élaboration de leurs projets philosophiques propres. Chez ces trois philosophes antiplatonistes, cet intérêt pour Quine et pour Benacerraf, est constamment présent. Comme nous avons pu le

remarquer au chapitre (7), il est question à la fois, dans leurs programmes antiplatonistes, de répondre (en l'acceptant comme réel) au dilemme de Benacerraf, et de rejeter le système des mathématiques tel qu'il est élaboré « platonistiquement » par Quine, c'est-à-dire, en tant qu'il repose sur les arguments que nous avons analysés dans toute la deuxième partie (appelons ces arguments, les arguments II-3, II-4, II-5).
Ces trois philosophes antiplatonistes modernes, partagent tous l'idée selon laquelle le système de Quine, et les arguments qu'il donne en faveur du platonisme, constituent le dernier bastion de résistance pour la conception platoniste en général. En ce sens, la théorie de Benacerraf serait doublement intéressante pour tous ces programmes: d'abord, parce qu'elle est une source d'arguments contre le platonisme (l'argument de la multiple réduction, l'argument de l'interaction causale, l'argument structuraliste, etc.), ensuite, parce qu'elle replace les mathématiques dans un contexte épistémologique, plaide pour le rejet du platonisme, même si, comme système pour les mathématiques, le platonisme a fait ses preuves en dehors de ce contexte, en fournissant des modèles pour l'imagination qui frappent par leur simplicité et leur esprit logique. Field, Hellman, et Chihara, sont d'accord sur le fait que leurs programmes trouvent leur développement initial et leur style de pensée philosophique, dans le type de difficultés soulevées par le dilemme de Benacerraf. Toutes ces difficultés pointent en direction d'une version nominaliste des théories dans laquelle toute quantification sur des entités abstraites serait supprimée, que probablement Benacerraf lui-même n'a pas su/pu élaborer. Tout l'objectif de Chihara, par exemple, consiste à présenter un système des mathématiques qui soit adéquat avec les sciences naturelles, mais qui soit en même temps un système nominalisé et désengagé (ontologiquement). La « nominalisation » de la science est aussi l'un des principes essentiels des systèmes de Field et de Hellman. Tous deux ont rejeté l'existence des objets mathématiques sur des bases nominalistes. D'abord, en utilisant le calcul des individus de Goodman pour construire leurs interprétations nominalistes des théories physiques, ensuite en soutenant deux thèses : celle de la fausseté d'une grande partie des énoncés mathématiques (Field), et celle d'une compréhension strictement nominaliste de la version structuraliste et modale de la théorie des classes, qui nous fait dispenser de tenir un discours sur un unique domaine irréductible contenant toutes les collections (Hellman).

Par opposition à tous ces programmes nominalistes, la philosophie platoniste de Quine ne trouve pas son point de départ dans aucune réponse directe à ce dilemme. Je pense que pour Quine, ce dilemme n'est pas réel.

Comme nous l'avons constaté dans la deuxième partie, Quine est tout loin de penser qu'il existe un conflit entre les parties logico-sémantique et épistémologique du système des mathématiques dans son expression classique. Il propose plutôt une version pragmatique et « holistique » de l'admissibilité théorique et ontologique des entités mathématiques abstraites (les classes), susceptible, à ses yeux, de rendre le platonisme compatible avec l'emploi des méthodes naturalistes (puisque la théorie causale de la connaissance n'est qu'une simple variante du naturalisme) et des méthodes structuralistes (puisqu'il accepte que le sujet d'étude des mathématiques soit représenté par des structures inter-reliées) de Benacerraf.

Quine et Benacerraf apparaissent comme deux philosophes qui utilisent les mêmes ressources conceptuelles et les mêmes méthodes pour former, en fin de compte, deux systèmes des mathématiques qui s'opposent. Pourquoi ces ressources et ces méthodes structuralistes et naturalistes conduisent chez l'un au platonisme et chez l'autre à sa thèse contraire ? Dans la deuxième partie, j'ai essayé de fournir une réponse claire à cette question, en mettant l'accent sur les divers arguments qui plaident pour le platonisme chez Quine. Sur la base de ces arguments, et étant donné le fait que la théorie causale a un fond nominaliste évident chez Benacerraf, je pense qu'il y a entre les deux un désaccord fondamental sur l'acceptation ou l'élimination d'une version nominaliste de la science physique. Pour Quine, une version de cette nature ne tient pas, car les théories physiques vraies et confirmées empiriquement, quantifient aussi bien sur les nombres et les classes que sur les objets concrets, et qu'une version nominalisée de ces théories est, en ce sens, difficile à tolérer sans douter sérieusement des bases logiques et épistémologiques de la science qui sont des bases réalistes. Le programme nominaliste de Field, analysé au chapitre (7.1), peut être compris comme une tentative pour contrer la conclusion quinéenne, et montrer, avec Benacerraf et contre Quine, que bien que les mathématiques soient indispensables, elles restent simplement une sorte d'instrument pour faire des déductions à partir d'un système nominaliste des théories physiques confirmées. La connaissance mathématique consiste simplement dans le fait que certains énoncés découlent logiquement d'autres[246]. C'est un programme quasi-logiciste donc, puisque Field pense que les applications des mathématiques pour dériver des conclusions empiriques à partir des théories physiques vraies, peuvent être justifiées par un recours au raisonnement logique seul[247]. Or, nous avons vu qu'elles étaient les difficultés auxquelles peut se heurter ce projet : d'abord, comment les théories impliquées dans la physique des quanta posent de vrais problèmes à la version nominaliste du second ordre de la physique newtonienne que Field veut généraliser à l'ensemble de la science, car au niveau de ces théories qui sont très sophistiquées, les mathématiques semblent être indispensables dans l'articulation même des concepts scientifiques, et ensuite, comment le statut ontologique qu'il donne aux substituts des objets mathématiques abstraits, à savoir les points d'espace-temps et leurs régions arbitraires, devenait réellement problématique[248].

Il est certain donc qu'au niveau de certaines parties de la science, et par rapport à ses théories les plus sophistiquées, les mathématiques sont inéliminables, car son langage, ne peut pas être traduit complètement dans des termes strictement nominalistes ou même modalo-nominalistes. Il semble difficile, à ce niveau là, de soutenir la thèse de Field sur l'éliminabilité des mathématiques, et sur leur conservativité déductive. Shapiro[249] est parvenu à des résultats qui vont dans ce sens, lorsqu'il a démontré que la version formalisée des mathématiques donnée par Field n'est pas déductivement conservative sur la version nominalisée du

---

[246] Comme nous avons eu l'occasion de le voir, pour Field, lorsqu'un mathématicien prouve un théorème, il ne connaît pas un fait nouveau à propos de certains objets abstraits, mais il découvre simplement que certains énoncés suivent d'autres.

[247] Dummett : « Introductory Remarks » In Czermak (Eds) 1992, p. 70, où nous trouvons une comparaison entre le logicisme de Frege et le quasi-logicisme de Field. » (Field) and Frege, écrit-il, are therefore at one in thinking the applications of arithmetic are to be justified by appeal to logic alone : there is no need to invoke any specially mathematical principles, apprenhended by any variety of intuition. »

[248] Pour Hellman (1989, p. 49) la stratégie nominaliste de Field devient problématique lorsqu'elle implique un engagement sur les points d'espace-temps. Ces entités sont aussi douteuses que les nombres ou les ensembles.

[249] Shapiro (1983), où Il adresse au théorème de représentation de Field l'objection suivante : ce théorème ne peut être prouvé dans ZF, car selon le théorème d'incomplétude de Gödel, s'il peut être prouvé, alors une phrase gödelienne peut être prouvée dans NNP (la version nominalisée de la physique de Newton) du premier ordre + ZF qui ne peut pas être prouvée dans NNP 1 seule. Or, ce résultat contredit la conservativité déductive de ZF sur NNP 1.

second ordre de la physique de Newton. Selon Chihara[250], cette critique a obligé Field à soutenir, non pas une conception déductive de la conservativité, mais plutôt une conception sémantique.
Or, écrit Chihara :

« Ce changement implique deux choses : les mathématiques peuvent très bien avoir un rôle indispensable dans la détermination des conclusions nominalistes, et non pas un simple rôle déductif, ensuite, la notion platoniste de conséquence de second ordre devient importante. »[251]

Par opposition à cette tentative de donner une version nominaliste de la science physique de Field, et aux versions équivalentes données par Hellman et Chihara, nous trouvons dans le système de Quine toute une série d'arguments réalistes qui plaident pour le platonisme et militent contre toute critique nominaliste de la thèse d'indispensabilité. J'ai essayé d'étudier ces arguments, en dévoilant leurs natures et leurs objectifs au sein de ce système : ce sont, en général, des arguments tirés de l'indispensabilité des mathématiques et de leur langage dans la physique (II- 3), des arguments que j'ai appelés métascientifiques, et qui concernent les méthodes justificatives de la science : ces arguments justifient le platonisme à partir de l'objectivité et du succès des théories scientifiques elles-mêmes, et sur les seules bases naturalistes, sans aucun recours à un support extra-mathématique (II- 4), des arguments basés sur le réalisme logique de la vérité (II- 5), et, enfin, des arguments ontologiques qui concernent le critère d'assomption ontologique[252] tel qu'il peut être appliqué aux théories mathématiques, et qui révèlent que l'ontologie n'est qu'un corrélat de la philosophie des sciences (II- 6). Les arguments (II- 3), les arguments d'indispensabilité, justifient le platonisme dans le sens où ils affirment que lorsque notre meilleure théorie scientifique actuelle dit qu'il y a des fonctions, des classes, des nombres, des matrices, etc., ces entités ne peuvent pas être éliminées par aucune traduction, car elles ne sont pas, contrairement aux nominalistes, de simples manières de parler. Ces arguments dépendent, par contre, de

---

250 Chihara (1990), p. 156.
251 Ibid p.156.
252 Ce critère est énoncé dans le schéma : ' T est vrai ', T est engagée à admettre des Fs, donc il y a des Fs. Le ' Il y a ' ici est univoque chez Quine. Quand une théorie dit qu'il y a tel tel, elle les assume ontologiquement, la nature des entités importe peu.

la thèse de l'holisme épistémologique, c'est-à-dire, la thèse qui dit que le contenu empirique de notre meilleure théorie scientifique, s'attribue globalement à cette théorie. La thèse nominaliste des antiplatonistes selon laquelle l'expérience supporterait plutôt les hypothèses physiques et non mathématiques, ne tient pas. Or, si les entités mathématiques sont indispensables, et si elles sont aussi légitimes que tous les autres 'posits' scientifiques, nous pouvons, dès lors, inférer leur existence. Ces arguments dits d'indispensabilité constituent les arguments les plus sérieux et les plus forts en faveur du platonisme. Or, j'ai essayé de montrer comment ils ne suffisent pas en tant que tels à accomplir leur tâche, et comment ils ont besoin des arguments (II – 4), (II –5), et (II –6), pour être pleinement saisis en tant qu'arguments platonistes. L'une des raisons fondamentales qui expliquent ce choix méthodique se trouve dans la définition que j'ai donnée du platonisme. Ne signifiant pas simplement la thèse sur l'existence des objets mathématiques, c'est-à-dire, une simple forme de réalisme, le platonisme mathématiques n'est rien d'autre, à mon sens, que l'interconnexion authentique entre des diverses considérations réalistes scientifiques, logiques et ontologiques. Etant donné cette définition, les arguments qui justifient le platonisme, et qui sont tirés des thèses réalistes de Quine au niveau de l'analyse logique, ontologique et métathéorique (métascientifique) du discours scientifique, sont des arguments aussi sérieux que les arguments dits d'indispensabilité. Or, comme nous l'avons constaté, tous ces arguments sont inter-connectés à des thèses bien spécifiques dans la philosophie de Quine, et ne fonctionnent pas indépendamment d'elles. Il est certain que toute mise en doute de ces thèses fondamentales, peut entraîner des implications importantes sur la plausibilité de ces arguments platonistes. La critique du platonisme de Quine, si elle n'est pas directe et explicite, elle peut advenir de façon indirecte, c'est-à-dire, en tant qu'elle porte, non pas sur les arguments platonistes eux-mêmes, mais plutôt sur leurs arrières-plans philosophiques dans les thèses de Quine. J'ai essayé de mettre au clair une grande partie de ces thèses dont dépend le sort des arguments platonistes en question, et par là, le sort de tout le système platoniste des mathématiques, à savoir la thèse « holiste » dans son acception sémantique aussi bien qu'épistémologique, le refus de la distinction entre les sciences empiriques et les sciences mathématiques, le rejet de l'analyticité et du caractère a priori des vérités mathématiques, le refus de modifier la forme de la logique canonique en introduisant des nouveaux

quantificateurs non standard et des opérateurs modaux, ou en tirant profit des avantages des attitudes propositionnelles, telle que 'la croyance', pour ne citer qu'un exemple, et bien d'autres thèses que j'ai essayé d'en élucider le sens, au cours des différentes phases de ce travail.
Je pense qu'au moment où Field, Hellman, et Chihara, nous ouvrent, à travers leurs critiques de l'image platoniste, sur une ligne de pensée modale commune, pour saisir le sens des mathématiques et leur mode de raisonnement, en tant qu'elle représentent un domaine qui donne à la pensée opératoire une grande part de liberté et de créativité sur la base des possibilités infinies qui lui sont requise dans ce domaine, beaucoup d'autres critiques vont dans un sens qui nous fait, indéniablement, revenir à des thèses élaborées dans un contexte où l'on cherche avant tout à comprendre cette activité comme une activité de pensée pure, qui a trait plutôt à certaines caractéristiques de l'esprit humain, sans tenir compte des applications mathématiques et leur rôle dans les théories physiques, ni de leur relations étroites (toujours mystérieuses) avec les sciences dites empiriques et naturelles.
De telles critiques reprochent à Quine de ne pas insister sur les aspects nécessaires et aprioriques de la pensée mathématique, et de donner aux aspects « holistes » une plus grande importance susceptible de cacher et de dénigrer à la fois les distinctions entre les différentes approches scientifiques quant à leurs traits théoriques et méthodiques propres. Suivre Quine dans cette voie du rejet de toute distinction entre les mathématiques et les sciences empiriques, et ignorer le fait que les premières sont aprioriques, alors que les autres ne le sont pas, peut, par conséquent, nous laisser inférer, sur la base des applications mathématiques elles-mêmes, une certaine équivalence ontologique entre les molécules, les particules, etc., et les classes. Mais, cette situation met, inéluctablement, Quine et tous ceux qui concluent après lui, en vertu des arguments d'indispensabilité, à l'existence des objets mathématiques, dans une position inconfortable qui peut être parfois à l'antipode de la science elle-même.

« Quine, écrit Robert A. Holland, champions the view that there is no interesting sense in which mathematics is a priori and theoretical. Given that we can not contrast mathematics and empirical sciences on the basis of apriority, Quine paints a holistic picture: mathematics is firmly embedded as an integral part of our system of the world, and, as, such, is not disconnected from empirical evidence.
I argue that we need not accept such a broadly holistic conception of mathematics and empirical science.

Applied mathematics is 'a priori' in the sense of being presupposed by the empirical laws of a physical theory, and, for this reason, must be distinguished from them. »[253]

Je pense que ce genre de critiques de Quine, qui s'opèrent à partir de thèses et de positions sur les questions de l'origine et de la nature des mathématiques, et sur celles de leurs relations à multiples facettes avec le monde matériel, défendues jadis par Kant ou, même plus loin encore, par Platon lui-même, se trompent sur les directions à prendre aujourd'hui afin de saisir parfaitement l'esprit de l'activité mathématique. Je pense que ces directions, et la pratique mathématique actuelle le prouve, vont dans le sens d'un enrichissement de nos outils logiques qui va au-delà des normes du vrai classiques, et qui donne à la notion de « possibilité » mathématique un rôle essentiel à jouer : désormais, les mathématiques en tant que corps théorique, sont inséparables de leurs « possibilisations » dans des structures et des modèles abstraits qui se prêtent à une infinité d'applications et de réalisations au centre même de ce que nous tenons comme substantiellement informatif sur l'univers autour de nous.
Il semble acquis que ce qui caractérise d'avantage les mathématiques, c'est surtout l'infini des formulations équivalentes que nous pouvons varier à partir de leurs propositions vraies, et ce caractère nous permet de voir comment son fondement n'est rien d'autre qu'un processus de sélection qui porte sur un nombre infini de possibilités logiques. Je pense que le platonisme de Quine reste vulnérable sur ce point, même si nous trouvons dans ses notions de modèle ensemble-théorique et de validité logique des éléments qui le rapprochent d'une certaine utilisation (partielle et faible) de la logique modale, car le philosophe de Harvard s'est toujours dispensé d'une telle utilisation, en ne voyant pas comment le fait de dire qu'il est possible de sélectionner tel ou tel ensemble de nombres au lieu de dire, tout simplement, que cet ensemble existe sous une certaine condition, peut affecter positivement notre démarche ou, du moins, peut représenter un plus dans l'utilisation des mathématiques à des fins pratiques. Il est possible, selon Quine, de répondre au dilemme de Benacerraf sans pour autant accepter un platonisme stricte des objets, ni avancer vers une interprétation modale des mathématiques, du type de

---

[253] Robert A. Holland, « Apriority and Applied Mathematics », Synthese Vol 92/1992, pp. 349-370.

celle qui a été suggérée initialement par Putnam[254], et exprimée, selon une variété de concepts logiques et de méthodes nominalistes, par Field, Hellman et Chihara.

« Quelle que soit, écrit Quine, l'explication donnée aux nombres naturels dans les termes de la théorie des ensembles, leur utilité consiste dans leur capacité à former une progression.
Au lieu de les traiter comme des objets incomplets, je préfère dire avec Benacerraf qu'il n'y a pas de nombres naturels, et que nous n'avons pas besoin d'eux, dès l'instant où n'importe quelle progression peut réaliser cet objectif qui serait réalisé par les nombres s'ils étaient utilisés, et la théorie des ensembles offre, en ce sens, des progressions d'une manière abondante.
Or, dans la pratique, lorsque nous utilisons une progression d'ensembles pour compter ou pour réaliser d'autres opérations de calcul habituellement servies par les nombres, nous sommes prêts à appeler ces ensembles des nombres, et à faire référence à eux par des chiffres ! »[255]

Cela dit, si les arguments en faveur du platonisme donnés par Quine sont condamnés à disparaître, sous le coup des critiques les plus rudes et les plus acharnés, surtout, après une certaine familiarité avec les travaux de Saüle Kripke, Jaakko Hintikka, et de bien d'autres, en logique et en sémantique modales (telles que celles qui se trouvent imbriquées dans les méthodes fictionnalistes, constructibilistes et modalo-structuralistes) leurs supports au centre de la philosophie de Quine, peuvent eux survivre, et continuer à inspirer la recherche philosophique et logique, non seulement dans le domaine des mathématiques, mais aussi dans d'autres domaines là où la curiosité humaine peut s'immiscer.

---

[254] Putnam (1979)
[255] Quine (1986), p. 400-401.

REFERENCES BIBLIOGRAPHIQUES

Alston W. P. (1958), « Ontological Commitments », Philosophical Studies, Vol 9.

Anderson Alan Ross, Marcus Ruth Barcan & Martin R.M Eds., (1975), The Logical Entreprise, New Haven & London : Yale University Press.

Armstrong D. M. (2004), Truth and Truthmakers, Cambridge University Press.

Asquith P. D & Giere R. N. Eds., (1980), PSA Vol 2.
____: PSA 1984 VOL 2. Part XI : New directions in the philosophy of mathematics.

Auroux Sylvain Eds. (1991), Hommage à Jean-Toussaint Desanti, Editions Trans-Europe-Repress.

Azzouni Jody (1994), Metaphysical Myths, Mathematical practice : The ontology and Epistemology of the exact sciences. Cambridge University Press.

Balaguer Mark (1998), Platonism and Anti-Platonism in Mathematics, Oxford University Press, Oxford New York.

Barbin Evelyne & Caveing Maurice Eds. (1996) : Les philosophes et les mathématiques, ellipses.

Barrett Robert. B & Gibson Roger. F. Eds., (1990), Perspectives on Quine. Basil Blackwell.

Baudet Jean C. (2005), Mathématique et Vérité, Une philosophie du nombre, L'Harmattan.

Beets François & Gillet Eric Eds. (2000), Logique en perspective : Mélanges offerts à Paul Gochet, Oussia 2000.

Benacerraf Paul (1965), « What Numbers could not be », Philsophical Review, Vol 74 .p.47-73. Repris dans: Philosophy of Mathematics: Selected Readings. Edité par: Benacerraf (Paul) & Putnam (Hilary) Second Edition, Cambridge University Press 1983, p. 272-294.
____(1973), « Mathematical Truth », Journal of Philosophy, Vol 70, p. 661-680. Repris dans: Philosophy of Mathematics, p. 403-420.
____(1984), « Comments on Maddy and Timoczco », PSA,Vol 2, p.476.
____& Putnam Hilary Eds., (1964), Philosophy of Mathematics. Selected Readings. Englewood Cliffs, New Jersey, Prentice-Hall. 1983, Second Edition, Cambridge University Press.
____(1995), " Frege : The last logicist.", dans Demopoulos Eds. p. 41-67.
____(1996) " What mathematical truth could not be-I ", in Morton Adam & Stich Stephen Eds. (1996).

Benmaklouf Ali (1996), Bertrand Russell. L'atomisme logique, Paris, PUF.
____(1997), Gottlob Frege. Logicien philosophe, Paris, PUF.

Bernays Paul (1934), Sur le platonisme dans les mathématiques, l'enseignement mathématique, 34, p.52.69.

Beth E. W., (1954), l'Existence en mathématiques, conferences données à la Sorbonne, Paris, Gauthier-Villars : Louvain .

Bonevac Daniel (1982), Reduction in the abstract sciences, Hackett, Indianapolis and Cambridge.

Bonivace Jacqueline (2004), Hilbert et la notion d'existence en mathématiques, Vrin.

Boolos George, « The iterative conception of set », The Journal of philosophy, 68/1971.
____(1984a), « To be is to be a value of a variable (or to be some values of some variables) », Journal of Philosophy 81/1984. pp. 430-449.
____(1984b), « The justification of mathematical induction », in PSA VOL 2 p. 469.

____ (1985), « Nominalist Platonisme », The Philosophical Review vol 94. pp. 327-344.
____(1998), Logic, Logic, and Logic, Cambridge, Mass., Harvard University Press

Bourbaki N. (1949), « Foundations of mathematics for the working mathematician. », The journal of symbolic logic, Vol 14.p.1-8.
____(1969), Eléments d'histoire des mathématiques, paris, Hermann.
____(1977), Théorie des ensembles, Paris, Hermann.

Bouveresse Jacques (1980), « Frege, Wittgenstein et Dummett. La nouvelle querelle du réalisme. » Critique, 36.
____(1987), La force de la règle. Wittgenstein et l'invention de la nécessité. Les Editions de minuit.
____(1988), Le pays des possibles : Wittgenstein, les mathématiques et le monde réel. Les Editions de Minuit, 1988.
____(1998), « Sur le sens du mot 'platonisme' dans l'expression 'platonisme mathématique' ». Conférence donnée à l'Universite de Genève le 19/11/1998.

Bridges Douglas. S. (1995), « Constructive mathematics and unbounded operators : A reply to G. Hellman », Journal of philosophical logic, Vol.24. N° 5. Octobre 1995.

Brouwer L. E. J. (1975), Collected Works, 2 vol., Amsterdam, North-Holland.

Burgess John P. (1985), Dummett's Case for Intuitionnism », History and philosophy of logic, 5/1985, pp.177-194.
____(1990), "Epistemology and Nominalism", dans Irvine Eds (1990), p.1-15.
____**& Gideon Rosen** (1997), A Subject With No Object : Strategic for Nominalistic interpretation of Mathematics. Clarendon press. Oxford.

Canfield John Eds., (1986), The Philosophy of Wittgenstein, Vol. 10: Logical Necessity and Rules, Garland Publishing Inc.: New York and London.

Cassou-Noguès Pierre (2001), De l'expérience mathématique : Essai sur la philosophie des sciences de J.Cavaillès, Vrin, Paris.
____(2003), Gödel, Paris, les Belles lettres.

Caveing Maurice (1996), « Platon et les mathématiques », dans Barbin Evelyne et Caveing Maurice Eds (1996) : Les Philosophes et les mathématiques. IRE.M. Ellipses.
____(2004), Le problème des objets dans la pensée mathématiques, Vrin, Paris.

Changeux Jean-Pierre Eds. (2003), La vérité dans les sciences, Odile Jacob.
____**& Connes Alain** (2000), Matière à pensée, Poches Odile Jacob.

Chihara Charles. S. (1961), "Wittgenstein and logical Compulsion", Analysis, Vol 21, No 6, Juin. Repris dand Pitcher (G), Eds, 1966. Repris aussi dans Canfield (J) Eds, 1986.
____(1963), «Mathematical Discovery and concept formation. », Philosophical Review, 72/.
____(1965), « On the possibility of Completing an Infinite Process. », Philosophical Review, 74/1965.
____(1968), « Our ontological commitment to universals », Nous, Vol 2/1968.
____(1973), Ontology and the Vicious Cercle Principle, Ithaca.
____(1980), « Ramsey's Theory of Types: suggestions for a Return to Fregean Sources. », in: Mellor (D.H) Eds pp.21-47.
____(1882), « A gödelian Thesis regarding mathematical objrcts: Do they exist ? And can we perceive them ?», Philosophical Review, Vol 91, pp.211-227.
____(1984), « A simple type theory without platonic domain », Journal of philosophical Logic, Vol 13, pp249-83.
____(1990), Constructibility and mathematical Existence, Clarendon Press, Oxford
Edition 2, 1991.
____(1992), « Modality without worlds » In: J.Czermak eds.Philosophy of Mathematics.pp.253-268.
____(1995), « The Mystery of Julius: A paradox in Decision Theory » Philsophical studies, Vol.80. N°1. Octobre, pp.1-16.

____(1998a), The World of Possibility : Modal Realism and the Semantics of Modal Logic. Oxford University Press, Oxford.
____(1998b), " Tarski's thesis and the Ontology of Mathematics", dans Schirn Matthias Eds (1998), pp.157-172.
____(2004), A Structural Account of Mathematics, Oxford University Press, Oxford.

Cresswell M. J. (1979), « Can Epistemology be naturalized ? », Southwstern Journal of Philosophy, Vol 9 /1979 , p.109-118.

Czermak J. Eds., (1993), Philosophy of Mathematics.Proceeding of The 15th International Wittgenstein-Symposium (Août 1992).Verlag Hölder-Pichler-Tempsky. Vienne, 1993. Vol I.

Dauben Joseph (1979), Georg Cantor : His Mathematics and Philosophy of Infinite. Cambridge, Mass.: Harvard University Press.

Dedekind Richard (1888), Was sind und was sollen die Zahlen ? In Essays on the Theory of numbers, transl. Wooster Woodruff Beman. New York : Dover, 1963.

Deloche Christian (1998), La philosophie des mathématiques chez Wittgenstein, CNRS Philosophie.

Demopoulos William Eds.,(1995), Frege's Philosophy of Mathematics. Cambridge, Mass. : Harvard Univeristy Press.

Desanti J-T (1975), La philosophie silencieuse, Paris, Seuil.

Devitt Michael (1984), Realism and Truth, Princeton University Press.

Dubucs Jacques & Lepage F. (1995), Méthodes logiques pour les sciences cognitives. Hermès, Paris.
____ « La philosophie de Kurt Gödel », L'Age de la science IV : p. 53-68.
____ (2002), « Carnap, Gödel, et la nécessité mathématique » in Lepage F., Paquette M. et Rivenc F. (eds), L'héritage carnapien, Bellarmin-Vrin 2002, p263-294.

Dummett Michael (1963), The philosophical significance of Gödel's theorem. Repris dans Dummett (1978) : truth and other Enigmas. Cambridge, Mass. : Harvard University Press, pp.186-201.
____(1978), The Philosophical basiis of intuitionistic logic. Dans Truth and Other Enigmas, pp. 215-247.
____(1991), Philosophie de la logique. Préface et traduction de l'anglais par Fabrice Pataut. Les Editions de minuit,1991.
____(1991), Frege : Philosophy of mathematics. London, Duckworth 1991.
____(1991), Frege and Other Philosophers. Oxford, Clarendon Press 1991.
____(1991), The Logical basis of Metaphysics, London: Duckworth 1991.
____(1994), « What is Mathematics about ? », in Alexander (G) Eds. pp.11-26.
____(1998), " Neo-Fregeans : In Bad Compagny ?", in Matthias Schirn (1998) Eds. Pp. 369-387.

Dumoncel Jean-Claude (2002), Philosophie des mathématiques, Ellipses.

Edington Dorothy, « Meaning, Bivalence and Realism », Proceeding of the Aristotelian Society, 1980-1981.

Engel Pascal (1989), La Norme du vrai. Philosophie de la logique. Gallimard, Paris 1989.
____(1994), Davidson et la philosophie du langage. P.U.F.

Espinoza Miguel (1996), La science : les mathématiques, l'expérience, la logique, Ellipses.

Field Hartry (1972), « Tarski's Theory of truth », Journal of philosophy, Vol 69. pp. 347-374.
____(1973), « Theory change and the Indeterminacy of Reference », Journal of Philosophy, Vol 70, pp.462-481.

____(1974), « Quine et la théorie de la vérité-correspondance »
____(1975), « Conventionalism and Instrumentalism in Semantics. », Nous, 9.
____(1977), « Logic, Meaning and Conceptual role », Journal of philosophy, Vol 74
____(1978), « Mental representaion », Erkenntnis, 12-13/ Juillet.
____(1980), Science without Numbers, Princeton, NJ: Princeton University Press.
____(1982), « Realism and Relativism », Journal of Philosophy 79. p. 553.
____(1984), « Review of Gottlieb » Nous, 28.
____(1985),« Comments and criticism : on Conservativeness and Incompleteness », The Journal of philosophy, 82/ pp.239-260.
____(1989), Realism, Mathematics and Modality, Oxford: Basil Blackwell.
____(1990), « Mathematics without truth », Pacific Philosophical Quarterely, Vol.71.N° 3. Septembre.
____(1992), « Critical Notice: Paul Horwich's Truth », Philosophy of Science, Vol 59, P. 321-330.
____(1993), « The Conceptual Contingency of Mathematical objects ». Mind 102, pp. 285-299.
____(1994a), « Disquotational Truth and Factually Defective Discourse », Philosophical Review, Vol 103.
____(1994b), « Deflationist View of Meaning and Content », Mind Vol.103. No. 411. Juillet .p. 249-285.
____(2001) Truth and the Absence of Fact, Clarendon Press. Oxford.
Forbes Graeme (1994), Modern Logic. A text in Elementary Symbolic Logic. Oxford University Press. New York / Oxford.

Fraassen Bas C. Van, « Critical Notice : Hilary Putnam Philosophy of Logic, Canadian Journal of Philosophy, Vol.IV, N° 4, Juin 1975, p. 731- 743.
____,« Platonism's Pyrrhic victory », In Anderson, Marcus & Martin Eds. pp.39-50.

Frascolla Pasquale (1994), Wittgenstein's Philosophy of Mathematics, Taylor & Francis, UK.

Frege Gottlob (1884), Die Grundlagen der Arithmetik,W. Koebner, Breslau. Traduction anglaise par J.L. Austin (1978), The foundations of Arithmetic, Evanston : Northwestern University Press.

Friedman Michael, « Physicalism and the Indeterminacy of Translation », Nous 9/1075. pp. 353-373.

Gefwert Christopher (1994), Wittgenstein on philosophy and mathematics, Abo : Abo Akademi University Press.

George Alexander Eds., (1994), Mathematics and Mind. New York/ Oxford, Oxford University Press.

____**& Daniel J. Velleman** (2002), Philosophies of Mathematics, Blackwell.

Gibson Roger F. (1982), The Philosophy of W.V.Quine, University Press of Florida.

Gil Fernando (1971), La Logique du Nom, L'Herne.

Gochet Paul (1978), Quine en perspective. Flammarion, Paris 1978.
____(2006), " L'Être selon Quine", dans Monnoyer Jean-Maurice Eds, pp.185-206.

Gödel Kurt (1947), « What is Cantor's continuum problem ? » In P. Benacerraf & H.Putnam eds.1er Ed. pp. 258-273. 2ème Ed. pp. 470-485.

Gottlieb Dale (1979), « No Entity without Identity », Southwstern journal of philosophy (Quine Issue), Vol 9 pp.79-96.
____(1980), Ontological Economy, Oxford University Press.

Grandy Richard E. (1979), « Ontology and Reduction », Southwestern journal of philosophy, Vol 9, p. 69-78.

Granger Gilles-Gaston Eds. (1993), L'âge de la science 5 : Philosophie de la logique et philosophie du langage, Odile Jacob.

Haldane J. & Wright Crispin Eds., (1993), Reality, Representation and Projection. New York and Oxford : Oxford University Press .

Hale Bob (1987), Abstract Objects. Oxford : Blackwell.
____(1994a), "Is Platonism epistemologically Bankrupt ?", Philosophical Review, Vol. 103, p.299-325.
____& Wright Crispin, « A Reduction ad Surdum ? Field on the contingency of mathematical objects », Mind, Vol.103. Avril 1994, pp.169-183.
____« Review of Maddy's Realism in Mathematics », Journal for symbolic logic, 57/1992, pp.750-752.
____(1994), « Is platonism Epistemologically Bankrupt ? », The philosophical Review, Vol 103, N° 3. pp. 299.

Hand Michael, "A number is the exponent of an operation", Synthese 81, 1989, p. 243-265.

Harman G. (1979) « Meaning and Theory », Southwestern Journal of philosophy (Quine Issue), Vol 9 N° 2, p 9.20.

Hellman Geoffrey
____& Thompson F. W. (1975), « Physicalism : Ontology, determination and Reduction », Journal of philosophy, Vol 72. pp.551-564.
____& Thompson F.W. (1977), « Phyiscalist Materialism », Nous Vol 11.
____(1978), « Accuracy and Actuality », Erkenntnis, 12.
____(1983), « Realist Principles », Philsophy of Science, Vol 50, pp. 227-249.
____(1985a), « Determination and Logical Truth », Journal of Philosophy, Vol 82, pp. 607-616.
____(1985b), « Determination and logical truth », Journal of philosophy 82.
____(1986), « Realist Principles », Philosophy of science 50/1986. *pp. 227-249.*
____(1988), « The many worlds Interpretation of set theory », PSA Vol 2 p. 445-455.
____(1989a), « Never say « never » ! On the communication Problem between Intuitionism and Classicism », Philosophical Topics, Vol 17.

____(1989b), Mathematics without Numbers.Towards a Modal-Structural Interpretation. Clrendon Press.Oxford.
____(1990), " Modal-Structural Mathematics", dans Irvine A. D. (1990). pp.307-330.
____(1993), « Gleason's Theorem no constructively provalble. » Journal of philosophical logic, Vol. 22.
____& Feferman Solomon (1995), « Predicative foundations of Mathematics », Journal of philosophical logic,Vol24. N°1. Février.
____(1996), Structuralism without Structures, Philosophia Mathematica (3) 4. pp. 100-123.
____(2001), Three Varieties of Mathematical structuralism, Philosophia Mathematica (3) 9, pp : 184-211.

Hodes H. (1990), « Ontological Commitment, Thick and thin », in Georges Boolos eds. Meaning and Method.
____(1991), « Where Do sets come from ? », Journal for symbolic logic 56/1991, p.150-168.

Horwich Paul (1990), Truth. Oxford : Basilblackwell.

Institut d'Histoire et Philosophie des Sciences et des Techniques (1992), Logique et fondements des mathématiques. Anthologie (1850-1914), sous la direction de François Rivenc et Philippe de Rouilhan, Payot.

Irvine A. D. Eds., (1990), Physicalisme in Mathematics, Kluwer Academic Publishers Dordrecht, Boston, London.

Jacquette Dale (2002), Philosophy of Mathematics. An Anthology, Blackwell.
____Philosophy of Logic. An Anthology, Blackwell.

Jacob Pierre (1980a), De Vienne à Cambridge. L'héritage du positivisme logique de 1950 à nos jours. Lectures choisies. Gallimard.
____(1980b), L'empirisme logique. Ses antécédents, ses critiques. Les Editions de Minuit.

Jubien Michael, « Ontological commitment to particulars », Synthese 28/1974.p. 513-532.
____« Ontological commitment to kinds », Synthese, 31/1975.
____(1993) Ontology, Modality and the fallacy of reference. Cambridge, UK, Cambridge University Press.
____« Ontology and mathematical truth », Nous 11/1977.
____« Straight Talk about Sets », Philosophical Topics, Vol XVII, N°2, /1989.

Katz J. Jerrold (1996), "Skepticism about numbers and indeterminacy arguments", dans Adam Morton et Stephen P. Stich Eds (1996), p.119-139.
Kitcher Philip, « The plight of platonist », Nous 12/1978.

Kremer-Marietti Angèle (1999), Philosophie des sciences de la nature, PUF.

Largeault Jean (dir) (1990), Logique mathématique. Textes, Paris, Armand Colin.

Leeds Stephen, « Quine On propriéties and Meanings », Southwestern journal of philosophy, Vol 9/1979, pp. 97-108.

Lepage F., Paquette M. & Rivenc F. (eds), (2002), L'héritage carnapien, Bellarmin-Vrin.

Lila Luce, « Platonism from an Empiricist point of view », Philosophical Topics, VOL, XVII, N° 2, 1989.

Macdonald G. & Wright C. Eds., (1987), Fact, Science and Morality : Essays on A.J. Ayers's langage, Truth and Logic. Oxford : basil Blackwell.

Marcus Ruth Barcan (1993), Modalities.Philosophical Essays. New York, Oxford, Oxford University Press, 1993.
____« Modalities and Intentional language », Synthese, 13/1961.
____« Quantification and Ontology », Nous VOL.6.1972.

Maddy Peneloppe, « Perception and mathematical intuition », The Philosophical Review, LXXXIX , N° 2, avril 1980.
____« Beleiving the axioms », Journal of symbolic Logic, 53/1988.
____(1990), Realism in Mathematics. Clrendon Press Oxford.
____(1990a),« Mathematics and Oliver Twist », Pacific Philosophical Quarterely,VOL.71. N° 3.
____(1986), « Set Theoretic Naturalism », The Journal of Symbolic Logic, Vol61, N°2 , Juin, p. 490-498.
____(1986a), «Mathematical Alchemy », British Journal of Philosophy of science Vol 37, pp. 279-314.
____(1989), « The roots of contemporary platonism », Journal of symbolic logic, Vol 54.
____(1996), " The Legacy of "Mathematical Truth", dans Adam morton et Stephen P. Stich Eds, pp.62-72.
____(2002), Naturalism in Mathematics, oxford University Press.

Malament David (1982), « Book Reviws: Science without numbers: A Defense of nominalism. H. Field, 1980. ». The Journal of philosophy, pp. 523-534.

McGinn Marie (1984), « Wright's Reply to Benacerraf » Analysis Vol44, N° 4 pp.69-72.

McDowell John, « Mathematical Platonism and dummettian Anti-realism », Dialectica 43/1988 .p.173.

McGuiness Brian & Oliveri Gianluigi Eds., (1994), The Philosophy of Michal Dummett, Kluwer Academic Publishers, Dordrecht.

McMichael Alan (1984), « Why Physics can't be nominalized ? », Analysis ,Vol 44, N°4, pp.72-96.

Mellor D. H. Eds. (1980), Prospects for pragmatism : Essays in memory of F. P. Ramsey, Cambridge.

Michel Alain, "Thèses d'existence et travail mathématique", dans Serfati Eds., pp. 247-269.

Millikan R-Garrett, " Metaphysical Anti-Realism", Mind 95/1986.

Milne Peter (1994), Review article : the physicalisation of mathematics British journal for philosophy of science pp.305-340.

Monnoyer Jean-Maurice Eds., (2006), Lire Quine, Editions de l'éclat.

Montminy Martin (1998), Les fondements empiriques de la signification, Vrin. Paris.

Morton Adam & Stich Stephen P. Eds., (1996), Benacerraf and his Critics, Blackwell Publishers.

Mosconi Jean, "Quelques difficultés du structuralisme mathématique", dans Serfati Eds. Pp. 341-356.

Moss J. M. B. (1985), « Article Review : The mathematical philosophy of charles Parosns », British journal for philosophy of science pp. 437-455.

Oliveri G., « Anti-realism and the Philosophy of Mathematics » In B. McGuiness & G. Oliveri eds. pp. 93-112.

Panza Marco & Salanskis Jean-Michel Eds., (1995), L'objectivité mathématique. Platonismes et structures formelles. Masson, Paris.

Parsons Charles (1983), Mathematics in Philosophy : Selected Essays, Cornell University Press.

____« A Plea for Substitutional Qunatification », Journal of Philosophy, 68/1971, pp.231-237.

____« Ontologiy and Mathematics » Philosophical Review, 80/1971, pp.151-176.

____« Intuition and Number », in Alexander George eds. pp.141- 157.

Pataut Fabrice (1993), "Peut-on être fictionnaliste ?", dans Granger 1993.

Paty Michel (1990), Interprétation et construction dans le rapport des mathématiques à la physique. L'Enseignement philosophique, 40 ème Année N° 3, janvier-Février 1990, pp.73.89.

Petitot Jean (1991), Idéalités mathématiques et réalité objective, dans Auroux Eds (1991), pp. 213-279.

Pitcher George Eds., (1966), Wittgenstein : The philosophical Investigations, Doubleday: Garden City, NY.

Puhl Klaus Eds., (1993), Wittgenstein's Philosophy of Mathematics. Proceedings of the 15th International Wittgenstein-Symposium. 2Vol.Verlag Hölder-Pichler-Tempsky, Vienne .Vol.II.

Putnam Hilary (1975), Mathematics Matter and Method, Cambridge University Press.

Quine Willard Orman (1947) co-écrit avec Nelson Goodman, " Steps towards a constructive Nominalism", Journal of Symbolic Logic 12, pp. 105-122.

____(1951), Mathmatical Logic.Cambridge, Mass.: Harvard University Press.

____(1953), From a Logical Point of View, Harper Torchbooks New Yok and Evanston, IL. Traduit sous la direction de S. laugier, Paris, Vrin 2003.

____(1958), Methods of Logic, Routledge & Keagan Paul, London.

____(1960), Word and Object, MIT Press, Cambridge, MA, and London. Traduit par J. Dopp et P. Gochet, avant-propos de P. Gochet, Paris, Flammarion 1999.

____(1966a), The Ways of paradox and Other Essays, New York : Random House

____(1966b), Elementary Logic. Cambridge, Mass. : Harvard University Press .

____(1969), Set Theory and Its logic. Cambridge, Mass. : Harvard University Press

____(1970), Philosophy of Logic.Prentice-Hall, INC, London.

____(1973), The Roots of Reference, La Salle: Open Court.

____(1974), « First General discussion session », Synthese 27 pp. 481-508
____(1977), Ontological Relativity And Other Essays. Columbia University Press, New York 1969. Traduction française : Relativité de l'ontologie et autres essais. J. Largeault, Aubier-Montaigne, Paris 1977.
____(1979), « Facts of the Matter », Southwestern journal of philosophy Vol 9, p. 155-170.
____(1980), « Soft impeachment disowned », Pacific philosophical Quarterely 61/Octobre 1980.pp. 250-251
____(1981a), « What price Bivalence ? », Journal of Philosophy, Vol 78.
____(1981b), Theories and Things, Belknap Press/ Harvard University Press, Cambridge, MA and London.
____(1984a), « Relativism and absolutisme », The Monist , 67. pp. 293-295.
____(1984b), « Critical Review of Parsons's Mathematics in Philosophy », Vol pp.783-794.
____(1984c), « Review of Parsons's Mathematics in Philosophy » Journal of Philosophy, Vol 81, pp. 783-794.
____(1986), « Reply to Parsons », in Hahn and Schilp eds.
____(1991) « Immanence and Validity », Dialectica, Vol 45, N° 2-3 p. 219-230.
____(1994), « Promoting Extensionality » Synthese 98/, pp.143-151.
____(1995), « Naturalism; Or, Living within one's means », Dialectica VOL 49. N° 2-4. pp. 251-261.

Raid Leyla (2006), L'illusion du sens, Edition Kimé, Paris.

Resnik Micheal (1965), « Frege's Theory of Icomplete entities », Philosophy of science, 32/1965.
____(1974a), « The philosophical significance of consistency proofs. », Journal of philosophical Logic, 3 /1974.
____(1974b), « A note on Interpreting Theories », Nous 8, pp . 289-294
____(1980), Frege and the Philosophy of Mathematics, Ithaca NY. , Cornell University Press.
____(1985), « Ontology and logic : Remarks on Hartry Field anti-platonist philosophy of mathematics », History and philosophy of logic Vol 6.pp.191-209.

____(1988), « Mathematics frome the structural point of view », Revue Internationale de philosophique, Vol 50 , pp.400-424.
____(1990a), « Immanent Truth », Mind 99.
____(1990b), " Beliefs About Mathematical objects", dans Irvine (1990) pp. 41-71.
____(1997), Mathematics as a Science of Patterns, Oxford University Press.
____(1998), "Holistic Mathematics", dans Schirn Matthias Eds (1998), pp. 227-246.

Rodych Victor (1997) "Wittgenstein on Mathematical Meanningfulness, Decidability, and Application.", Notre Dame Journal of Formal Logic, Vol 38, Number 2, printemps 1997, p.195-225.

Rosner J. A., « Quine's global structuralism ». Dialectica, Vol 50, N° 3, 1996.

Rossi Jean-Gérard (2001), Le vocabulaire de Quine, Ellipses, Paris.

Russell Bertrand (1903), The principles of Mathematics, London : Allen and Unwin.
____(1919), introduction to Mathematical philosophy, new York : Simon and Shuster.
____The problems of philosophy, Oxford University Press, London 1912.Traduction en français: Rivenc (françois), payot, 1989.

Serfati Michel Eds., De la Méthode : Recherches en histoire et philosophie des mathématiques, PUFC.

Shapiro Stewart (1983a), « Conservativeness and incompleteness », journal of philosophy, 80/1983. Pp.521-531
____(1983b), « Mathematics and Reality », Philosophy of science 50/1983, pp. 523-548.
____(1985), « Second-order languages and mathematical practice », Journal of symbolic Logic 50/1985, pp.714-742.
____(1991), Foundations without foundationalism: A case for second-order logic, Oxford, Oxford University Press.

____(1993), « Anti-Realism and modality » In J. Czermak eds. Philosophy of Mathematics. pp. 269-287.
____(1997), Philosophy of Mathematics : Structures and ontology, Oxford University Press.
____(2000), Thinking about mathematics, Oxford University Press.
____(2005), The Oxford Handbook of Philosophy of Mathematics and Logic, Oxford University Press.

Schirn Matthias Eds. (1998), The Philosophy of Mathematics Today, Oxford University Press.

Simons Peter, « Determinacy of abstract objects : the platonist's dilemma », Topoi, 8/1989.pp.35-42.
____« Against the aggregate theory of number », Journal of Philosophy, 79/1982.pp.163-7.

Stalnaker R. (1976), « Possible worlds », Nous 10/1976, pp.65-75.

Steiner Mark (1979), « Quine on mathematical Reduction », Southwestern journal of philosophy, Vol 9, p.133-144.
____(1989), « The application of Mathematics to natural science », Journal of philosophy, Vol 86, pp. 449-480.

Tait W. W. 1983, « Against Intuitionism: constructuve mathematics is a part of classical mathematics », Journal of philosophical logic , Vol 12 .
____(1986), « Truth and Proof : the platonism of mathematics » Synthese, Vol 69.

Tiles Mary (1984), « Mathematics : The language of science ?, The Monist 67/1984.
____(1989), The Philosophy of set theory : An historical introduction to Cantor's paradise, Dover Publications, Inc. Mineola, New York.

Van Heijenoort J. (1967), From Frege to Gödel: A source Book in Mathematical Logic, 1879-1931.Cambridge, MA , Harvard University Press, 1967.

Vergauwen R. (2000), “Realism, Reference and Logic”, dans Beets & Gillet Eds. (2000), pp. 265-391.

Wang Hao (1948), « A New Theory of element and number », Journal of symbolic logic, Vol 13.

____(1974), From Mathematics to Philosophy, London Routledge and Kegan Paul.

____(1987), Reflections on Kurt Gödel, Cambridge, Massachusetts, The MIT Press.

Weir Alain (1986), « Dummett on meaning abd classical Logic » Mind, 95/1986.

White N. P. (1974), « What Numbers Are ? », Synthese 27/1974.

Wittgenstein Ludwig (1983), Remarques sur les fondements des mathématiques, Paris, Gallimard.

Wright Crispin (1980), Wittgenstein on the Foundations of Mathematics. Duckworth, London, 1980.

____(1983), Frege’s Conception of Numbers as Objects, Aberdeen, Aberdeen University Press.

____(1988), « What numbers can beleively be: A Reply to Hartry Field », Revue Internationale de Philosophie Vol 42, pp.425-473.

____(1990), “ Field and Fregean Platonism”, dans Irvine (1990).

____(1992), Truth and Objectivity, Harvard University Press, Cambridge, Maas., London.

____(1993), Realism, Meaning and Truth, 2è éd., Oxford, Blackwell.

Zemarch E. M. (1985), « Numbers », Synthese, 64/1985, pp. 225-239.

L'HARMATTAN, ITALIA
Via Degli Artisti 15 ; 10124 Torino

L'HARMATTAN HONGRIE
Könyvesbolt ; Kossuth L. u. 14-16
1053 Budapest

L'HARMATTAN BURKINA FASO
Rue 15.167 Route du Pô Patte d'oie
12 BP 226
Ouagadougou 12
(00226) 50 37 54 36

ESPACE L'HARMATTAN KINSHASA
Faculté des Sciences Sociales,
Politiques et Administratives
BP243, KIN XI ; Université de Kinshasa

L'HARMATTAN GUINÉE
Almamya Rue KA 028
En face du restaurant le cèdre
OKB agency BP 3470 Conakry
(00224) 60 20 85 08
harmattanguinee@yahoo.fr

L'HARMATTAN CÔTE D'IVOIRE
M. Etien N'dah Ahmon
Résidence Karl / cité des arts
Abidjan-Cocody 03 BP 1588 Abidjan 03
(00225) 05 77 87 31

L'HARMATTAN MAURITANIE
Espace El Kettab du livre francophone
N° 472 avenue Palais des Congrès
BP 316 Nouakchott
(00222) 63 25 980

L'HARMATTAN CAMEROUN
Immeuble Olympia
Face à la Camair
Yaoundé

www.ingramcontent.com/pod-product-compliance
Lightning Source LLC
LaVergne TN
LVHW011317061026
849535LV00005B/1595